Jean-Michel Florin (Hg.)

Biologisch-dynamischer Weinbau

Jean-Michel Florin (Hg.)

Biologisch-dynamischer Weinbau

Neue Wege zur Regeneration der Rebenkultur

SEKTION FÜR LANDWIRTSCHAFT AM GOETHEANUM

VERLAG AM GOETHEANUM

Redaktion: Ambra Sedlmayr, Hans-Christian Zehnter
Lektorat: Ute E. Fischer
Einbandgestaltung von Wolfram Schildt, Berlin, und Anna S. Fischer, Dornach,
unter Verwendung eines Fotos von Antonio Luis Campos
3. Auflage 2021

Satz: Wolfram Schildt, Berlin
Druck: Beltz Grafische Betriebe, Bad Langensalza
ISBN 978-3-7235-1583-9

Inhalt

5 Bedeutung und Aufgabe der Rebe und des Weins

Vorwort

Wenn zwei Menschen sich begegnen und Zuneigung füreinander empfinden, entsteht das Bedürfnis, den anderen besser kennenzulernen, mehr über ihn und sein Wesen zu erfahren. So kann sich ein Gefühl der Vertrautheit entwickeln und daraus Liebe erblühen.

Nicht anders wird es den Lesern dieses Buches ergehen. Die Autoren ermöglichen mit ihrer differenzierten Darstellung der Weinrebe, ihrer Geschichte, ihrer Gesundheit, ihrem Wesen, ihrem Nutzen und ihrer Entwicklung einen tiefen Einblick in deren lebendige Struktur.

Wer dieses Buch liest, lernt zu sehen, wann die Rebe sich wohlfühlt, und lernt dabei, das Umfeld zu schaffen, in dem es ihr gut geht. Nach und nach entwickelt sich eine wunderbare Logik und Faszination, wie alles zueinander findet, wie alles zueinander passt.

Wenn jemand die Nähe zur Rebe sucht und nicht recht weiß, wie er sie finden kann, dem zeigen sich im vorliegenden Buch die Wege dorthin. Aus den einzelnen Beiträgen formt sich ein Fundament umfangreichen Wissens. Offene Fragen werden beantwortet und ermöglichen, wirkliche Nähe zum Lebendigen zu erkennen und zu erspüren.

Der biodynamische Weinbau ist für mich der Schlüssel zum Wesen der Rebe, ihrem Rhythmus und den Zusammenhängen im natürlichen Kreislauf. Mein Leben als Winzer hat dadurch eine andere Dimension erhalten. Ein tiefes Glück, getragen durch die Lebensgemeinschaft von Pflanze und Mensch.

Mit dem in diesem Buch vermittelten Wissen hat der Leser die Chance, dieses Glück zu finden.

Er findet lebendiges Wissen.

Peter Jakob Kühn
(u. a.) Winzer des Jahres 2016
im Gault Millau

Einleitung

Wie der Weizen, so begleitet auch die Rebe seit Urzeiten die Kulturgeschichte der Menschheit. Heutzutage setzt der Weinbau im Vergleich mit allen anderen Bereichen der konventionellen Landwirtschaft die meisten chemischen Mittel zum „Schutz" der Rebe ein. Diese Situation hat sich durch die Reblauskrise (vor mehr als 150 Jahren) in dramatischer Weise entwickelt. Ja, mittlerweile wird von der Rebe sogar als von einem „Museum pflanzlicher Pathologien" gesprochen.

Wollen wir also nicht jedes Problem einzeln lösen und dadurch weiter nur an einer Symptombekämpfung arbeiten, so müssen wir uns eingestehen, dass die Rebe grundlegend geschwächt, ja krank ist – gerade durch die „Modernisierung" der Weinbaukultur –, was sie letztlich immer anfälliger für Krankheiten und Schädlinge gemacht hat.

Wie konnte es zu diesem Zustand kommen? Was genau ist die aktuelle Situation? Und welche Zukunftsperspektiven gibt es für eine Regeneration des Rebanbaus und der Rebpflanze?

Immer mehr Winzer erwachen an dieser Situation und suchen alternative Wege, um ihre Arbeit grundsätzlich zu überdenken, um die Rebe besser verstehen zu können. Seit etwa den 1980er Jahren entscheiden sich mehr und mehr Winzer für die biodynamische Methode. Und dann sind sie überrascht, wie positiv die Rebe, ja der Betrieb überhaupt auf diese ganzheitliche Methode antwortet: bessere Böden, gesundere Pflanzen und vor allem eine bessere Trauben- und Wein-Qualität. Heute avanciert der biodynamische Weinbau in vielen Ländern (z. B. Deutschland, Italien, Frankreich, Spanien, USA) zu einem Botschafter der biodynamischen Landwirtschaft in der Öffentlichkeit. Mittlerweile werden einige der weltbesten Weine biodynamisch angebaut.

In den letzten Jahrzehnten der „Biodynamik im Weinbau" wurden viele positive Erfahrungen gemacht. Aber selbstverständlich entstanden auch ganz neue Fragen in Bezug auf die Zukunft der Rebe selbst. Dieses Buch möchte eine Art Zwischenresümee der vielfältigen Erfahrungen im biodynamischen Weinbau versuchen, um den Blick für neue Zukunftswege im Weinbau zu öffnen.

Das Buch durchschreitet drei Etappen. An erster Stelle steht eine ganzheitlich-phänomenologische Betrachtung der Rebe. Wollen wir die aktuelle Situation des Weins in ihrer Ganzheit verstehen, so gilt es, zuerst das Wesen der Rebe selbst zu verstehen. Erst auf dem Hintergrund einer solchen Betrachtung, eines solchen intimen Kennenlernens der Rebe kann man beurteilen, ob die praktischen Maßnahmen „rebengemäß" sind oder ob sie die Pflanze schwächen.

Dazu gehört auch, dass man die Kulturgeschichte der Rebe und die Geschichte ihrer Veränderungen in den letzten 150 Jahren kennt.

In einem zweiten Schritt wird geschaut, worin die Bedingung für einen gesunden Rebanbau bestehen: Wie kann man die heutigen Reben so gut wie möglich pflegen, auf dass sie gesund bleiben. In diesem Abschnitt werden verschiedene Aspekte der biodynamischen Praxis – auch anhand konkreter Beispiele – beschrieben.

Aber all das reicht auf lange Sicht nicht aus. Es bedarf noch eines weiteren, dritten Schrittes: Wie kann man die geschwächte Rebe grundsätzlich regenerieren? Und welche Aufgabe kommt dieser Pflanze in Zukunft zu? In diesem Sinne zeigt der dritte Teil des Buches einige Wege auf, in welche Richtung die weitere Praxisforschung gehen könnte.

Möge dieses Buch viele Leser für die Zukunft der Rebe inspirieren!

Jean-Michel Florin

1

Die Rebe

Eine goetheanistische Betrachtung der Rebe

Jean-Michel Florin

„Denn eigentlich unternehmen wir umsonst, das Wesen eines Dinges auszudrücken. Wirkungen werden wir gewahr, und eine vollständige Geschichte dieser Wirkungen umfasste wohl allenfalls das Wesen jenes Dinges."
Johann Wolfgang von Goethe | Vorwort zur Farbenlehre

Mit den folgenden Betrachtungen soll der Versuch unternommen werden, sich dem Wesen – oder auch der „inneren Natur" – der Rebe zu nähern, um daraus Wege für einen wesensgemäßen Weinbau (einschließlich Regeneration der Rebe) zu entwickeln. Rudolf Steiner (1861 – 1925), der Begründer der biodynamischen Landwirtschaft, nannte seinen maßgeblichen Kurs, den er im Juni 1924 hielt, „Geisteswissenschaftliche Grundlagen zum Gedeihen der Landwirtschaft".[1]

„Geisteswissenschaftlich" meint hier, dass Ergebnisse und Hinweise aus der Anschauung der inneren Natur (des Geistes) einer Sache gegeben werden – in diesem Fall derjenigen Elemente und Wesen, mit denen in der Landwirtschaft gearbeitet wird. Rudolf Steiner erläutert in diesem Kurs Ergebnisse aus seiner eigenen geistigen Forschung und regt dazu an, selbst einen lebendigen Blick und ein lebendiges Denken – auf den Spuren Goethes – zu entwickeln, um einen wesensgemäßen Blick und Umgang mit der Natur zu erreichen.

In diesem Sinne mögen die folgenden skizzenhaften und anfänglichen Betrachtungen aufgefasst werden. Sie mögen zum selbständigen Beobachten anregen, um damit auf einem eigenständigen Weg dem Wesen der Rebe näherzukommen.

Teil I
Die Urpflanze

Der goetheanistische Ansatz

Die von Johann Wolfgang von Goethe (1749 – 1832) entwickelte phänomenologisch-qualitative Methode wurde von Rudolf Steiner vertieft und weiterentwickelt. Sie ermöglicht, die Pflanze als lebendige Einheit, als Wesen, zu erfassen. Sie beginnt mit einer empirischen Beobachtung der Pflanze über die Sinne (Morphologie, Geruch, Geschmack, Textur usw.): „Die Eigenart dieser Methode ist, dass sie die Data der Beurteilung nicht aus sich, sondern aus dem Kreise der Dinge nimmt, die sie beobachtet", so Goethe.[2]

Um einen neuen und frischen Blick auf die sinnlich wahrnehmbaren Phänomene zu öffnen, verlangt eine goetheanistische Betrachtungsweise, dass man zuerst alles Bekannte, alle Vorurteile usw. auf die Seite schiebt (oder in Klammern stellt). Der goetheanistische Ansatz erfordert auch eine Verfeinerung der Sinneswahrnehmung. Goethe lädt uns dazu ein, das Vertrauen in unsere Sinne wieder zu gewinnen: „Der Mensch an sich selbst, insofern er sich seiner gesunden Sinne bedient, ist der größte und genaueste physikalische Apparat, den es geben kann; und das ist eben das größte Unheil der neueren Physik, dass man die Experimente gleichsam vom Menschen abgesondert hat und bloß in dem, was künstliche Instrumente zeigen, die Natur erkennen, ja was sie leisten kann, dadurch beschränken und beweisen will."[3]

Jeder Winzer, der selbst seinen Wein riecht, kostet und degustiert, um die Weinreifung und die besondere Qualität zu prüfen, benützt seinen Geruchs- und Geschmackssinn in einer solch feinen Art. Je mehr Sinne man so verfeinert, um so vielfältiger können Phänomene gesammelt werden, die mit einer Pflanze zu tun haben, ob mit ihrer Umgebung oder mit ihrem Lebenslauf. Es ist dabei sehr hilfreich, immer wieder die Frage nach dem „Wie?" zu stellen. Die Frage „Wie?" setzt uns zum Wesen einer Pflanze ins Verhältnis, das sich durch die Art und Weise, wie es in Erscheinung tritt, über sich selbst ausspricht.

Um die dadurch entdeckten Phänomene auch ernst nehmen zu können, bedarf es der Seelenqualität des Staunens. Der berühmte Schriftsteller Hermann Hesse, der Goethe sehr gut studiert hatte, beschreibt es so: „Mit dem Erstaunen fängt es an, und mit dem Erstaunen hört es auch auf, und ist dennoch kein vergeblicher Weg. Ob ich ein Moos, einen Kristall, eine Blume, einen goldenen Käfer bewundere oder einen Wolkenhimmel, ein Meer mit den gelassenen Riesen-Atemzügen seiner Dünungen, einen Schmetterlingsflügel mit der Ordnung seiner kristallenen Rippen, dem Schnitt und den farbigen Einfassungen seiner Ränder, der vielfältigen Schrift und Ornamentik seiner Zeichnung und den unendlichen, süßen, zauberhaft gehauchten Übergängen und Abtönungen der Farben – jedes mal wenn ich mit dem Auge oder mit einem anderen Körpersinn ein Stück Natur erlebe, wenn ich von ihm angezogen und bezaubert bin und mich seinem Dasein und seiner Offenbarung für einen Augenblick öffne, dann habe ich in diesem selben Augenblick die ganze habsüchtige blinde Welt der menschlichen Notdurft vergessen, und statt zu denken oder zu befehlen, statt zu erwerben oder auszubeuten, zu bekämpfen oder zu organisieren, tue ich für diesen Augenblick nichts anderes als ‚erstaunen' wie Goethe, und mit diesem Erstaunen bin ich nicht nur Goethes und aller andern Dichter und Weiser Bruder geworden, nein ich bin auch der Bruder alles dessen, was ich bestaune und als lebendige Welt erlebe: des Falters, des Käfers, der Wolke, des Flusses und Gebirges, denn ich bin auf dem Weg des Erstaunens für einen Augenblick der Welt der Trennungen entlaufen und in die Welt der Einheit eingetreten, wo ein Ding und Geschöpf zum andern sagt: Tat twam asi (‚Das bist Du')..."[4]

Die Frage „Wozu?" oder „Warum?" führt zu kausalen Erklärungen und die Pflanze wird auf ihre Funktionen reduziert. Ein Wesen wird jedoch – im Unterschied zu einer Maschine – nicht nur durch seine Funktionen bestimmt. Antwortet man beispielsweise auf die Frage, weshalb die Rebe Ranken hat, mit: „damit sie besser nach oben wachsen kann", so schließt diese reduktionistische Antwort eine erweiterte Betrachtung im Sinne des Wesensausdruckes aus. Fragt man jedoch, „Wie (in welcher Weise) bildet die Rebe Ranken aus?", dann öffnen sich alsbald Korrespondenzen mit anderen Phänomenen oder Aspekten, so etwa mit der Fähigkeit der Rebe, sehr offen für die Umgebung zu sein, zeitlebens sehr empfindsam zu bleiben.

Und genauso führt uns die Frage „Wie entwickelt sich die Pflanze?" in ihr Werden, in ihren zeitlichen Prozess. Erst dadurch nimmt man sie als ein lebendiges Wesen ernst, anstatt sie nur als fertiges Objekt zu betrachten.

Erweiterung des Bewusstseins

Die folgenden Betrachtungen dienen dazu, eine Pflanze (die Rebe) immer intimer kennenzulernen. Dabei wird deutlich werden, dass man sein Bewusstsein erweitern oder verändern lernen muss. Eine erste Übung soll dazu verhelfen, diesen Bewusstseinswechsel konkret erleben zu können. Die folgenden Skizzen zeigen verschiedene Wachstumsstadien eines Rebenblattes. Man kann diese sechs Zeichnungen auf zwei unterschiedliche Weisen betrachten.

Man kann sie als einzelne unterschiedliche Stadien anschauen und jedem einen Namen oder eine Nummer geben. Dies wäre eine punktuelle oder diskontinuierliche Betrachtungsweise. Wird aber eine solche Betrachtung der Wirklichkeit von Prozessen gerecht? Ist denn das Blatt nicht kontinuierlich gewachsen?

Man kann auch versuchen, von einem Stadium zum nächsten so überzugehen, dass man das eine Blatt in das andere innerlich zu verwandeln versucht. Eine solche Betrachtungsweise, die ein anderes Denken fordert als das zergliedernde Denken im ersten Fall, steht der Wirklichkeit eines kontinuierlichen Prozesses viel näher. Man muss dazu gleichsam in den Prozess der Blattentstehung hineinschlüpfen – oder anders gesagt: Man muss den Prozess in sich selbst nachvollziehen, ihn neu schaffen.

Mit der ersten Betrachtungsweise, die allein die verschiedenen Stadien konstatiert, bleibt man der Pflanze gegenüber; man betrachtet sie als einen äußeren Gegenstand. Sie wird nur beschrieben und definiert. Mit der zweiten Betrachtungsweise kann man jedoch innerlich durch ein lebendiges Denken die Lebenskräfte (oder Bildekräfte) erfassen, aus denen die Pflanzengestalt hervorgeht. Diesen Ansatz verfolgt die goetheanistische Methode. Sie versucht das Wesen der Pflanze zu erfassen, das sich gerade durch jene Kräfte ausdrückt, welche die physisch sichtbare Pflanze – einem Künstler gleich – hervorbringen.[6] Im Prinzip bedeutet das nichts anderes, als den Schritt von einer „natura naturata" (fertige Natur) zur „natura naturans" zu vollziehen. Natura naturans ist das schaffende Prinzip, aus dem die sinnlich wahrnehmbaren Formen und Substanzen hervorgehen.[7]

Abb. 3
Stadien eines wachsenden Weinrebenblattes *(Vitis vinifera)*[5]

Vier Schritte der Pflanzenbetrachtung

Erster Schritt:
Bestandserfassung

Nach dem ersten Eindruck bei einer ersten Begegnung betrachte man die Pflanze so genau und so detailliert wie möglich mit allen Sinnen (Sehen, Riechen, Schmecken, Tasten usw.). Dabei ist das Zeichnen eine gute Hilfe, um besser und genauer beobachten zu können. Der „Tatsachensinn" ist gefragt.

Zweiter Schritt:
Die Erfassung der Zeitgestalt der Pflanze

Eigentlich ist es unmöglich, das Wachstum einer Pflanze vollständig und lückenlos zu erfassen. Man müsste ja vor der Pflanze stehenbleiben und nicht einschlafen etc. Es bleibt einem daher gar nichts anderes übrig, als die Pflanze in regelmäßigen Abständen zu beobachten, um daran die Prozesse zwischen den verschiedenen Stadien innerlich nachzuvollziehen. Dazu muss man einerseits aktuell beobachten und andererseits die früheren Formen erinnern, um schließlich beides durch das Denken an den Formen in Fluss zu bringen. Auf diese Weise erfasst man die verschiedenen Wachstumsstadien: Keimen aus dem Samen (bzw. Öffnung der Knospe), Entwicklung des Stängels mit den Blättern, Blüte und Fruchtbildung. Von der „Geburt" der Pflanze bis zu ihrem „Sterben" nimmt man innerlich an einem Verwandlungsprozess teil. Im darauf aufbauenden, imaginativen Neuschaffen der Pflanze kann man sich erkennend ihrer artspezifischen Zeitdynamik nähern.

Dritter Schritt:
Erfassung der Geste der Pflanze

Man bringt innerlich alle sinnlichen Beobachtungen sowie die Wachstumsdynamik zusammen, um die Einheit, die alles durchzieht, auffinden zu können. Man kann auch von der „Geste" der Pflanze sprechen. Dazu muss man für die „Atmosphäre", die von einer Pflanze ausgeht, offen sein. Mit dieser dritten Betrachtungsweise nähert man sich dem Wesen der Pflanze noch mehr.

Vierter Schritt:
Willentliche Einheit mit dem Wesen

Die vierte Ebene der Betrachtung einer Pflanze besteht in dem Versuch, alle Vorstellungen und inneren Bilder loszulassen, um den Kern, das – nicht vorstellbare, aber als spezifischer Willensimpuls in die Existenz tretende – Wesen der Pflanze oder auch ihr Potential zu erfassen.

Mit diesem Schritt kann man beispielsweise auch eine Orientierung für einen wesensgemäßen Anbau und für eine entsprechende Pflege der Pflanze sowie Hinweise über eine etwaige Heilwirkung erhalten.

Diese Schritte sind als eine Orientierungshilfe aufzufassen; sie sind kein starres Gerüst und auch ihre Grenzen sind nicht strikt aufzufassen. Sie können aber dazu verhelfen, sich beispielsweise dem besonderen Wesen der Rebe zu nähern.

Der Pflanzentypus

Um die Rebe verstehen zu lernen, werden wir Goethes Methode folgen, die von Rudolf Steiner in seinem Werk „Grundlinien einer Erkenntnistheorie der Goetheschen Weltanschauung" wie folgt beschrieben wird: „Bei einem Lebewesen [...] handelt es sich darum, die einzelne Form, die in unserer Erfahrung auftritt, aus dem Typus heraus, den wir erfasst haben müssen, zu entwickeln."[8]

Es gilt also zuerst, den „Typus" zu erfassen. Was ist damit gemeint? Goethe suchte in seinen ausführlichen Pflanzenstudien nach dem Typus des Lebewesens Pflanze. Er nannte ihn auch „Urpflanze". Tatsächlich entdeckte er nach langem Studium schließlich das alle Pflanzen hervorbringende Bildeprinzip (eben den Typus). Dieses ist der sinnlichen Wahrnehmung nicht zugänglich, jedoch kann durch ein lebendiges Denken wahrnehmbar werden, wie es in jeder Pflanze wirkt. Die Urpflanze spezialisiert sich in jeder konkreten Pflanze in eine bestimmte Richtung. Goethe hatte sich die Frage gestellt: „Ob ich nicht unter dieser Schar die Urpflanze entdecken könnte? Eine solche muss es denn doch geben! Woran würde ich sonst erkennen, dass dieses oder jenes Gebilde eine Pflanze sei, wenn sie nicht alle nach einem Muster gebildet wären?"[9]

Vor allem bestand für Goethe die Schwierigkeit darin, die Art der Wirklichkeit dieser Urpflanze begreifen zu können. War sie sinnlicher oder war sie ideeller Natur? Das berühmte Gespräch mit Friedrich Schiller nach einem Treffen der naturforschenden Gesellschaft in Jena, das Goethe in seinen Notizen als „Glückliches Ereignis" dokumentiert, formuliert die schließlich gefundene „Lösung" aufs Trefflichste: „Wir gelangten zu seinem [Schillers] Hause, das Gespräch lockte mich hinein; da trug ich die Metamorphose der Pflanzen lebhaft vor und ließ, mit manchen charakteristischen Federstrichen, eine symbolische Pflanze vor seinen Augen entstehen. Er vernahm und schaute das alles mit großer Teilnahme, mit entschiedener Fassungskraft; als ich aber geendet, schüttelte er den Kopf und sagte: ‚Das ist keine Erfahrung, das ist eine Idee.' Ich stutzte, verdrießlich einigermaßen; denn der Punkt, der uns trennte, war dadurch aufs strengste bezeichnet. [...] Der alte Groll wollte sich regen; ich nahm mich aber zusammen und versetzte: ‚Das kann mir sehr lieb sein, dass ich Ideen habe, ohne es zu wissen, und sie sogar mit Augen sehe.'"[10]

Mit Hilfe eines lebendigen Denkens kann man bei jeder Pflanze eine spezielle Ausprägung der Urpflanze wahrnehmen, mit „Augen sehen". Rudolf Steiner beschreibt den Typus folgendermaßen: „Nur unser vernunftgemäßes Denken ist imstande, sich desselben zu bemächtigen, indem es ihn als allgemeines Bild aus den Erscheinungen abzieht. Der Typus ist somit die Idee des Organismus, die Tierheit im Tiere, die allgemeine Pflanze in der speziellen."[11]

Bevor wir dazu übergehen werden, die spezifischen Eigenarten der Weinrebe darzustellen, soll versucht werden, anhand von ausgewählten Pflanzen beispielhaft einige Aspekte des Pflanzentypus zu entwickeln.[12]

> Eine Pflanze ist ein Lied, dessen Rhythmus eine bestimmte
> Gestalt entfaltet und in dem Raum ein Zeiträtsel darstellt.
> *Paul Valéry | Dialogue de l'arbre*

Die Pflanze: ein offenes Wesen im Raum und in der Zeit

Widmet man Tag für Tag einer Pflanze seine Aufmerksamkeit – dort, wo sie wächst, in ihrem Milieu und in ihrer Entwicklung –, dann ist wohl eine der ersten Beobachtungen, die man machen kann, dass die Pflanze kein starres Objekt ist (zu dem man sie oft unbewusst reduziert), sondern ein lebendiges Wesen, das sich langsam, aber ständig verwandelt, solange es lebt. Sie ist eine Einheit, die ständig neue Organe von innen (aus dem Unsichtbaren) nach außen (ins Sichtbare) hervorbringt und entfaltet. Eine Pflanze ist eine andere Art, auf der Welt zu sein, als die von Tieren oder Menschen – das sagt uns schon die unvoreingenommene unmittelbare Begegnung mit ihr.[13] Dieses Anderssein aber wirklich zu verstehen, ist keineswegs eine leichte Sache. Allzu oft nämlich verwenden wir Begriffe aus der Zoologie, der Tierphysiologie oder aus der Ethologie, um das Pflanzenleben zu beschreiben. Man spricht beispielsweise von Pflanzen-„Hormonen", von „Stress", unter dem die Pflanze „leide", usw. Im Folgenden wird versucht, dieses Anderssein urbildlich zu charakterisieren.

Das Wachstum der Pflanze: Punkt, Linie, Ebene

Der Punkt bzw. der Samen

Am Anfang ihres Lebens ist die Erscheinungsweise der Pflanze sehr begrenzt: als Samen in der Samenruhe. Alle Lebensprozesse sind zum Stillstand gekommen. Der Same ähnelt einem Staubkorn, allerdings mit dem „feinen" Unterschied, dass dieses „Staubkorn" das Potential hat, etwas Wachsendes aus sich hervorzubringen. Im Samen hat sich die Pflanze auf einen Punkt aus Raum und Zeit zurückgezogen. Sie ist „interiorisiert" und den äußeren Einflüssen (Erde, Wasser, Licht usw.) gegenüber zum großen Teil unempfindlich, solange sie nicht aus ihrer Samenruhe erwacht.[14] Wohl aber ist der Same für die regenerierenden Einflüsse der auf seine Art bezogenen *kosmischen* Umgebung offen.[15] Botaniker wissen, dass der Durchgang durch das Samenstadium die meisten Virosen und Krankheiten evakuiert, ja es können dadurch sogar pathogene Mutationen wieder verschwinden. (Siehe den Beitrag von Nikolaus Bolliger, S. 226 ff.) Im Vergleich mit der voll entfalteten, blühenden Pflanze, die sich in Substanz und Gestalt ausgeprägt und die sich darin schließlich auch erschöpft hat, behält die Pflanze im Samenstadium ihre höchste Potenz. Auf die Möglichkeit, die Pflanze gerade durch das Samenstadium regenerieren zu können, sei hier nochmals besonders hingewiesen – gerade auch im Zusammenhang mit der Weinrebe.[16]

Abb. 4
Punktstadium Samen[17]

Die Linie: die Achse Erde-Himmel

Beginnt eine Blütenpflanze zu keimen, so entwickelt sich mit erstaunlicher Kraft eine Wurzel aus dem Samen, die zügig senkrecht in die Erde vorstößt. Sie begibt sich aktiv als Achse in Richtung Schwere, in Richtung des Erdenzentrums (Geotropismus) und kann dabei auch recht verfestigte Bodenschichten durchdringen. In der Auseinandersetzung mit der Schwerkraft verdichtet sich ihrerseits auch die Wurzel: Kurz nach der sehr empfindlichen und für die irdische Umgebung offenen Spitzenzone verholzt die Wurzel mehr und mehr. Auch wenn sich danach die ursprüngliche Wurzel je nach Pflanzenart in sekundäre Wurzeln erster, zweiter und dritter Ordnung verzweigt, so bleibt doch die Tendenz, eine Pfahlwurzel zu bilden, immer mehr oder weniger erhalten.

Bald danach entsteht aus dem Samen ein Spross (Stängel), der aus der Erde in die Senkrechte nach oben wächst. Er wächst polar zur Wurzel, zur Leichte hin. Der Botaniker spricht vom „negativen Geotropismus". Sollte man aber nicht besser von „Leichtetropismus" sprechen? Denn die Pflanze wächst doch dem Himmel, der Leichte und nicht wie oft angenommen dem Lichte entgegen. Sogar in einem dunklen Keller wachsen die Kartoffeltriebe nach oben, also in der der Schwere entgegengesetzten Richtung. Es ist sogar so, dass das Stängelwachstum hauptsächlich in der Nacht und im Schatten verstärkt stattfindet. Man kann das sehr gut bei jungen Keimlingen beobachten, die zu wenig Licht bekommen, sie betonen das Längenwachstum und verbleiben länger im jugendlichen Stadium. Für die Weinrebe ist interessant, dass sie als wilde Rebe wie die meisten Lianen zuerst im Schatten wächst, in dem sie dann sehr lange Stängel ausbilden kann und dadurch auch in einer Art Jugendstadium verbleibt.

Die junge Pflanze ist also von Beginn an in eine Polarität aufgespannt: Sie verbindet sich mit der Erde und der Schwere durch ihre Wurzel und mit der Leichte durch ihren Stängel.

Aus dem winzigen räumlichen Punkt des Samens, der das ganze Potential der Pflanze enthält, richtet sich die Pflanze zuerst an der Erde-Himmel-Achse aus. Sie bildet dabei eine Linie, welche diese beiden Pole verbindet. Seinem eigenen Prinzip gehorchend, würde dieses Wachstum nach unten und oben nie aufhören, wenn keine neuen Impulse hinzukämen. Es ist diese Tendenz, die das Wachstum der Lianenpflanzen bestimmt.

Abb. 5
Bildung einer Erden-Himmel-Achse [8]

Die Ebene als Öffnung in die Umgebung: Blattfläche und Wurzelorgane

Die Spitze der vertikalen Achse – also des Stängels – ist der Hauptvegetationspunkt, der das ganze Wachstum der vegetativen Pflanze reguliert. Diese Regulierung kann man sehr gut bei einer Fichte beobachten: Schneidet man die Spitze eines Fichtenstammes ab, dann wachsen mehrere sekundäre Zweige nach oben aus. Die regulierende und hemmende apikale Dominanz wirkt nicht mehr, und mehrere Seitenzweige „konkurrieren" miteinander, um eine neue Spitze zu bilden.

Der Vegetationspunkt ist ein meristematisches Gewebe, aus dem nach und nach die Blätter entstehen. Die Blätter sind Organe mit einer ganz neuen Qualität: Sie öffnen sich aktiv dem Licht (obere Seite der Blätter) und der Luft (CO_2) (untere Seite der Blätter) durch ihre breite Oberfläche. Dies ist die zweite Stufe der Entfaltung einer Pflanze in die aktuelle Umgebung. Hatte sie sich bis jetzt ohne eine besondere Wechselbeziehung in den Raum gestellt – sie musste ja zuerst ihre eigene Stellung behaupten –, so tritt die Pflanze nun aktiv in ein Verhältnis zu den Elementen. Auf das „Punktstadium" des Samens und auf das „Linienstadium" des Stängels folgt die „Fläche" des Blattes.

Bei den zweikeimblättrigen Pflanzen erscheinen zuerst zwei symmetrische Blätter, die sehr primitiv aussehen, wie eine Erinnerung an die sogenannten „niederen" (oder eben ursprünglicheren) Pflanzen: die Keimblätter. Erst dann folgen die „eigentlichen" Blätter nach und nach in der Zeit. Sie ordnen sich – im Prinzip – spiralig um den Stängel an. Dabei wechseln sich Stauen und Strecken rhythmisch ab: Auf einen Knoten, aus dem ein Blatt hervorgeht, folgt ein Knoten, aus dem eine Knospe entsteht; dazwischen befindet sich ein Internodium („zwischen den Knoten"), mit dem sich die Pflanze in den Raum streckt. Die Knoten mit einer Knospe („Auge") behalten meistens ein starkes Wachstumspotential.

Hiermit ist die Grundeinheit der Pflanze beschrieben: ein Stängel, ein Blatt und ein Achselknoten, aus dem eine neue Pflanze wachsen kann. Diese Grundeinheit verleiht vielen Pflanzen die Potenz zur vegetativen Vermehrung (z. B. Klonen der Rebenunterlagen oder Pfropfreis). Allerdings schöpft diese – im Unterschied zur generativen Vermehrung durch den Samenzustand – aus dem vorhandenen Potential ohne Erneuerung, ohne Regeneration durch das Punktstadium des Samens. Die alleinige vegetative Vermehrung erschöpft auf die Dauer das Potential, das ursprünglich im Samen war.

Abb. 6
Skizze von Johann Wolfgang von Goethe zur Grundeinheit der Pflanze (bestehend aus Knoten, Internodium, Auge, Blatt)[19]

Man kann sich jede Pflanze als eine Aufschichtung solcher Grundeinheiten denken. Dennoch kann man bei vielen Pflanzen beobachten, dass jedes neue Blatt auch eine neue Gestalt zeigt. Die Grundeinheit der Pflanze metamorphosiert sich also beim Wachsen.

In den Blättern begegnen sich kosmische Imponderabilien (wie Licht und Wärme) und terrestrische, ponderable Elemente (wie Kohlenstoff, Wasser und Mineralsalze). Die Blätter verwandeln die anorganischen Elemente mit Hilfe von Licht – durch die sogenannte Fotosynthese – in lebendige Substanz. Sie atmen auch ein und aus (Sauerstoff und Kohlendioxid), ja, sie atmen sogar Wasser aus.

Die Art, wie die Blätter nach und nach am Stängel erscheinen, folgt besonderen geometrischen Regeln (Phyllotaxie). Während der Stängel eine Vertikaltendenz zeigt, gibt es eine zweite Tendenz, von der Goethe als „Spiraltendenz" spricht. Sie zeigt sich in der spiraligen Anordnung der Blätter.[20] So hat man eine Polarität zwischen den beiden Sprossorganen: dem Stängel (Sprossachse), der zumeist gerade nach oben strebt, und den Blättern, die sich spiralig um ihn herumwinden. Entsprechend polarisiert sich auch die Wurzel in einer Wurzelachse (mit einer Wurzelhaube) und in Wurzelorgane (z. B. Wurzelhaare).

Dieses Grundprinzip findet sich in einem Symbol für Gesundheit wieder, das früher auf jedem Apotheke-Schild zu sehen war: der Merkurstab. Man kann es so zusammenfassen:

- Stängel: Vertikales Wachstum, aktiv Sich-in-den-Raum-Stellen, die Schwere überwinden, der Leichte entgegenwachsen. Andererseits: Auf sich Zurückgezogen-Sein, der Umgebung gegenüber eher abgeschlossen; das Bilden fester Substanz (Fasern, Holz usw.). Diese Tendenz ist sehr stark bei den Nadelbäumen ausgebildet, bei denen ja sogar die Blätter Stängelcharakter annehmen.
- Blatt: Peripheres, flächiges Wachstum; große Offenheit und Empfindlichkeit für das Licht und alle Umgebungseinflüsse; das Bilden von Kohlehydraten (Zucker), welche die Grundlage aller Pflanzensubstanzen sind; spiralige Anordnung um den Stängel. Dieser Aspekt ist sehr stark bei kriechenden Pflanzen oder Lianen (also auch beim Wein) ausgeprägt, bei denen auch der Stängel immer wieder spiralig wachsen kann, sich sehr stark verzweigt und sich in die periphere Umgebung hinein entwickelt.[21] Eine genaue Beobachtung zeigt, dass jedes Blatt (oft) eine andere Gestaltausprägung zeigt als das vorhergehende oder nachfolgende Blatt.

Abb. 7
Entwicklung eines Greiskrautes (*Senecio vulgaris*)[22]

Die drei Metamorphosen

Nachdem im vorhergehenden Abschnitt die Grundorgane der Pflanze beschrieben wurden, soll nun als ein Beispiel auf das Wachstum des Greiskrautes (Senecio vulgaris) geschaut werden. Dies wird uns, wenn wir das am Anfang erwähnte lebendige Denken anwenden, helfen, die Wachstumsdynamik einer Pflanze besser nachvollziehen zu können.

Die Blattmetamorphose

Auf der unteren Abbildung sehen wir eine Reihe von vollständig entwickelten Blättern. Sie sind in der Folge ihrer Entstehung angeordnet. Man muss sich jedoch klarmachen, dass man in der Natur nur selten alle Blätter einer Pflanze sieht: Die ersten Blätter sind meistens schon abgestorben, wenn wir die zuletzt gebildeten oder die Blüte sehen. Die Pflanze ist ein Wesen, das sich nie vollständig in einem Momente zeigt. Sie ist kein festes Objekt, sondern ein Prozess, der sich in Raum und Zeit entwickelt. Um dieses Prozess-Wesen zu erfassen, muss man verschiedene Stadien begleiten – Keimen, Wachsen, Blühen und Fruchten bis zur Entwicklung des Samens – und innerlich verwandelnd ineinander überführen.

Abb. 8
Blattmetamorphose vom Greiskraut *(Senecio vulgaris)*[23]

Abb. 9
Zwei Prozesse durchdringen sich: Wachstum und Differenzierung[24]

Beobachtet man diese Blattreihe und vergleicht die unterschiedlichen Blattgestalten, so kann man bemerken, wie verschiedene Wachstumskräfte aufeinander folgen bzw. sich durchdringen. Man kann zuerst ein Ausdehnen und Zusammenziehen beobachten. Es ist wichtig zu bemerken, dass diese „Bewegungen" bzw. „Kräfte" nicht mit den Sinnesorganen, sondern mit einem „beweglichen Denken" beobachtet werden. Diese von Goethe entdeckte, atmende Grundbewegung kann noch genauer in vier Bildebewegungen differenziert werden.[25] Wir charakterisieren diese durch Verben, um deutlich zu machen, dass es sich um Bilde-Tätigkeiten handelt und nicht um fertige Stadien. Die ersten Blätter betonen die Bildung des Blattstiels, der wie ein Stängel in den peripheren Raum ausgreift (Stielen); diese Bewegung kann insbesondere durch eine reiche und feuchte Erde verstärkt werden.

In der zweiten Phase der Blattbildungen breitet sich die Spreite in alle Richtungen der Umgebung aus (Spreiten). Diese Art der Gestaltung kann besonders durch Schatten und Wasser verstärkt werden.

In einer dritten Phase gliedert und differenziert sich das Blatt (Gliedern). Verstärkt wird diese Tendenz durch die Wirkung des Lichtes.

Zuletzt zieht sich das Blatt als Spitze zurück an den Stängel (Spitzen). Diese Bildetätigkeit wird insbesondere durch Wärme und Trockenheit unterstützt.

Zusammenfassend unterscheidet man also vier Bildemotive oder Bildekräfte. Die ersten beiden (Stielen und Spreiten) werden insbesondere von terrestrischen Einflüssen verstärkt (Erde und Wasser) und haben eine zentrifugale Tendenz. Die Pflanze breitet sich über die Blätter in den Raum aus und bildet Masse (aber noch wenig Form).

Und die beiden Letzteren (Gliedern, Spitzen) werden von kosmischen Einflüssen verstärkt (Licht und Wärme) und weisen eine zentripetale Tendenz auf. Die Pflanze zieht sich wieder aus dem Raum zurück, es geht nun weniger um die Masse als vielmehr um die Form.

Wenn man die Blattmetamorphosen oder die Blattformen verschiedener Pflanzenarten beobachtet, dann wird man immer wieder auf diese vier Grundbewegungen zurückkommen. Manchmal folgen sie wie in der Beschreibung aufeinander, manchmal durchdringen sie sich oder aber eine Grundbewegung prägt sich besonders stark aus. Schatten- und Feuchte-liebende Pflanzen betonen eher die beiden ersten Stadien, während Licht- und Wärme-liebende Pflanzen eher die beiden letzteren Stadien ausprägen. Man vergleiche beispielsweise die rundlichen und breiten Blätter von Pflanzen eines feuchten Waldes mit den aromatischen Sträuchern der Lippenblüterfamilie (Rosmarin, Thymian, Bohnenkraut, Lavendel), die in mediterranem Klima wachsen. Bei den Letzteren kann man gut erkennen, wie nicht allein die Blätter, sondern die ganze Gestalt von den das Vegetative zurückdrängenden Licht- und Wärmekräften geformt wird.

Diese vier Bildemotive können uns einen Schlüssel geben, um verschiedene Blattformen in ihrem Umkreisbezug verstehen zu können. Vergleichen wir beispielsweise vier Pflanzenarten der Familie der Hahnenfußgewächse. Der Knollige Hahnenfuß (*Ranunculus bulbosus*) weist beispielhaft alle vier verschiedenen Bildemotive aus. Beim Scharbockskraut (*Ranunculus ficaria*) als auch bei der Sumpfdotterblume (*Caltha palustris*) werden die Blätter vergleichsweise breiter und runder, ja die ganze Gestalt der Pflanze breitet sich in den Raum hinein aus. Sie bleibt allerdings den ersten beiden Bildemotiven verhaftet, die Blätter verbleiben im Spreiten-Stadium. Ganz dementsprechend wächst dieser Hahnenfuß an feuchten Standorten mit reichen Humusböden.

Auf der anderen Seite gibt es eine Hahnenfußart, die nur „lineare" Blätter ausbildet, die alle von einer Rosette aus wachsen. Es ist der *Ranunculus gramineus*. Die Zusammenziehungskräfte sind hier derart vorherrschend, dass nur die Hauptnervatur übrig bleibt.

Die Rebe entwickelt besonders stark die beiden ersten Bildekräfte, das Stielen und Spreiten. Dies passt zu der ursprünglichen Umgebung der wilden Rebe in den feuchten, dunklen humusreichen Böden der Auenwälder. Dagegen ist

Abb. 10, 11 und 12 Metamorphose innerhalb der Hahnenfußgewächse: links Grasblättriger Hahnenfuß (*Ranunculus gramineus*), Mitte Knolliger Hahnenfuß (*Ranunculus bulbosus*), rechts Scharbockskraut (*Ranunculus ficaria*)[26]

das Gliedern der Blätter je nach Rebsorte mehr oder weniger ausgeprägt. Das Spitzen-Stadium erscheint insbesondere an den kleinen Hochblättern, die man manchmal an den Blüten oder Ranken findet.

Die Blütenmetamorphose

Das Kennenlernen der Blattmetamorphose hat uns die Bildekräfte entdecken lassen. Sie werden so genannt, weil es Kräfte sind, die Formen bilden. Sie treten in zwei Hauptausprägungen auf:

- Zum einen als zentrifugale Ausdehnungstendenz, in der sich die vegetative Kraft der Pflanze auslebt und in der immer neue Blätter und immer mehr Substanzen durch die Fotosynthese gebildet werden. Dieser Wachstumsprozess könnte sich unendlich fortsetzen, wenn keine neue Kraft hinzukäme. Viele Lianen betonen mit ihrem ständigen Wachstum diese erste Bildetendenz.
- Zum anderen als das Zusammenziehen der Blätter: Die Substanz wird immer feiner gegliedert und differenziert. Diese zentripetale Tendenz führt zur Blüte, nachdem zuvor vor der Blütenknospe noch ein Nullpunkt durchschritten wird. Vollzieht man innerlich die Schritte der Blattmetamorphose nach, so entdeckt man, dass die Blätter immer kleiner, einfacher werden, bis sie verschwinden. Der Blattstrom trocknet dabei sozusagen aus. Nach einer Art Umstülpung – die Blütenknospe ist in ihrer Geste eine Art Samen auf höherer Ebene – entsteht etwas völlig Neues, das in dieser Form ganz unvorhersehbar ist: die Blüte. Es ist, als ob eine aus der Zukunft kommende Kraft das Wachstum Schritt für Schritt hemmte, um Platz für etwas Neues zu lassen.

Die Blüte erscheint nach einer Entvitalisierung der Pflanze. Eine Pflanze, die zu viel vegetative Kraft hat oder zu triebig gedüngt wurde, bleibt oft lange im Blattstadium und hat Schwierigkeiten, ins Blühen zu kommen, sie bleibt gleichsam jung. Umgekehrt kann jeder Gärtner bestätigen, dass Salat schnell in die Blüte schießt, wenn er auf einem zu mageren Boden mit viel Trockenheit und viel Licht wächst.

Der Blühprozess

Der typische Blühprozess manifestiert sich durch neue Umbildungen, welche die Differenzierung bzw. Spezifizierung der Pflanze weiter ausprägen:

- Wachstumstopp des Stängels. Die Entwicklung der Pflanze ist in der Blüte dennoch nicht vollständig gehemmt, sie setzt sich in zwei neuen Organen fort: die Staubblätter und die Fruchtanlage, die nach der Befruchtung die Früchte und die Samen bilden wird. Das Wachstum entzweit sich sozusagen. Die meisten Pflanzen haben zwittrige Blüten, die gleichzeitig Staubblätter und Fruchtblätter tragen. Aber es gibt einige Pflanzenarten wie die Brennnessel (*Urtica dioica*), den Spinat (*Spinacia oleracea*) oder die Wilde Rebe (*Vitis sylvestris*), die diese beiden Organe auf zwei verschiedenen Pflanzenexemplaren tragen: Sie werden deshalb „zweihäusig" genannt.[27] Eine goetheanistische Betrachtung der Zweihäusigkeit zeigt, dass sich die einseitige Ausbildung eines Blütenteils (Staubblatt oder Fruchtanlage) auf die Gestalt der ganzen Blüte auswirkt. So sind meistens die Staubblüten bunter und größer als die Fruchtblüten. Darüber hinaus wirkt sich aber die „Zweihäusigkeit" auf die Gestalt und Entwicklung der gesamten Pflanze aus. So ist die Pollenpflanze meistens großblütiger, schlankstängeliger und hat feiner ziselierte Blätter (die äußere Erscheinungsform ist also mehr betont), während die Fruchtpflanze kleinere Blüten hat, dickstängeliger ist und größere und gröber geformte Blätter besitzt (die Pflanze ist hier vegetativer und ihre Bildung mehr nach innen gekehrt).
- Die grünen Blätter werden in bunte Organe metamorphosiert. Die Kelch- und Blütenblätter sind alle um ein Zentrum gesammelt und bilden eine Art Kelch, der sich zum Himmel öffnet. Die Blütenorgane sind nicht mehr direkt von den terrestrischen Einflüssen abhängig (abgesehen von wenigen grünen Blüten, hat die Blüte keine Fotosynthesemöglichkeit mehr). Stattdessen ist die Beziehung – besonders bei strahlig (radiär) gebildeten Blüten – zu den kosmischen Lichtkräften so stark, dass sie sich mit dem täglichen Sonnenrhythmus öffnen und schließen.
- Es entstehen besondere, spezifische Substanzen (sekundäre Pflanzenstoffe) wie Nektar, Farbpigmente, Düfte, ätherische Öle, die durch ihre leichte Entzündbarkeit ihre starke Beziehung zur Wärme zeigen. Die Pflanze gibt sie der Umgebung entweder als Duft, Nektar oder als strahlende Farbe und kann sie nicht mehr für sich benützen (im Gegensatz zu den im grünen Blatt gebildeten Kohlehydraten).
- Die verschiedenen Organe der Blüte bilden eine höhere Einheit mit einem spezifischen Muster (einige Pflanzen, wie etwa die Orchideen, bringen diese Muster auf einen Höhepunkt).
- Die „typische" Blüte ist strahlend. Sie trennt sich von dem unteren, irdischen Raum durch den Kelch, und die durch die Blütenblätter gebildete Krone öffnet sich dem Licht- und Wärmeraum. Sie entsteht am Gipfel des Stängels, von dem sie auch meistens das Ende bildet.

Der Blütenpol drückt sich mehr durch Qualität als durch Quantität aus. Die Schönheit einer Pflanze ist nicht durch ihr Gewicht, sondern im Gegenteil durch ihre Leichte, Feinheit, durch die Harmonie der Formen, durch die Differenzierung der Farben, Muster, Düfte usw. bestimmt.

In der Blüte werden Gestalten und Substanzen gebildet, die oft erst verständlich werden, wenn man beobachtet, wie sie mit beseelten Wesen (Tiere und

Menschen) in Beziehung treten. Diese Beziehung geht so weit, dass es Orchideen gibt, die die vollständige „Nachahmung" bestimmter Insekten darstellen (Hummelorchis *[Ophrys fuciflora]* u.a.).[28]

Nach der Bildung von Früchten und Samen stirbt meistens der Stängel. Die Blüte bringt eine Entvitalisierung, eine Schwächung, häufig sogar den Tod der grünen Pflanze. Sie ist ein Todespol der Pflanze. Die aus der Fotosynthese hervorgegangenen Substanzen werden dabei in Sekundärstoffe verwandelt.

Für Goethe erwiesen sich alle blütenbildenden Organe als metamorphosierte Blätter.[29] Auch in der Blüte gibt es eine Ausdehnungs- und Zusammenziehungsphase, wie ja bereits weiter oben für die Blattmetamorphose beschrieben. Aber, anders als bei der Blattmetamorphose, findet diese Metamorphose simultan statt: Alle Organe bilden sich im Schutz der Kelchblätter, welche die Blütenknospe umhüllen.

Die Fruchtmetamorphose

Die Metamorphose geht weiter mit der Bildung der Frucht, die sich in einer Verinnerlichungsgeste bildet (polar zu den Blättern, die sich breit in den Umraum öffnen). Dabei werden Stoffe angereichert.

Man kann bei der Fruchtbildung – besonders bei der Bildung von saftigen Früchten, die bei den Kulturpflanzen stark durch den Menschen weiterentwickelt wurden – zwei Hauptprozesse beobachten:

- Zum einen einen vegetativen Prozess, in dem sich die Frucht schnell mit einem starken Zellenwachstum entwickelt. Es ist die Bildung der grünen Frucht. Dieser Prozess entspricht dem vegetativen Wachstum.
- Zum anderen einen Reifungsprozess, in dem es keine weitere Vermehrung der Zellen gibt, sondern eine Vergrößerung und Aromatisierung sowie eine Verwandlung der Substanzen (Zuckeranreicherung, Geschmack, Duft, Farbe, usw.). Dieser Prozess entspricht dem generativen Wachstum.

So gesehen ist die saftige Frucht eine Art Synthese der Pflanze, weil sie gleichzeitig die Qualitäten des vegetativen Wachstums und die des Blühprozesses verinnerlicht.

Im Inneren der Frucht bilden sich die Samen, die den höchsten Punkt der Zusammenziehung und Verinnerlichung der Pflanze darstellen. Die Pflanze fasst sich durch Vertrocknung der Materie und durch eine Hemmung der Lebensprozesse gleichsam in einen Punkt zusammen.

Zusammenfassung zur dreifachen Metamorphose

Die Pflanze drückt sich urbildhaft durch eine dreifache Metamorphose in ihrem oberirdischen Teil aus:

- Eine Blattmetamorphose, in der die einzelnen Blätter nacheinander im Raum und in der Zeit entstehen. Da wirkt hauptsächlich ein „vegetativer Prozess", der in einem intensiven Austausch mit der Umgebung neue, lebendige Substanz durch Fotosynthese bildet.

- Eine Blütenmetamorphose, in der die Organe simultan nebeneinander entstehen. Hier wirkt ein neuer Prozess, den man „Blühprozess" nennen kann, wodurch die Pflanze ihre Identität durch sehr spezifische, differenzierte Formen, Farben, Gerüche usw. ausdrückt. Sie öffnet sich zu den beseelten Wesen: Tiere (u.a. Insekten) und Menschen.
- Eine Fruchtmetamorphose, in der sich die Organe durch eine Durchdringung der beiden (vegetativen und generativen) Prozesse ausbilden.

Damit zeigt die Pflanze auf jeder neuen Stufe eine Steigerung der Metamorphose im Sinne einer immer stärkeren Integration. Wir sprechen von Prozessen, nicht von Funktionen oder von einem Zweck. Diese Prozesse drücken sich bei jeder Pflanze anders aus und bleiben nicht immer auf die typischen Organe begrenzt. Zum Beispiel hat der Rosmarin feine, trockene und ätherische Öle bildende Blätter. Bei ihm wirkt gewissermaßen der Blühprozess nach unten auf die Blätter und verwandelt sie. Umgekehrt gibt es Pflanzen wie die Stinkende Nieswurz (*Helleborus foetidus*), die grüne Blütenblätter hervorbringt. Hier steigt gleichsam der vegetative Prozess bis in die Blüte auf. Eine solche Betrachtungsweise zeigt uns die Pflanze als lebendiges Wesen – und nicht als Maschine mit einzelnen Funktionen.

Die Wurzel

Wie oben bereits erwähnt, ist die Wurzel – wie auch das grüne Blatt – in zwei Organe polarisiert: in eine Achse oder ein stängelartiges Organ (die Wurzel) und in ein sich in den Raum öffnendes Organ (mit Wurzelhaube und Wurzelhaaren).[30] Im Gegensatz zu den oberirdischen Organen hat sie keine spezifische Gestalt, sondern nur einen Wachstumstyp (entweder eher vertikal oder eher horizontal usw.); ihre Gestalt wird ihr zum großen Teil durch ihre Umgebung gegeben. Die Spitze jeder Wurzel ist – wie der Vegetationspunkt des oberirdischen Stängels – meristematisch, das heißt, dass sie die Fähigkeit hat, ständig neue Zellen zu bilden.

Die Wurzelspitzen sind nicht nur äußerst aktiv, sondern auch äußerst empfindlich. Sie bilden die Sinnesorgane der Pflanze. Charles Darwin beschreibt den Apex der Wurzel wie ein Gehirn, das über die Sinnesorgane Eindrücke erhält und sogar verschiedene Bewegungen ausführt.[31] Diese Hypothese wird auch von Rudolf Steiner formuliert, wenn er funktionell die Pflanze mit einem auf dem Kopf stehenden Menschen vergleicht.[32] Das Wurzelsystem würde dem Sinnes-Nerven-System des Menschen entsprechen und die Blüte dem Stoffwechselpol mit Verdauung und Reproduktion.[33]

Man muss sich offenbar von der Vorstellung einer passiven Wurzel, die einfach Wasser und Nährstoffe mechanisch aufsaugt, ganz und gar verabschieden. Nach einer ersten Jugendentwicklungsphase, in der die Pflanzen lösliche Nährstoffe brauchen, können sie über die Wurzel aktiv Nährstoffe aus den Bodenmineralien mobilisieren.[34] Die Pflanze nimmt selbst wahr, was und in welcher Menge sie etwas vom Boden braucht (Wasser und Nährstoffe). Bei vegetativem

Wachstum wird ein Teil der Assimilate als spezifische Wurzelausscheidungen an den Boden abgegeben, wodurch jede Pflanzenart ihre eigene Bodenumgebung bildet, indem sie bestimmte Substanzen aus den Bodenmineralien löst und ein spezifisches Bodenleben fördert. Will man die Pflanze ihrem Wesen gemäß behandeln, so sollte die Formulierung also sachgemäß folgendermaßen lauten: Kann man die Fähigkeiten der Wurzel so beeinflussen, wie man die Sinnes- und Denkfähigkeiten eines Menschen durch geeignete Übungen und Ernährung usw. fördern kann? Kann man also die Pflanze „intelligenter" machen?

Die Wurzel ist ein aktives Organ, das sich immer weiter und tiefer in alle Richtungen ausstrecken möchte, um sich so intim wie möglich mit der Erde zu verbinden. Eigentlich müsste man die Wurzel und die Erde als eine Einheit denken. Das entspräche viel mehr der Wirklichkeit, besonders dann, wenn man die Mykorrhizapilze, die in die Wurzeln eindringen, dazunimmt. Diese kann man qualitativ wie einen emanzipierten Wurzelbereich betrachten. Sie können die Kontakt-Fläche zwischen Pflanze und Boden bis auf das Zehnfache vergrößern. Es ist beispielsweise auch nachgewiesen, dass sie der Rebe helfen, mehr Phosphor, Stickstoff, Kali und Zink aus der Erde aufzunehmen. Sie können der Rebe auch helfen, in Trockenheitssituation mehr Wasser aus dem Boden zu holen, weil sie in viel feinere Poren als die Wurzeln eindringen können.[35] So bekommt die Pflanze die Möglichkeit, aktiv viel weiter in den Boden vorzudringen, um die Nährstoffe zu suchen, die sie benötigt.[36]

Die Wurzel hat außerdem noch eine zweite Funktion, nämlich Holz zu bilden. Fast unmittelbar nach der sehr empfindlichen und umweltoffenen Wurzelspitze schließt sich die Wurzel durch die Bildung einer Art Rinde ab und bildet Holz nach innen. Zudem sterben auch einige „innere" Gewebe ab, um Leitgefäße zu bilden.

Von der Morphologie zur Substanzbildung

Für Goethe sind alle Ausdrücke eines Wesens Spiegel von dessen innerer Natur. „Natur hat weder Kern noch Schale, alles ist sie mit einem Male."[37] So sind die Substanzen, ebenso wie die Formen und Farben, Ausdruck der inneren Natur einer Pflanze und nicht Produkt einer komplizierten „biochemischen Fabrik". Um die Substanzbildung bei der Pflanze zusammenfassend zu skizzieren, kann man die alchemistischen Prinzipien Sal, Merkur und Sulfur zur Hilfe nehmen. (Siehe auch den Beitrag von Marc Follmer, S. 171 ff.)

Die Pflanze ist vor allem da ganz Pflanze, wo sie in ihren grünen Teilen (Blatt und Stängel) durch Fotosynthese lebendige Substanz bildet: Aus ponderablen, terrestrischen Bestandteilen wie Erde (Mineralsalze), Wasser und Luft (Kohlensäure) sowie aus kosmischen Einflüssen wie Licht und Wärme stellt sie Zucker her. Danach folgen die gebildeten Substanzen vor allem zwei Hauptrichtungen:

– Verdichtung: Die Pflanze bildet trockene, irdische, feste, dauerhafte Substanzen (z. B. Holzbildung mit Substanzen wie Zellulose, Lignin, Gerbstoffen etc.). Es handelt sich um solche, welche die Tendenz haben, sich zu verfestigen, zu mineralisieren, zu kristallisieren. Dieser Mineralisierungsprozess (Salprozess der Alchemisten) vollzieht sich auf urbildliche Weise in der Wurzel. Er kann sich aber auch über der Erde weiter nach oben hin ausbilden, dies vor allem bei den Holzpflanzen. Von diesem Gesichtspunkt betrachtet, kann man den Stamm und die Zweige als „aufgestülpte Erde" bezeichnen.[38] Hier speichert die holzbildende Pflanze auch ihre Reservestoffe für die kalte Jahreszeit.

- Verfeinerung: Auf dem kosmischen Pol des Lichtes und der Wärme werden die in den grünen Organen gebildeten Substanzen (Kohlehydrate) immer weiter differenziert, verfeinert und in die Leichte gehoben (Goethe spricht von der „*Verfeinerung der Säfte*"). Dabei werden sie immer art- oder sortenspezifischer. Man denke etwa an die Vielfalt der Rosendüfte, jede Sorte hat einen eigenen Geruch. Diese sekundären Substanzen (Pigmente, ätherische Öle, fette Öle usw.) werden an die Umwelt abgegeben. Sie können im Gegensatz etwa zur Stärke nicht weiter verwandelt und verwendet werden. Die Pflanze löst sich am Blütenpol sozusagen auf (Sulfurprozess).

So „stirbt" die grüne, lebendige Pflanze (vegetativer oder Merkurprozess) in zwei Richtungen, nach unten und nach oben:

- in die Erde, indem sie sich verdichtet, mineralisiert, feste Dauersubstanzen und viel Masse bildet (Holzbildung),
- zum Himmel, indem sie sich gleichsam auflöst und sehr stark differenzierte und spezifische Substanzen in vergleichsweise kleinen Mengen freigibt, welche die Identität der Pflanze jedoch am stärksten charakteristisch ausdrücken (Blütenbildung).

Der riesige Unterschied zwischen diesen beiden Prozessen wird deutlich, wenn man beispielsweise die Menge Holz aus einem Hektar Wald mit der Quantität des ätherischen Öles aus einem Hektar Rosenanbau vergleicht.

Fruchtbildung

Wie lassen sich aus dem bisher Beschriebenen Kriterien und Perspektiven für die Ausbildung einer guten Fruchtqualität entwickeln? An erster Stelle steht dabei vielleicht die Frage, was wir selbst von einer guten Essfrucht erwarten. Auf der einen Seite soll sie groß genug, saftig und frisch sein. Andererseits soll sie aber auch eine schöne Farbe zeigen, einen aromatischen Geschmack haben und dazu dann noch gut duften. Eine Frucht soll die vegetative Tendenz der Blätter (Substanzbildung) mit den Qualitäten der Blüte (Aroma, Farbe, Differenzierung) vereinen. Herrschen die vegetativen Kräfte vor, so bekommt man große, wässrige Früchte ohne Geschmack, die nicht lange halten. Sie faulen leicht. Herrschen hingegen die blütenfördernden Kräfte vor, dann erhält man oft zu kleine, dafür aber geschmacks- und duftintensive Früchte. Sie vertrocknen statt zu faulen. Aus dem so eröffneten Feld lassen sich Kriterien für die gesunde Entwicklung einer Fruchtpflanze formulieren.

Verholzende Pflanzen

Die Rebe ist eine holzige Liane. Um sie verstehen zu können, muss man die Eigenart von verholzenden Pflanzen kennen. Bei einer einjährigen Pflanze wird die gesamte gebildete Substanz, mit Ausnahme der Samen, wieder abgebaut und zu Humus umgebildet, der für das Wachstum der neuen Pflanzen im nächsten Jahr zur Verfügung steht.[39] Bei den verholzenden Pflanzen wird der „Stängel", der die Pflanze von der Erde emporhebt und von der direkten Beziehung zur Erde emanzipiert, nicht abgebaut, er bleibt bestehen und bildet im Herbst Holz und Rinde. Allein die Blätter unterliegen einem, mit der einjährigen Pflanze vergleichbaren, Abbauprozess. Der Holzbildungsprozess, der bei der einjährigen Krautpflanze in der Wurzel unter der Erde bleibt, steigt bei den Holzpflanzen nach oben. Die durch die Zersetzung der einjährigen Pflanze gebildete zukünftige Lebensgrundlage hat ihre Entsprechung im Holz. In beiden Fällen wird ein lebendiger Boden gebildet. Die nicht holzbildenden Pflanzen geben die meisten Substanzen in die Erde zurück, während die verholzenden Pflanzen sie „zum Holz verdichten". So kann man jede holzige Pflanze als eine überirdische, dreidimensionale Gemeinschaft von krautigen Pflanzen sehen. Der Botaniker Francis Hallé spricht daher auch von einem Baum als von einer der Koralle vergleichbaren Pflanzenkolonie.[40]

Um diese Blickweise noch besser verstehen zu können, ist es notwendig, das Wachstum der holzigen Pflanzen mit dem der einjährigen Pflanzen näher zu vergleichen. Während man bei den einjährigen Pflanzen nur von einem – durch den Vegetationspunkt hervorgebrachten – Streckenwachstum (auch „primäres Wachstum" genannt) spricht, weisen die holzigen Pflanzen noch ein sogenanntes „sekundäres Dickenwachstum" auf. Das ist letztlich der Prozess, der zur Holzbildung führt. Zu dem meristematischen Gewebe des Vegetationspunktes kommt hier ein weiteres meristematisches Gewebe hinzu, das die ganze holzige Pflanze umhüllt: das Kambium. Es behält während des ganzen Lebens der holzigen Pflanze die Fähigkeit, neue Zellen hervorzubringen und sogar Wunden (abgeschnittene Zweige usw.) zu schließen. Daraus kann man verstehen, dass auf dem Stamm eines alten Baumes mit einem Male wieder junge kräftige Schösslinge sprießen können. Das Kambium bildet Holz (mit dem Xylem) nach innen und Bast (Phloem) nach außen.

Abb. 13
Der Baum als aufgestülpte Erde, die Jahrestriebe als auf dem Baum wachsende Pflanzen[41]

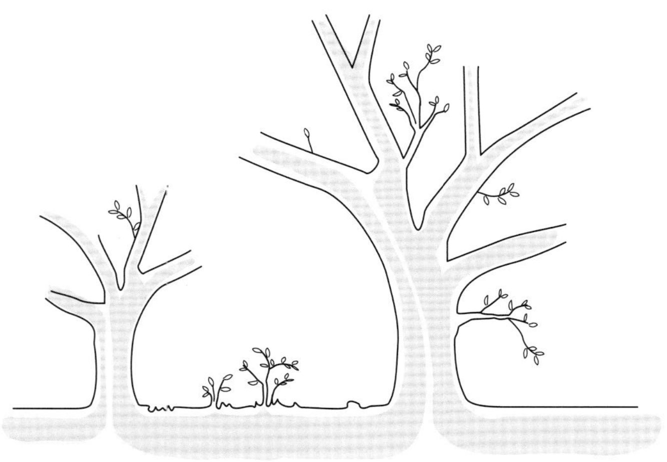

Der Baum ist also eine Art aufgestülpter lebendiger Boden, der „Samen" – die Knospen – trägt und damit jedes Jahr neue einjährige Pflanzen hervorbringt. Diese Sicht des Baumes als „aufgestülpte Erde", die von Rudolf Steiner in seinem Landwirtschaftlichen Kurs beschrieben wurde, teilten auch andere berühmte Biologen wie Charles Darwin, Jean-Henri Fabre, Johann Wolfgang von Goethe usw. zuvor.[42]

Die hier entwickelte Verwandtschaft der Knospen mit den Samen könnte insbesondere im Kontext der Regeneration der Rebe eine interessante Perspektive ergeben – vor allem weil die Regeneration durch das Samenstadium aufgrund der derzeitigen gesetzlichen Bestimmungen nicht mehr möglich ist. Diese schreiben die Pfropfung der europäischen Rebe auf eine amerikanische Unterlage vor.

Wenn die Knospen am Baum den Samen auf dem Erdboden gleichen, dann kann man sich fragen, wo die Wurzeln der einjährigen Pflanzen sind, die aus den Baumknospen austreiben. Rudolf Steiner betrachtet in seinem Landwirtschaftlichen Kurs das Kambium als ausgebreitete Wurzel, als eine Art Wurzelersatz.[43] Es gibt auch moderne Botaniker wie Francis Hallé, die vorschlagen, das Holz als eine Wurzelgemeinschaft der einzelnen einjährigen Triebe aufzufassen.[44]

Während die einjährige Pflanze zumeist eine endständige Blüte trägt, behält die verholzende Pflanze einen Vegetationspunkt, der das Potential für die Ausbildung des nächsten Triebes in sich behält. Auch in der Achsel jedes Blattes bildet sich eine Knospe, die im nächsten Frühling treiben wird.

Verdichtung und Verinnerlichung (Holzbildung und Samen- bzw. Knospenbildung) finden im absteigenden Jahr (nach der Sommersonnenwende) statt. Durch dieses Wachstum bilden Sträucher oder Bäume ihre eigene Architektur. Ab einem spezifischen Alter vermögen sie schließlich auch zu blühen und zu fruchten. So kann man bei den verholzenden Pflanzen zwischen einem Jugend- und einem Erwachsenenstadium unterscheiden.

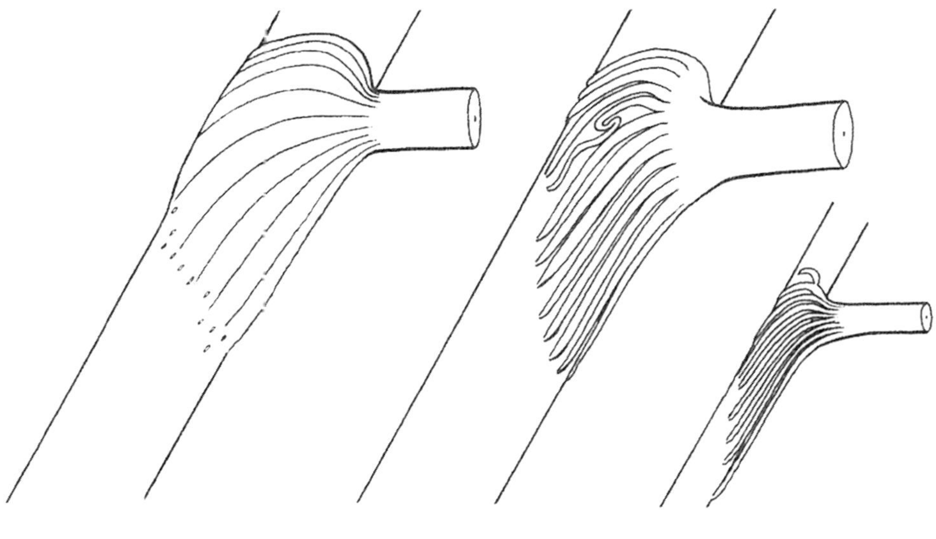

Abb. 14
Drei Beispiele von Pflanzen, bei denen die Zweige zunächst Wurzeln ausbilden und zum Holz des Astes oder Stammes verwachsen. Unten links: Keine klare Grenze zwischen Wurzel- und Holzgewebe[45]

Teil II

Die Rebe

Die Rebe: eine verholzende Liane

Jetzt können wir versuchen, auf Grundlage des bis hierher entwickelten Urbildes einer Pflanze die Eigenart, das Wesen der Rebe zu charakterisieren. Wie wird dieses allgemeine Prinzip der Pflanze von der Rebe spezifiziert? Was ist das Einzigartige oder die Geste dieser Pflanze? Dazu werden wir versuchen, sie so phänomenologisch wie möglich zu charakterisieren. Die folgenden – sicher weiter vertiefbaren – Beschreibungen mögen als Anregung aufgefasst werden, um sich durch eigene Beobachtungen dem Wesen der Rebe auf lebendige Weise zu nähern.

Die Rebe und ihre Systematik

Die Rebe gehört zu der Ordnung der *Vitales* und der Familie der *Vitaceae*, die morphologisch den *Rhamnaceae* nahesteht (Kreuzdornfamilie). Diese Familie enthält ungefähr 700 Arten, deren Mehrzahl in tropischen Regionen wachsen. Sie sind in 12 Gattungen verteilt, bei denen *Ampelopsis* (Wilder Wein) und *Vitis* die bekanntesten sind. In der Gattung *Vitis* gibt es eine einzige europäische Art (*Vitis vinifera*) und mehrere amerikanische und asiatische Arten.

Die Arten dieser Familie sind meistens Kletterpflanzen, deren Stängel sich oft wie bei der Rebe verholzt. Man kann bei dieser Familie zwei polare Tendenzen feststellen, die man auch im Ansatz bei der Rebe finden kann: auf der einen Seite die Tendenz, viel Wasser aufzunehmen und sukkulent zu werden, und auf der anderen Seite die Tendenz, nach oben als Liane zu klettern. Es gibt Arten, die riesige Stämme bilden mit der Tendenz, viel Wasser zu sammeln (wie Kakteen), und andere, die lianenartig sehr hoch und ausdauernd wachsen können. Das vegetative Wuchern ist überhaupt ein typisches Charakteristikum der Familie. Eine *Vitaceae* aus Indochina (*Tetrastigma Voinierianum*) wird so beschrieben: „Es ist eine Kletterpflanze mit einer so wuchernden vegetativen Kraft, dass sie eine Kathedrale bedecken könnte.“[46]

Die Wilde Rebe und die Kulturrebe

Für den Botaniker gibt es eine einzige Art *Vitis vinifera (C.C. Gmel) Hegi*, die sich in zwei Unterarten aufteilt: *Vitis vinifera subsp. sylvestris* und *Vitis vinifera subsp. vinifera*.

Zwischen den beiden Unterarten bestehen interessante Unterschiede: Die Wilde Rebe (*Vitis vinifera subsp. sylvestris*) lebt in feuchten Wäldern, besonders in Auenwäldern und an Waldrändern, wo sie als heliophile Liane bis zu einer Höhe von 15 bis 17 Metern an Bäumen aufwärts klettern kann, um ans Licht zu kommen. Sie füllt alle Lücken zwischen den Bäumen am Waldrand aus. Wie andere Lianen (etwa *Clematis*) bildet sie eine „Decke"; sie „schließt die Wunden" des Waldrandes. Ihr kräftiges Wachstum und ihre Möglichkeit, an jedem Knoten lange Triebe wachsen zu lassen, ermöglicht es, sehr schnell solche Lücken zu schließen. Sie sucht frische, reiche organische Böden im Unterwald. Im Gegensatz zu anderen Kulturpflanzen (wie Getreide), die bereits im wilden Stadium nahezu als Monokultur wachsen,[47] wächst die wilde Rebe in Bereichen größter Biodiversität. Gerade auch Auenwälder sind bekannt für ihren Reichtum an Kräutern, Sträuchern, Lianen, Bäumen und Tieren. Mit ihren roten Beeren hat sie eine besondere Beziehung zu den Vögeln.

Ihre natürliche Umgebung ist – ganz entgegengesetzt zu ihrem Kulturstandort – ein Standort mit reichen Humusböden, mit Schatten, Feuchte und Wärme. Sie lebt gleichsam in den „tropischen" Gebieten unserer Landschaften.

Im 19. Jahrhundert wurde sie von der Reblaus (Phylloxera) sowie von Pilzkrankheiten (Mehltau usw.) stark dezimiert (siehe auch den Beitrag von Georg Meißner, S. 90ff.). Diese Schädlinge und Krankheiten wurden aus Amerika mit den amerikanischen Rebenarten, die als Propf-Unterlagen benutzt wurden, „importiert". Dennoch kann man sie heute noch an einigen Standorten finden, wie zum Beispiel in den feuchten Strandwäldern auf Korsika oder auch im Baskenland.

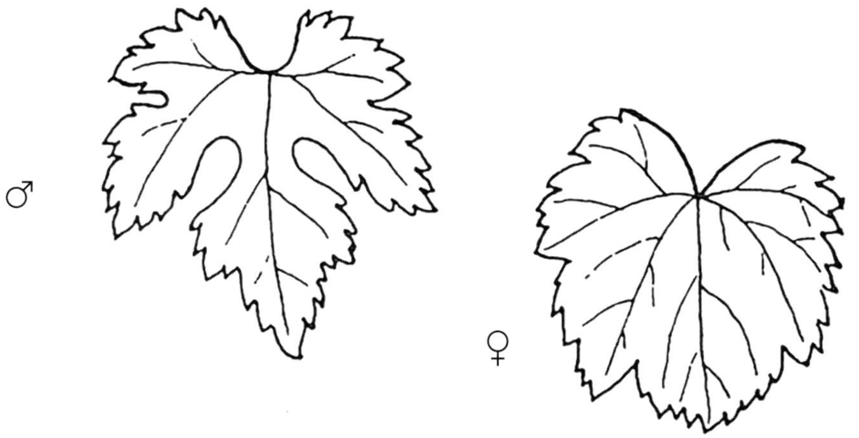

Wie bereits beschrieben, hat die wilde Rebe eine interessante Besonderheit: ihre Zweihäusigkeit. Es gibt männliche Stöcke mit Staubblüten und fein gegliederten Blättern sowie weibliche Stöcke mit Fruchtblüten und rundlicheren Blättern. Diese Bildungstendenzen entsprechen den Beobachtungen an anderen zweihäusigen Pflanzen (siehe oben). Die Kulturrebe hat diese Zweihäusigkeit verloren.

Neben der wilden Unterart gibt es oft auch am Rande von Weingärten sogenannte „wilde Reben", die entweder aus den Samen der Trauben oder aus einer vegetativen Vermehrung hervorgegangen sind. Sie sind – interessanterweise – meistens gegen die Reblaus widerstandsfähig. Gäbe es wohl eine Möglichkeit,

Abb. 15
Blätter der wilden Rebe (*Vitis sylvestris*) männlich und weiblich[48]

Abb. 16
Der Wilde Wein (*Vitis sylvestris*) einen Baum umrankend[49]

hiermit Unterlagen zu züchten? Die Beobachtung solcher Stöcke kann auch ein gutes Bild davon geben, wie sich eine Rebe natürlicherweise verhält, wenn sie nicht geschnitten wird.

Die amerikanischen Arten

Nehmen wir als Beispiel der amerikanischen Arten *Vitis riparia,* die als Unterlage für die europäischen Weine verwendet wird. Wie ihre europäische Verwandte, wächst auch sie wild an Waldrändern, besonders in Auenwäldern entlang von Flüssen. Sie steigt hoch in die Bäume auf, die sie mit ihren langen Trieben überdeckt. Auch sie füllt die Lücken.

Die amerikanischen Arten scheinen eine größere Vitalität als die europäische *Vitis sylvestris* zu besitzen. Sie wurzeln aber auch weniger tief. Man kann sich also die Frage nach der Kompatibilität zwischen *Vitis sylvestris* und einer amerikanischen Unterlage (z. B. von *Vitis riparia*) stellen. Schon um 1900 stellte der französische Agronom Lucien Daniel, der ein Spezialist im Pfropfen war, diese Frage (siehe Kasten).

Frühgewusstes[50]

Die Reblausplage

Mitte des 19. Jahrhunderts importierte man amerikanische Rebstöcke nach Frankreich. Diese hatten den Vorteil, gegen *Oidium* (Echter Mehltau) resistent zu sein, wohingegen die französischen Reben von diesem Pilz befallen waren. Leider schmeckte der Wein aus den amerikanischen Trauben sehr schlecht, ganz bitter und scharf, er erinnerte an Reismehl, das zum Schminken verwendet wurde. Dieser Fehler hielt zuerst die Winzer schnell wieder davon ab, die amerikanischen Reben anzupflanzen.

Man schleppte aber mit den amerikanischen Pflanzen (zwischen 1854 und 1860) zwei schlimme Rebkrankheiten ein, die man bis dahin in Europa nicht kannte. Die eine wird durch ein Insekt, das hauptsächlich die Wurzeln angreift, ausgelöst: die Reblaus - und die andere durch einen Pilz: den Falschen Rebenmehltau (*Plasmospara*). Die amerikanischen Reben sind gegen diese Krankheiten resistent, die europäischen sind allerdings sehr empfänglich dafür. Sehr schnell breitete sich die Reblaus wie auch der Mehltau in den Weinbergen aus.

1869, auf einem Kongress in Beaune, empfahlen Laliman und Gaston Bazille das einheitliche Pfropfen der französischen Rebstöcke auf Reblaus-resistente, amerikanische Unterlagen, um die Zerstörung der Rebflächen durch die Reblaus zu vermeiden. [...]

Doch stützte sich die Methode, nach der die französischen Reben auf amerikanische Unterlagen gepfropft wurden, um die Rebflächen trotz Reblaus zu erhalten, auf die ungenaue Hypothese, dass das Pfropfreis und die Unterlage alle ihre Charaktere behalten würden, wenn sie miteinander verbunden werden [...]. Die flächenübergreifende Anwendung dieser Methode, „Wiederaufbau" genannt, veränderte grundlegend die Jahrtausende alte Anbauweise über Stecklinge oder Ableger auf der europäischen Rebfläche und machte die Entwicklung neuer Techniken notwendig. Auch brachte der Wiederaufbau zahlreiche Probleme mit sich, die übrigens immer noch nicht alle gelöst sind. Diese Probleme betrafen: die gegenseitige Adaptation der beiden Bestandteile der neuen Stöcke (Unterlage und Pfropfreis); die Adaptation an Boden und Klima; die unterschiedlichen Resistenzen gegen Parasiten; die Veränderung der Rebschnitt-Techniken; die veränderten Erntemengen und Qualitäten der Pfropfreiser, etc.

Zu Beginn des Wiederaufbaus waren diese Fragen nicht gelöst. So wurden viele Fehler gemacht, die zu echten Ärgernissen führten. Man war gezwungen, für die Weinbereitung, also für die Behandlung der Weine und Maische, deren Zusammensetzung schlecht war, verschiedenste Zusatzstoffe zuzulassen.

Die Hersteller chemischer Produkte waren nicht nur daran interessiert, chemische Zusatzstoffe zur Bekämpfung der Reblaus zu verkaufen, sondern wollten auch Schönungsmittel für Wein und Maische, die von den durch das Pfropfen veränderten Trauben stammten, verkaufen; und auch der zunehmende Bedarf an Schwefel und Kupfersulfat, der zur Bekämpfung von Falschem Mehltau und Echtem Mehltau (*Oidium*) gebraucht wurde, war in ihrem Interesse.

Wie Lucien Daniel später sagte: „Indem man durch das Pfropfen unsere alten Rebflächen vor der Reblaus retten wollte, hat man sie den Pilzkrankheiten und Schädlingen ausgesetzt." Denn die amerikanischen Unterlagen haben zahlreiche neue Parasiten wie die Reblaus und den Mehltau eingebracht, gegen die sie selbst zwar resistent, deren Träger sie aber auch waren.

Der Wiederaufbau der Rebflächen durch gepfropfte Reben war auch eine Chance für die Holzlieferanten (Importeure und Händler von amerikanischen Reben), den „Hommes de Bercy", die in großen Mengen die Weine mischten, sowie für Zuckerrübenhersteller und Zuckerfabrikanten aus dem Norden, die ihre Reste zur Herstellung von „Zuckerweinen" und zum Schminken von mittelmäßigen Weinen hergaben.

Das Pfropfen der Reben

Der Wiederaufbau der Rebflächen mit gepfropften Reben brachte zahlreiche Probleme mit sich. Daniel hat sie systematisch untersucht [...]. Man weiß, dass die Wurzeln der amerikanischen Reben die Reblaus ziemlich gut ertragen, während die Wurzeln der europäischen Reben stark unter ihr leiden – daher die Idee, mit der amerikanischen Unterlage der europäischen Rebe eine amerikanische Wurzel zu geben. [...]

Die französischen Reben wurden auf die amerikanischen Reben *Vitis riparia* und *Vitis rupestris*, noch andere und deren Hybriden gepfropft. *Vitis riparia* verfügt über oberflächlichere Wurzeln als *Vitis rupestris*. Aber beide, wie auch alle anderen amerikanischen Reben, die als Unterlage genommen werden, haben ein mehr oder weniger breit gefächertes Wurzelwerk, das seine Nahrung aus den oberen Bodenlagen zieht. Anders als die französischen Reben, deren Wurzeln tiefer gehen.

Die amerikanischen Reben pumpen eine große Menge Wasser in den meist gut gedüngten und ausreichend feuchten Boden, um darin gut zu gedeihen.

Nachdem die europäische Rebe auf die amerikanische Rebe aufgepfropft wurde, bekommt sie demnach mehr Wasser und Stickstoff, als sie mit ihren eigenen Wurzeln herausgezogen hätte. Und dies, obwohl die Veredelungsstelle (Wulst) den Durchlass des Pflanzensaftes von der Unterlage zum Pfropfreis verlangsamt. [...]

Die gepfropfte europäische Rebe wird also unter normalen klimatischen Bedingungen mit viel mehr Wasser und Pflanzensaft versorgt, als sie mit ihren eigenen Wurzeln aus dem Boden gezogen hätte.

Abb. 17
Lucien Daniel (1856 – 1940) erkannte früh die mit dem modernen Weinbau verbundenen Probleme

Daniel sagt, dass durch das Pfropfen der gesunden europäischen Rebe auf eine amerikanische Unterlage bei normalen klimatischen Verhältnissen ein Ungleichgewicht zwischen den funktionellen Fähigkeiten der verschiedenen Teile des Pfropfes entsteht. Die Aufnahmefähigkeit des europäischen Pfropfreises ist schwächer als die Aufnahmefähigkeit der amerikanischen Unterlagen. Unter diesen Umständen entspricht diese Situation einem feuchten und reichhaltigen Milieu für die europäische Rebe. Tatsächlich wächst dann das europäische Pfropfreis im Frühling, wenn die Unterlage aktiv wird, schneller, als dies die ursprüngliche europäische Rebe, die nicht gepfropft wurde, tun würde. Zur Blütezeit entstehen dann bei der gepfropften europäischen Rebe größere Blütenstände, und bei gutem Wetter klappt auch die Befruchtung gut. Die Trauben

Abb. 18
Vitis riparia (USA, Staat New York) einen Baum umrankend[51]

Abb. 19
Blatt der amerikanischen Art *Vitis rupestris* in der Sammlung Freiburg im Breisgau[52]

wachsen schnell und hängen dicht an dicht. Auch der vegetative Teil (Blattwerk, Äste und Zweige) ist stärker ausgeprägt als bei den ungepfropften Reben.

Diese Unterschiede der europäischen Rebe auf einer amerikanischen Unterlage im Vergleich zur Urform der europäischen Rebe kann man bei normalen klimatischen Bedingungen feststellen.

Gepfropfte Reben in trockenen Jahren

Im Gegensatz dazu reagiert die gepfropfte europäische Rebe sehr viel empfindlicher als die Urform der Rebe auf starke Temperaturschwankungen mit heißen Trockenphasen und hoher Luftfeuchtigkeit. Wenn die Trockenheit schon während der Blüte eintritt, dann wird die Befruchtung der gepfropften europäischen Rebe zwar zuerst unterstützt, wenn aber die Trockenheit anhält, dann leidet die Rebe viel mehr als ihre Urform.

Tatsächlich kommt dann weniger Wasser in die Rebe. Die amerikanische Unterlage, die nach Wasser giert, kann mit ihren oberflächlichen Wurzeln nicht genug Wasser finden [...]. Die europäische Rebe könnte mit ihren eigenen Wurzeln, die sehr viel tiefer reichen, problemlos die nötige Menge Wasser ziehen und müsste weniger leiden. Außerdem bremst die Veredelungsstelle das Aufsteigen der wenigen Flüssigkeit, welche die amerikanische Unterlage mit ihren Wurzeln für die Rebe aufnehmen konnte.

So wie die gepfropfte europäische Rebe bei normalen klimatischen Bedingungen eine geringere Aufnahmefähigkeit als die amerikanische Unterlage aufweist, so ist das Ungleichgewicht bei Trockenheit umgekehrt: die Aufnahmefähigkeit der gepfropften europäischen Rebe ist höher als die Fähigkeit der Unterlage, Flüssigkeit zu ziehen.

Gepfropfte Reben in nassen Jahren

Wenn aber im Gegenteil zu viel Wasser im Boden ist, pumpt die amerikanische Unterlage, die ja viel Wasser aufnehmen kann, sehr viel Wasser in die Rebe. Darunter leidet sie aber viel stärker als das Pfropfreis, denn dieses kann durch Blattbildung viel Wasser ausscheiden und bei Bedarf neue Triebe mit Blättern bilden. Die Veredelungsstelle hingegen bremst den Wasserstrom, und das Wasser staut sich in der Unterlage. Das Ungleichgewicht zwischen amerikanischer Unterlage und europäischem Pfropfreis, das weniger Wasser aufnehmen kann, als die amerikanische Unterlage heranschafft, wird immer größer ...

Nach Lucien Daniel bringt das Pfropfen zwei neue starke Variationsfaktoren:
- die Veredelungsstelle (Wulst), welche die Pflanzensäfte filtriert und die Saftaufnahme durch das Pfropfreis verzögert, und
- die Unterschiede der funktionalen Fähigkeiten zwischen Pfropfreis und Unterlage.

Die Kulturrebe

Die Rebe ist eine der ältesten von Menschen gezüchteten Kulturpflanzen (siehe Beitrag von Rudolf Trossen und Ron Dunselman, S. 72 f.). Sie wurde aus ihrem Ursprungsbiotop herausgeholt und stark verändert. Aus einer wilden Liane züchtete man Schritt für Schritt eine kleine Pflanze, fast eine Art Bonsai. Sie wird in einem Milieu angebaut, welches das Gegenteil ihres Ursprungsortes ist: ein magerer Boden, eher ein trockener Standort, meist sehr viel Licht und Wärme. Es gab und gibt immer noch eine große Vielfalt von traditionellen Anbauweisen, den natürlichen Wuchsformen und -bedingungen noch näher, so zum Beispiel Reben in Portugal, die an Platanen und Pappeln hochklettern (und gesünder sind), oder auch Reben im Pergola-Wuchs.[53]

Abb. 20
Weinanbau im Pergola-Wuchs[54]

In jüngster Zeit führte die Mechanisierung der Arbeit zum Verschwinden dieser alten Formen und zu einer Rationalisierung der Anbauweisen.

Einige der berühmtesten Weingärten wachsen auf Schotter, das heißt auf einem Boden, der ganz nah zu den Auwaldböden steht (wie etwa der Graves in Médoc, Bordelais). Es scheint, dass die Rebe ihr Bestes in Bedingungen gibt, die jenen ihres Ursprungsstandorts nahekommen.

Zusammenfassend kann man sagen, dass der Mensch durch seine Züchtungsarbeit das Verhältnis zwischen Holzbildungsprozess, vegetativem Prozess und Blüh-Frucht-Prozess geändert hat, indem er die Rebe in ein Milieu verpflanzte, das den Blüh-Frucht-Prozess fördert: magerer Boden, mehr Licht, weniger Feuchte. Im Laufe des 20. Jahrhunderts wurden diese für die Rebe neuen Verhältnisse durch die Einführung von hohen Mengen Kunstdünger abermals verändert. Der Kunstdünger förderte auf einseitige Weise den vegetativen Prozess.

Hinzu kommt die Tatsache, dass die Reblauskrise in den 1870er Jahren zu einer vollständigen „Amerikanisierung" der europäischen Weingärten führte. Wie oben bereits beschrieben, sind diese amerikanischen Unterlagen (die von amerikanischen Arten stammen) weder wirklich kompatibel mit den europäischen Böden noch mit den europäischen Sorten (von denen man die Pfropfreiser nimmt). (Siehe hierzu auch den Beitrag von Georg Meißner, S. 90 ff.)

Alles in allem entsteht die dringliche Frage: Wie kann diese Kulturpflanze heute wieder in ein gesundes Gleichgewicht zwischen Holzbildungsprozess, vegetativem Prozess und Blühprozess gebracht werden?

Das Jugendwachstum

Ein Reben-Sämling von *Vitis vinifera* beginnt seine Entfaltung damit, eine Pfahlwurzel auszubilden; danach bringt er einen rankenlosen, geradestehenden, vertikalen Stängel mit zwei Keimblättern hervor. Die Wurzel kann sehr tief in die Erde gehen; es wird bei ausgewachsenen Stöcken von bis zu 15 Metern Tiefe gesprochen. Die amerikanischen Sorten, die heute als Unterlagen verwendet werden, wurzeln allerdings weniger tief, besonders weil sie aus vegetativer Vermehrung kommen und nur adventive Wurzeln bilden.

Danach entwickelt der Weinstock der europäischen Rebe eine Folge von sechs bis zehn spiralig angeordneten Blättern (2/5-Stellung). Dies ist ein typisches Verhalten des Vegetativen, das den Einfluss der Sonne widerspiegelt. In den Achseln dieser Blätter bilden sich Knospen, die von zwei Schuppenblättern geschützt werden.

In den darauf folgenden Jahren erlebt der Weinstock mehrere Veränderungen:

- Die spiralige Anordnung der Blätter geht in eine gegenständige Blattordnung über. Diese recht strikt wirkende Stellung ist vergleichsweise selten im Pflanzenreich. Dieter Bauer zeigt, dass diese ½-Stellung durch eine zweite Kraft (die Erdenschwere) gebildet wird.[55]
- Die Rebe bildet Ranken, verliert ihre eigene Vertikalität und versucht, mit den Ranken an einer Stütze Halt zu finden. Sie wird eine richtige Liane.
- In den Blattachseln entstehen Ranken und Blüten in einer gegenständigen Anordnung. Die Blütentriebe und Ranken wachsen zuerst nach oben zum Himmel, um sich dann aber unter die Blätter zu stellen.
- Die den Blütentrieben homologen Ranken suchen nach einer Möglichkeit, sich festzuhaken.
- Erst etwa im sechsten Jahr blüht der Weinstock zum ersten Mal und geht dann ins „Erwachsenenstadium" über.

Abb. 21 und 22
Der spiralige Wuchs der jungen Weinpflanze, die aus einem Samen aufgewachsen ist. Dieses Stadium wird bei der vegetativen Vermehrung ausgelassen[56]

Das Erwachsenenstadium des Rebstocks

Danach setzt der Rebstock sein Wachstum fort. Im Gegensatz zu einem Baum wachsen bei der Rebe alle Knospen aus. Am deutlichsten zeigen die Nadelbäume mit ihrem apikalen Wachstum eine solche Hemmung: Die „Gipfelknospe" bildet den längsten Trieb und hemmt die Nebenknospen am Austrieb. Diese Hemmung ist beim Wein stark reduziert, denn jede Knospe ergibt einen langen Trieb. Dadurch kann die Rebe in alle Richtungen wachsen und sehr schnell große Flächen überdecken.

Wie alle Lianenpflanzen zeigt auch der Wein eine große Plastizität und Offenheit für die Umgebung – allerdings unter Verzicht auf eine eigene charakteristische Gestalt, wie dies indes für die meisten Bäume der Fall ist. Gerade diese Umgebungsoffenheit erlaubt es, den Wein durch eine große Vielfalt von Schnitt- und Anbaumethoden (Spalier, Pergola, Gobelet etc.) zu bewirtschaften.

Früher wurden die Rebenstöcke sehr alt. Häufig wird von Weinstöcken berichtet, die mehr als 100 Jahre alt wurden. Einige alte Stöcke erreichten durchaus einen Umfang von 50 bis 60 Zentimetern. In Portugal wurde 1885 ein Rebenstock dokumentiert, der an seinem Stammansatz einen Umfang von zwei Metern hatte und dessen Zweige beinah 500 Quadratmeter bedeckten. Im Jahr 1864 gab dieser Stock 745 Liter Wein.[57] Dagegen erreichen unsere modernen Rebstöcke kaum noch ein Alter von 20 bis 30 Jahren. Das ist ein weiteres Zeichen dafür, wie geschwächt der Wein heute im Vergleich zu seinem früheren Potential ist.

An dem Rebstock bildet sich – wenn man die Rebe nicht schneidet – eine Vielfalt von Trieben, die aus den letztjährigen Knospen entstehen.

Die Struktur eines einjährigen Rebentriebes ist besonders untypisch: Er besteht aus zwei Teilen: Zum einen ein präformierter Abschnitt, der bereits im vorhergehenden Jahr in der Knospe vorgebildet wurde. Er enthält meistens acht Blätter und zwei bis drei Blütentriebe. Dieser Teil entwickelt sich hauptsächlich aus Pflanzenreserven. Auf die recht kurzen Internodien des präformierten Abschnitts folgt ein neuer, nicht präformierter Abschnitt, das heißt, der Trieb wächst über die Vorprägung durch das Vorjahr hinaus. Er bildet neue, „ganz aktuelle" Blätter, die auf die veränderten Umweltbedingungen bezogen sind. Dieser „aktuelle" Abschnitt bildet ca. 20 bis 25 Blätter, und anstelle der Blüten bringt er Ranken hervor.

Man mache sich die Besonderheit dieses Wachstums deutlich: Bei den meisten Pflanzen stehen der vegetative und der Blühprozess einander polar gegenüber. Entweder entstehen die Blüten am Ende des Stängels, dann hemmt, ja entvitalisiert das Blühen die vegetativen Prozesse. Oder aber es werden – wie bei vielen Bäumen – zwei Arten von Trieben ausgebildet: ein langer Holztrieb (der den vegetativen Prozess repräsentiert) und ein kurzer Blütentrieb (der den Blühprozess mit seiner hemmenden Wirkung repräsentiert).[59] Insbesondere unsere Obstbäume (Kirsch-, Apfelbäume etc.) zeigen dies sehr schön.

Bei der Rebe ist also das vegetative Wachstum so kräftig, dass es von den Blütentrieben nicht gebremst werden kann. Auf der Ebene der Blüte einer einjährigen Pflanze entspräche dies gewis-

Abb. 23
Das bescheidene Blühen der Rebe im Frühling[58]

Abb. 24
Der Blütenstand und die Ranke zeigen das Ende einer Grundeinheit an[60]

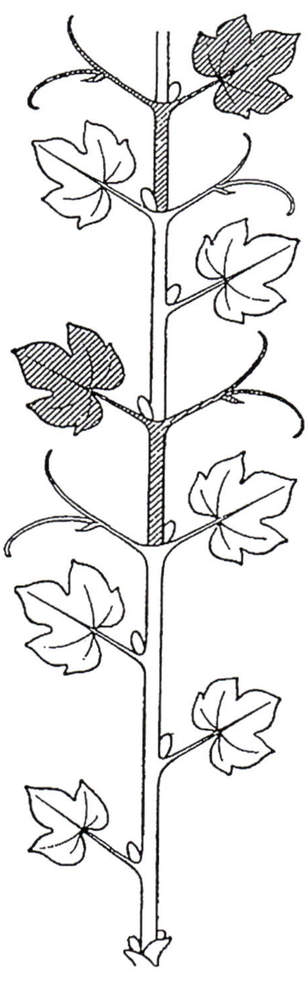

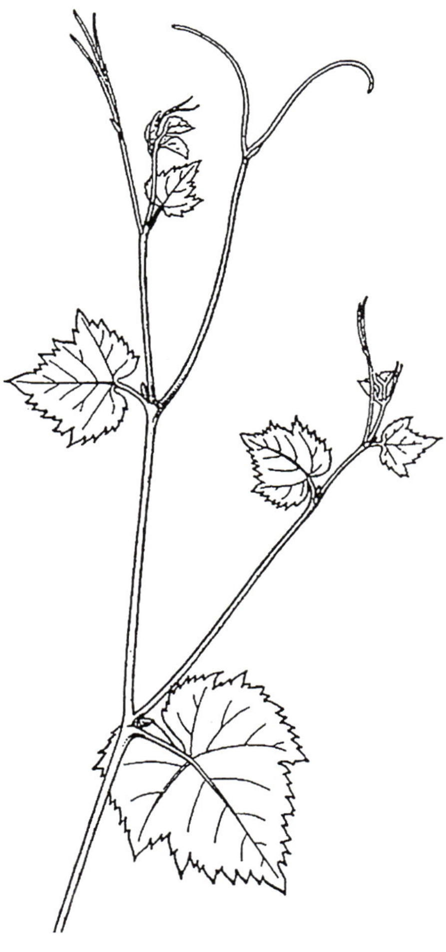

Abb. 25
Weintriebe sind aus mehreren Grundeinheiten zusammengesetzt. In der Skizze Wechsel zwischen Weiß und Grau[61]

sermaßen dem Durchwachsen: Aus einer Blüte wächst unmittelbar ein neuer Stängel empor.

Ungewöhnlich ist auch, dass in der Achsel eines jeden Blattes zwei Knospenanlagen (statt wie üblich nur eine) vorhanden sind, die sich im nächsten Jahr öffnen können. Die eine der beiden Knospen wird einen neuen Langtrieb bilden und die zweite (meist kleinere) einen Kurztrieb, den sogenannten Geiztrieb, der einige Blätter hervorbringt und sogar manchmal kleine Blüten bildet. Dies zeigt abermals die ungewohnt große ungehemmte vegetative Kraft, die es der Rebe erlaubt, intensiv in alle möglichen Richtungen zu wachsen.

Der erwachsene Trieb weist noch eine weitere Besonderheit auf, nämlich in der Stellung der Blüten und Ranken. Die Blüten, die interessanterweise den Ranken homolog sind, entstehen in einem besonderen Rhythmus. Von unten nach oben wachsen zuerst drei Blätter in der 180°-Anordnung. Auf diese folgt dann ein Blatt mit einer gegenüberstehenden Blüte. Dann kommen wieder zwei Blätter, und dieses Mal steht bereits dem zweiten Blatt eine Blüte gegenüber.

Nach zwei oder drei Blütenständen setzt sich dieser Rhythmus fort – allerdings nun mit Ranken anstelle der Blütenstände. Es wechseln ein Blatt und ein Rankentrieb, gefolgt von zwei Blättern mit einem Rankentrieb. So sieht man abermals, wie die Blütenstände, die gleichsam auf die Seite geschoben werden (also gewissermaßen nur eine untergeordnete Rolle spielen), keine Entvitalisierung bzw. Hemmung auf die vegetativen Triebe ausüben. – Es ist eine erstaunliche Tatsache, dass die Rebe ihre Blütenstände und schließlich auch Früchte unterhalb ihrer Triebe und Blätter trägt.

Die Botaniker haben lange darüber debattiert, wie man dieses doch sehr spezielle Wachstum verstehen kann. Eine der Hypothesen meint, es handele sich um ein sympodiales Wachstum. Das würde bedeuten, dass ein einjähriger Trieb aus einer Reihe von Einheiten/Trieben gebildet wäre. Die erste Einheit bildet drei bis fünf Blätter, gefolgt von einem Blütenstand, mit dem dieser Trieb endet. Der nächste Trieb bildet ein Blatt, wiederum gefolgt von einem Blütenstand, und der dritte Trieb bildet zwei Blätter, erneut gefolgt von einem Blütenstand und so fort, bis dann die Blüten von den Ranken ersetzt werden. Das Wachstum einer jeden Teileinheit wird jeweils von einem Blütenstand oder einer Ranke abgeschlossen.

Versucht man diese Wachstumsdynamik nachzuvollziehen, so zeigt sich erneut die so besondere vegetative Kraft der Rebe: nach jedem Trieb folgt wieder ein ebenso kräftiger neuer Trieb, wie es scheint: unendlich.[62]

Das Blatt

Die Rebe, die Bäume, ja beinah alle holzigen Pflanzen zeigen keine vollständige Blattmetamorphose, sondern nur deren Beginn. Die ersten Blätter sind meist kleiner und wenig gegliedert, und die nächsten Blätter behalten nahezu dieselbe Gestalt. Es gibt keine Zusammenziehungsphase. Die Gestalt der Blätter verbleibt hauptsächlich unter der Prägung der ersten beiden Bildekräfte der Ausdehnungsphase: Stielen und Spreiten (und je nach Sorte eine mehr oder weniger starke Gliederung). Auch hier zeigt sich erneut: Der vegetative Prozess setzt sich kräftig durch. Das letzte Stadium des Spitzens zeigt sich nur bei den winzigen Hochblättern an den Blütenstielen.

Das Rebenblatt wird von einem langen Stiel in den Raum gestellt. Seine Spreite ist eher rund und mehr oder weniger gegliedert. Die menschliche Hand hat durch die Züchtung eine Vielfalt von Blattgestaltformen bei der Rebe hervorgebracht: von nahezu runden (etwa beim Gewürztraminer) bis zu sehr gegliederten Blättern (wie beispielsweise beim Cabernet Sauvignon). Die Blattformen und die ganze Morphologie der verschiedenen Sorten sind Spiegel der verschiedenen Qualitäten. Ihre Beobachtung kann helfen, die Sorten besser an die Standorte oder Klimalagen anzupassen. Zum Beispiel gibt es Sorten mit sehr gegliederten Blättern, die besser an warme und lichthafte Standorte angepasst sind. Und sicher ist die genaue Beobachtung auch eine Hilfe, um die Kompatibilität von Sorten und Unterlagen zu optimieren.

Zusammenfassend lässt sich sagen, dass die Blattgestalt der Rebe eher typisch für eine Pflanze mit einer großen vegetativen Kraft ist. Die amerikanischen Sorten, die als Unterlage genommen wurden, weisen oft nur gering gestaltete Blätter auf. Manchmal sind die Blätter hier sogar asymmetrisch oder mehrfach gewölbt, was abermals ein Zeichen für eine starke, aber eben „unstrukturierte" vegetative Kraft ist. Ihre Trauben geben auch keinen guten Wein. Und das ist auch der Grund, weshalb die europäischen Sorten auf eine amerikanische Unterlage gepfropft werden.

Eine genauere Beobachtung der Gestalt der Rebenblätter und ein Vergleich mit dem ähnlichen Ahornblatt führen zur Offenbarung einer seltsamen Geste. Die Blätter scheinen ein wenig spiralig zu sein – so, als seien sie etwas in sich gedreht (Torsion).

Die Farbe der Blätter beginnt mit einem hellen, fast blassen Grün, steigert sich dann zu einem kräftigen, dunklen Grün, um dann im Herbst (wie auch bei vielen Laubbäumen) starke gelbe, orange und rote Töne anzunehmen. Hier zeigt sich noch einmal die große Verwandtschaft der Rebe mit den Bäumen. Die beschriebenen Farben erscheinen oft bei entvitalisierenden Prozessen, wodurch sich Qualitäten zeigen, die wir sonst vom Blühen oder Fruchten gewohnt sind. Die Blätter scheinen „zu reifen".

Die Blätter der blühenden Kräuter werden selten farbig; sie bleiben stärker mit den irdischen Kräften verbunden, und nur die Blüte nimmt solche gelben, orangenen oder roten Farben an, sobald sich die Pflanze durch die Metamorphose von den irdischen Einflüssen befreit und sich ganz den kosmischen Kräften (Licht und Wärme) geöffnet hat. Jede Rebsorte reift anders, wird anders bunt und nimmt auch je nach Standort und Anbaumethode eine andere Farbpalette an – all dies lohnt sich, gerade auch im Hinblick auf die dadurch ablesbaren Qualitäten, im Detail zu beobachten.[63]

Die Ranken

Die Ranken der Rebe sowie der Blütenstand (beide Organe sind homolog) werden heute als verwandelte Stängel verstanden. Dies wird auch dadurch bestätigt, dass sie oft Hochblätter tragen. Wie kann man ein so zurückhaltend auftretendes Organ wie die Ranke verstehen? Die Wein-Ranken sind sehr empfindliche, vegetative Organe, die zuerst zur Leichte (zum Himmel) wachsen, aber dann sehr bald versuchen, Festes, Irdisches (also das Gegenteil von Leichte) zu erreichen, um dort Halt zu finden. Die Ranke ist ein Stängel, der durch das spiralige Prinzip des Blattes geprägt ist. Sie ist auch sehr empfindlich – wie eine Art oberirdische Wurzel, die nach festen Objekten tastet. Hier zeigt sich auch wieder der Lianencharakter der Rebe. Zuerst wächst auch die Ranke nach oben, tastet sich dann aber sehr bald peripher in die Umgebung hinein. Solang sie nichts gefunden hat, bleibt sie extrem jugendlich und empfindlich, wodurch sie eine große Beweglichkeit und Plastizität behält. In ihrem Frühstadium zeigen die Ranken sogar runde Nutationsbewegungen, bevor sie sich schließlich einrollen und dann auch recht fest und holzig werden. Diejenigen Ranken aber, die keine Stütze finden, sterben und fallen sehr schnell ab.

Die tastende Geste der Ranken ähnelt mehr dem Tier als der Pflanze, die sich zwar der Umgebung öffnet, diese aber nur selten aktiv ertastet. Die Rebenranke verzweigt sich binär mit vier Abzweigungen, was eine sehr ursprüngliche Verzweigungsart und zum Beispiel typisch für Algenpflanzen ist.

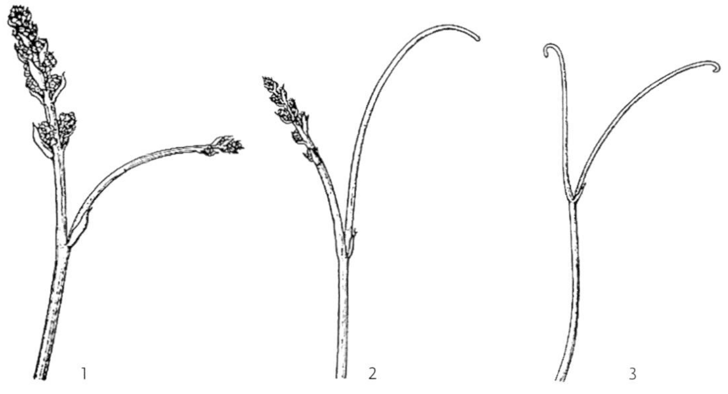

Abb. 26
Zwischenstadien dokumentieren die Homologie von Ranke und Blütenstand[64]

Die Blüten

Statt bunte und „entvitalisierte" Organe (Blütenblätter) zu bilden, die sich zum Himmel wie ein Kelch öffnen, bilden die Reben einen Blütenstand aus vielen kleinen grünen Blüten, der sich zudem unter dem überhängenden Laub „versteckt". Auf den ersten Blick könnte man denken, dass der Blütenstand im Knospenzustand verbleibt, so sehr sind die Blütenorgane reduziert. Die sehr bescheidenen Einzelblüten sind nur etwa fünf Millimeter groß. Sie werden von einem kleinen grünlichen Hut geschützt, der sich an der Basis öffnet und schließlich abfällt. Die Blüte bleibt dann ganz „nackt" mit Staubblättern und Fruchtanlagen zurück. Sie behält einen stark vegetativen Charakter, duftet jedoch recht aromatisch.

Der Blütenstand ist den Ranken homolog. Man sieht oft Ranken mit Blütenanlage; hierzu gibt es auch zahlreiche Zwischenstadien. Die Verwandtschaft von Ranke und Blüte findet sich selten im Pflanzenreich. Die meisten Ranken sind verwandelte Blätter oder Stängel. Und die Frage entsteht: Was bedeutet das wiederum für den Wein?

Ranken wie Blüten bleiben bei ihm im vegetativen Stadium und schließen ihr Wachstum nicht nach oben hin ab. Im Gegensatz zu den stark geformten und organisierten Blütenständen mit einer charakteristischen und bunten Blüte zeigt der Blütenstand der Rebe – den der Botaniker Thyrse nennt – abermals viele eher vegetative Charakteristika. Die Blütenstände erscheinen unter den grünen Blättern im unteren Teil des Triebes. Sie werden aus einer großen Anzahl von kleinen Blüten gebildet – allerdings ohne eine strikte Organisation. Der Blütenstand enthält viele Blüten und dies auf vier Verzweigungsstufen, das heißt also, mit einer sehr intensiven Verzweigung. Dieser Verzweigungstyp erscheint viel weniger geordnet als etwa jener der Doldenblütler oder gar der Korbblütler, bei denen jede Einzelblüte ihre Form der Gesamtform des Blütenstandes gemäß ausbildet – hier sind die Blüh- bzw. Astral-Kräfte viel stärker.

Abb. 27
Die Blüte des Weins zeigt eine ursprüngliche, vegetativ betonte Gestalt, Dichotomie, Farblosigkeit, geringe Subordination[65]

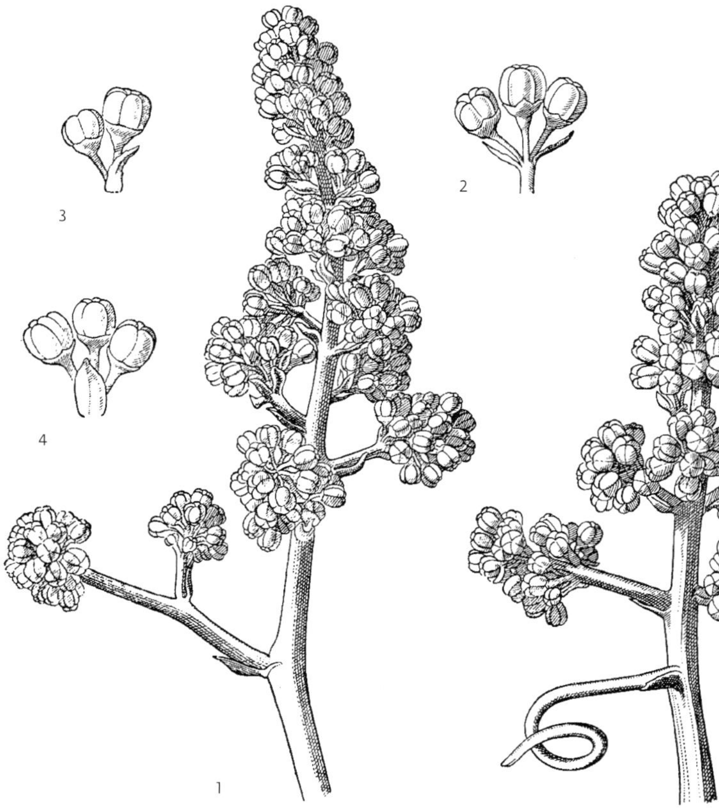

Zusammenfassend zeigt sich sehr deutlich, dass die Blütenstände und ihre Einzelblüten stark von vegetativen Kräften bestimmt sind. Und dennoch verweist der feine Geruch der Rebblüte auf eine richtige Blütenqualität, auch wenn diese sich in Bezug auf Form- und Farbgebung sehr zurückhaltend verhält. Es macht den Eindruck, als würde das Blühpotential (Farbe, Form, Struktur usw.) – außer im Geruch – ganz in einer Art Reserve verbleiben. Nach der Blüte wachsen die kleinen grünen Beeren.

Die Reife der Rebe

Mit dem Beginn der Reifeprozesse schließt die Rebe Schritt für Schritt ihr kräftiges Wachstum nach außen hin ab und geht in einen Verinnerlichungsprozess über. Die zuerst gewachsenen grünen Beeren beginnen jetzt zu reifen. Dabei bilden und verfeinern sich die sekundären Pflanzenstoffe (Pigmente, Aromen usw.). Neue Prozesse, die vor allem mit Licht und Wärme verbunden sind, nehmen nun Einfluss auf die Bildungen. Die Beeren und ihre jeweils vier Samen reifen langsam, die Blätter beginnen, sich zu verfärben, die Jahrestriebe verholzen. Die Blattfarben gehen vom Gelb bis in dunkelrote Töne – je nach Anbaumethode. Bereits von weitem kann man dadurch sehr schön die verschiedenen Parzellen eines Weinbergs unterscheiden. Auch der Jahreslauf prägt sich in der Färbung aus. Ein feuchter und triebiger Herbst kann die Verfärbung hemmen. Eine zu starke Stickstoffdüngung kann ähnlich wirken.

Man kann die Verfärbungen der Rebe gut mit den Herbstfarben der Bäume vergleichen. In beiden Fällen haben wir es mit Pflanzen zu tun, die sehr bescheiden blühen, sich im Herbst jedoch stark durch die Blattfarbe, durch eine Art „Blattblühen" ausdrücken. Die Farben entstehen bei der Entvitalisierung der Pflanze, die sich bei vielen holzigen Pflanzen erst im Herbst durchsetzen kann, nachdem sich das kosmische Licht und die Wärme voll entfalten konnten.[66]

Gewissermaßen findet das Blühen der Rebe also erst im Herbst statt, wenn die Beeren reifen und die Blätter bunt werden. Es ist auch die Zeit des Jahres, in der die Rebe am eindrücklichsten die Landschaft prägt. Die bunten Reben berühren uns seelisch ebenso stark wie eine intensiv blühende Frühlingswiese – wenn auch auf andere Art.

Diese Tendenz wird bei den Sorten der Roten Rebe (*Vitis vinifera var. Tinctoria*) auf die Spitze getrieben. Gerade auch diesen Sorten, die schwarze Trauben und rotes Fruchtfleisch haben (alle anderen Sorten weisen weißes Fruchtfleisch auf), werden besondere Heileigenschaften (etwa für die Blutzirkulation) zugeschrieben. Es sind Sorten, deren Blätter im Herbst eine intensiv-rote Farbe annehmen. Man nennt sie auch Färbereben. Einige Beispiele davon sind die Sorten Teinturier du Cher en France, Gamay de Bouze, Fumin d'Italie, Colorino de Toscane.

Die Beeren

Auch in ihrer Frucht behält die Rebe ihren betont vegetativen Charakter. Die Beere ist sehr saftig, stark wasserhaltig und bleibt nur wenige Tage frisch. Sie hat leicht die Tendenz, schon am Rebstock zu faulen.

Die Rebbeere ist eine „kalte" Frucht. Eine Traubenkur wird bei warmem Wetter als sehr angenehm, bei kühlem Wetter aber als eher schwierig empfunden. Man kann dann den Eindruck gewinnen, dass die Trauben die Kälte verstärken. Im Vergleich dazu ist zum Beispiel der Apfel eher eine warme Frucht.

Natürlich befinden sich die Beeren am Ort der vorhergehenden Blüten, damit aber unterhalb der oberen Blätter – dies steht wiederum im Gegensatz zu den meisten anderen Früchten, die oberhalb der Blattregion am Ende der Triebe entstehen, dort also, wo die Vitalität zur Ruhe gekommen ist. So bilden sich

Abb. 28
Die goldene Reife der Rebe[67]

die Früchte der Rebe in einer Zone voll vegetativer Vitalität, die noch stark von dem aus der Erde aufsteigenden Strom geprägt ist. Dieser vegetative Charakter ist eher ein Frühlingscharakter, den man oft bei Frühlingsfrüchten findet (wie Erdbeeren und Kirschen), die einerseits zwar sehr saftig, andererseits aber nur wenig lagerungsfähig sind. Im Herbst hingegen hat man eher dichtere, trockenere Früchte, die stärker durch den Entvitalisierungsprozess geprägt werden und daher länger reifen und lagerbar sind (beispielsweise Apfel, Quitte usw.).

Die moderne Reben-Züchtung, die protegierte Schnittweise und die amerikanische Unterlage haben die wässerige Tendenz der Trauben verstärkt. Dagegen bildet eine ungeschnittene Rebe (siehe den Beitrag von Werner Michlits, S. 116 ff.) viele Trauben mit kleineren Beeren, die sich kaum berühren und viel mehr Luft und Licht zwischen die Beeren kommen lassen.

Dieser vegetative Charakter der Trauben erlaubt es vielleicht zu verstehen, dass erst durch die Gärung, die ja eine Art Nachreifung ist (mit Hilfe von irdischen Bakterien und Hefen), viele Aromen und Substanzen erscheinen.

Es gibt auch eine andere traditionelle Art der Nachreifung, gemeint ist das Trocknen zu Rosinen. Auf der einen Seite reifen die Trauben im Keller, also im Schatten (wie gesagt mit Hilfe irdischer Organismen), auf der anderen Seite findet der Prozess der Nachreifung in der Trockenheit und am Licht aufgrund von Sonnenwärme statt. Zwei recht gegensätzliche Prozesse.

Die Frucht bleibt bis zur beginnenden Beerenreife vegetativ – sie kann noch weiter per Fotosynthese assimilieren –, sie wächst stark, enthält viele Säuren und bildet nur wenig Zucker. Dagegen steigt mit der beginnenden Reife der Gehalt an Zuckerstoffen in der Beere (Glucose, Levulose) stark an. Innerhalb nur eines Monats (bis 40 Tage) steigt der Gehalt von 1 auf 20 % des Fruchtfleischgewichtes.[68]

Zur selben Zeit findet mit dieser Verwandlung der Substanzen in Zucker auch die Verholzung der Triebe statt. Durch Licht und Wärme wird dann ein Verdichtungs- bzw. Reifeprozess eingeleitet. Die Beeren verfärben sich; das heißt, sie verlieren an Lebenskraft und sekundäre Stoffe bilden sich: Pigmente, Zucker, Gerbstoffe und andere.

Erst jetzt setzt der Differenzierungsprozess ein (der sonst bei vielen Pflanzen bereits in der Blüte wirksam war); auch das Holz verdichtet sich. In der Mitte der Beere bilden sich die Samen, die zudem Öle produzieren. Licht und Wärme fördern diese Verdichtung.

Ein weiterer sehr interessanter Aspekt ist die große Nähe von Trauben und Hefen, welche die Gärung zum Wein ermöglichen. Lange Zeit dachte man, dass solche Hefen bereits auf den Beeren vorhanden seien. Aber es scheint eher so zu sein, dass gerade die Weinbereitung im Laufe der Zeit die entsprechenden Hefen gezüchtet hat.[69]

Es gibt Beeren, die sehr leicht vergären, die Weintraube ist das Paradebeispiel dafür. Es gibt aber auch Beeren, die so gut wie nie vergären, wie zum Beispiel die Beeren der Schwarzen Johannisbeere (*Ribes nigrum*) oder noch extremer der Heidel- und Preiselbeere (*Vaccinium myrtillus, Vaccinium vitis-idaea*), die Substanzen enthalten, welche die Gärung hemmen. So gesehen ist die Pflanzenfamilie der Heidelbeere, die Ericaceae, fast der Gegensatz von den Vitaceae. Während die Vitaceen eher tropische Pflanzen sind, die vor allem Wärme benötigen, sind die Ericaceen eher Heide-Pflanzen, die sehr weit in den Norden hinauf wachsen. Auch morphologisch und physiologisch erscheinen sie polar. Während der Lianenwuchs sich voll nach außen in die Stoffmasse entwickelt und die Tendenz zur Wasseransammlung ausbildet – immer im Prozess jugendlich verbleibend –, bilden die Ericaceen kleine, verdichtete, greisartige „Bäumchen", die stark verholzen und kleine, lederige Blättchen tragen; bei ihnen scheint das ganze Wachstum gehemmt.

Die Holzbildung

Es lohnt sich, den Holzreifeprozess der Rebe ab August genauer anzuschauen, das heißt in jener Zeit, in der die Trauben reifen und sich verfärben. Diejenigen

Knospen bilden sich, welche im nächsten Jahr die neuen Triebe hervorbringen werden. Hierbei spielen sich drei Prozesse ab: die Reifung, die Verdichtung und die Verinnerlichung. Die Pflanze ist nun nicht mehr im Wachstumsprozess (nach außen), sondern sammelt sich (nach innen). Die Substanzen werden verwandelt, verfeinert oder getrocknet. Die Ranken sind jetzt stark verhärtet, die alte Rinde vertrocknet von außen und beginnt sich abzuschuppen. Es bleibt eine oberflächliche Vertrocknung, denn die Rebe treibt den Verholzungsprozess nicht so weit wie ein Baum, bis in die Mitte des Stängels. Es bleiben eine grüne Kambiumschicht und das weiche Mark, wodurch die Rebe besonders empfindlich für den Schnitt bleibt (siehe hierzu auch den Beitrag von François Dal, S. 181 ff.).

Eine Skizze zur Geste der Rebe

Ursprünglich ist die Rebe eine Pflanze, die sich sehr eng und tief mit der Erde verbindet und durch ihre Holzbildung die „Erde" zum Himmel hebt. Dabei kann sie recht alt werden: über 100 Jahre. Als betont vegetative Pflanze ist sie für ihre Umgebung offen und empfindlich, was sich ja auch in der Rankenbildung zeigt. Der schwache und noch sehr vegetative Blühprozess wird wortwörtlich auf die Seite geschoben, und die Rebe setzt ihr starkes vegetatives Wachstum direkt in die Fruchtbildung um. Der Winzer versucht mit allen Mitteln diese unbändige vegetative Kraft zu führen (Schnitt usw.). Dabei sind die Rebentriebe und sogar die Ranken (als verwandelte Stängel) immer zwischen zwei polare Kräfte gespannt, zwischen die vertikale Aufrichtekraft und die Schwerkraft, welche die Triebe in die Waagerechte bringt. Die Rebe scheint immer weiter nach oben wachsen zu wollen, ohne es allerdings wirklich zu schaffen. Sie braucht die Unterstützung durch Bäume, an denen sie aufwärts klettern kann – ein Bild der ständigen Sehnsucht nach oben, zum Licht, aufsteigen zu wollen.

Im Vergleich mit vielen anderen Pflanzen zeigt die Rebe in ihrer Laubblattreihe keinen Entvitalisierungsprozess in Form einer Zusammenziehung der Blätter. Es ist sogar anders herum: Die vegetative Kraft ist so stark, dass die sekundären Knospen in den Blattachseln des aktuellen Jahrestriebes statt im Ruhezustand zu verbleiben auch kleine Geiztriebe hervorbringen. Manchmal entstehen sogar weitere kleine Triebe auf den Geiztrieben. Im späten Frühling bekommt man vom Wein den Eindruck, als sei er eine Pflanze, die in alle Richtungen wachsen möchte, die den ganzen Raum ausfüllen möchte, ohne mit dem Wachsen aufhören zu können. Der Wein strotzt gleichsam vor vegetativer Kraft, die sich bis in die Beeren hinein fortsetzt, welche auch bei ihrer Entwicklung bis zur beginnenden Fruchtreife diesen jugendlichen, wässerigen, terrestrischen Charakter beibehalten. Rudolf Steiner beschreibt diesen Prozess wie folgt: „Was die übrigen Pflanzen sich einzig und allein aufsparen für den jungen Keim, alle die Triebkraft, die sonst nur für den jungen Keim aufgespart wird und nicht in das übrige der Pflanze sich ergießt, das ergießt sich bei der Weintraube auch in einer gewissen Weise in das Fruchtfleisch".[70]

Dadurch kann man verstehen, dass die Trauben, noch mehr als viele andere Beeren und Früchte, den Standort (Boden und geologische Grundlage) und den

Jahreslauf spiegeln. Bei der Rebe scheint der Blühprozess (als Differenzierungsprozess) stark verschoben zu sein. Er greift bei der Reifung der Beeren ein, wo viele spezielle sekundäre Stoffe in der Fruchthaut und im Samen entstehen (Polyphänole wie zum Beispiel das berühmte Resveratrol). Diese Substanzen stehen den Gerbstoffen sehr nah und spiegeln die starke Einwirkung des Blühprozesses (Entvitalisierung) wider, der jetzt besonders intensiv ist, um die vegetative Kraft zu hemmen und zu verwandeln. In diesem Stadium verweisen auch die Blätter durch ihre starke Verfärbung auf den Blühimpuls.

Die Verwandlung der Trauben setzt sich im Gärprozess fort, in den die Rebe (bzw. die Traube) fast wie von allein übergeht. Hierbei hilft die Vielzahl von Hefen und Bakterien, die mannigfaltige Palette von Aromen, Farben und Geschmäckern entstehen zu lassen. So gesehen, „blüht" die Rebe nicht allein in der Herbstfärbung der Blätter, sondern in der Reifung der Trauben und in der alkoholischen Vergärung zum Wein. Man spricht ja auch von dem spezifischen „bouquet" (französisch = Blumenstrauß) eines Weines.

Die Holzbildung, die ebenfalls im Herbst einsetzt, ist der zweite Aspekt der Reifung der Substanzen. Sie ermöglicht es der Rebe, ihre einseitige vegetative Kraft zu beherrschen, wodurch sie jedes Jahr erneut, ja sogar verstärkt, nach oben steigt.

Eine solche erste Skizze der Geste der Rebe macht deutlich, wie sehr diese Pflanze eine starke vegetative Kraft entwickelt, die nicht – bzw. erst nach der „eigentlichen Blüte" – vom Blühimpuls gebremst und verwandelt wird. Diese vegetative Betonung macht sie aber auch besonders empfindlich und offen für äußere Einwirkungen. Dadurch kann man beispielsweise auch verstehen, dass die Rebe besonders anfällig für Pilzkrankheiten ist. Das Pfropfen auf die amerikanischen Unterlagen, die ja eine noch größere vegetative Kraft entwickeln, hat diese Anfälligkeit noch verstärkt. (Vergleiche hierzu den Kasten: Lucien Daniel, S. 45 ff.)

Rudolf Steiner gab einen interessanten Hinweis bezüglich der Wirkung der Rebe auf den Menschen in einer Landschaft: „Die Atmosphäre der Weinrebe wirkt auch in einer gewissen Weise ausgleichend. Der Lindenblütenduft, das wissen Sie ja, ist ein sehr starker Duft, der Walnussbaum hat auch einen sehr starken Duft; das wirkt auf den astralischen Leib wieder mehr belebend. Und die Atmosphäre der Rebe wirkt wieder belebend auf das Ich. So dass Sie da schon auch auf die höheren Leiber des Menschen eine sehr starke Einwirkung haben."[71]

Dieses Zitat macht uns auf einen weiteren besonderen Aspekt der Rebe aufmerksam. Sie ist eine Pflanze, die ständig weiter nach oben, zum Himmel, ins Licht und die Wärme aufsteigen möchte. Für sie ist dieses Ziel aber nie erreicht. Sie muss sich Jahr für Jahr auf ihre Ranken stützen und immer wieder versuchen, nach oben zu kommen. Um diese besondere Wachstumsgeste besser zu erleben, kann man sie mit einem Getreide wie dem Roggen vergleichen, der mit Hilfe eines feinen Stängels emporzuwachsen weiß; oder auch mit einem Nadelbaum, der von Beginn an in die Vertikale wächst.

Aus dieser ausführlichen Betrachtung der Rebe ergeben sich viele Perspektiven für eine Erneuerung ihres Anbaus und ihrer Züchtung. Einige davon werden im Folgenden stichwortartig aufgelistet. Sie werden teilweise in einzelnen Kapiteln des Buches näher behandelt.

Der Standort

Ursprünglich aus einer sehr vielfältigen Umgebung stammend, hat man die Rebe immer weiter von ihrem natürlichen Standort entfernt, um sie schlussendlich in einer reinen Monokultur anzubauen. Eine vielfältige Bodenbegrünung, der Versuch, eine tiefe Bodenbearbeitung zu vermeiden usw., sind erste Schritte hin zu einer erneuten Verbesserung der Standortbedingungen des Weins. (Siehe die Beiträge von Jean-Michel Florin, S. 104 ff., Werner Michlits, S. 114 ff., und Matthias Wolff, S. 119 ff.)

Man kann auch versuchen, jede Parzelle besser kennenzulernen, um die einzelnen Sorten bei der Pflanzung besser auf ihren Standort abzustimmen und die Pflegemaßnahmen dementsprechend anzupassen. (Siehe hierzu den Beitrag von Jean-Michel Florin, S. 104 ff.)

Das alles bleiben letztlich aber nur Einzelmaßnahmen, solange man den jeweiligen Weinbetrieb nicht als einen „landwirtschaftlichen Organismus" betrachtet. Es kann keine gesunde Landwirtschaft ohne einen (fast) geschlossenen Substanz- und Kräftekreislauf geben.[72] Auch Tiere sind für die Gesundheit eines Betriebes notwendig. Außerdem ist die wilde Rebe eine Pflanze, die sehr intime Beziehungen zur Tier- und besonders zur Vogelwelt hat, die ihre Beeren frisst und die Samen verteilt.

Wie also kann man sie (wieder) in den Weinbau integrieren? (Siehe hierzu z. B. den Beitrag von Jean-Michel Florin, S. 104 ff.) Einige Betriebe zeigen mit der Anlage von Biodiversitätsinseln (siehe den Beitrag von Werner Michlits, S. 114 ff.) oder mit der Ansiedlung von Tieren in den Rebberg (siehe den Beitrag zum Château d'Esther, S. 133 f.) erfolgreiche Wege in diese Richtung auf.

Ein reicher und lebendiger Boden

Auf welche Weise kann man der Rebe einen lebendigen, organischen Boden zurückgeben, in dem sie mit Hilfe der Symbiose mit der Boden-Mykorrhiza aktiv die Nährelemente suchen kann, die sie benötigt – ohne damit allerdings das vegetative Wachstum der Reben zu stark anzutreiben? Die biodynamische Düngung kann eine große Hilfe sein, um die vielen toten Rebenböden wieder zu verlebendigen. (Siehe hierzu den Beitrag von Jean-Michel Florin, S. 144 ff.)

Auch das Totholz kann für dieses Ziel eine große Hilfe sein. Um es verrotten zu lassen, bedarf es vieler Insekten, wie etwa die Ameisen, die durch ihre Ameisensäure einen sehr wichtigen Beitrag hierzu leisten und das tote Holz in einen guten Humus verwandeln. Man denke aber auch an die Bienen, die eine so wichtige Bestäubungsfunktion ausüben. Wie kann man solche Insekten gezielt fördern?

Der Anbau

Man hat im Laufe der Rebkultivierung aus einer sehr wüchsigen und hoch aufsteigenden Liane, die jedes Jahr neues Holz bildet, ein Bäumchen (fast könnte man manchmal sogar von einem Bonsai sprechen) gezüchtet. Wie weit aber kann man diese „Verkleinerung" der Rebe treiben, und welche Konsequenzen hat das für ihre Gesundheit? Durch die extreme Verkürzung des Stammes hat man die Trauben, die sonst hoch in die Luft wachsen, nah an die Erde und damit in eine ganz andere Umgebung gebracht: Unten dominieren die vegetativen Kräfte und weniger der kosmische Einfluss von Licht und Wärme (astralische Kräfte).[73]

Das richtige Verhältnis zwischen Holz, Blattfläche und Früchten finden

Früher waren die Reben enger gepflanzt; durch die breitere Pflanzung – besonders wegen des Einsatzes von Maschinen – hat man die Menge des Holzes im Verhältnis zur Blattfläche stark vermindert. Man weiß aber, dass es die alten Hölzer sind, welche die Zucker- und Aromenentstehung fördern.

Der Schnitt

Um die Rebe wesensgemäß schneiden zu können, muss man die Säftebewegungen im Rebstock verstehen. Hinzu kommt, dass die Rebe sehr leicht wieder austreibt, aber ihre Schnittwunden nur sehr schlecht heilen (im Vergleich zu den Bäumen). Wer die Rebe schneidet, sollte sie zuvor gut verstanden haben. (Siehe den Beitrag von François Dal, S. 181 ff.)

Dabei ist es besonders wichtig, die Reben am besten nicht während des Wachstums zu schneiden, besonders die Spitzen der Triebe sollte man zu erhalten suchen, zum Beispiel durch Wickeln, wo immer es möglich ist. (Siehe den Beitrag von Jean-Michel Florin, S. 200.)

Die Aufrechte fördern

Die Rebe versucht ständig eine Aufrechte zu finden, um die Schwerkraft zu überwinden. Wie kann man sie in dieser Geste unterstützen? Die Anwendung des biodynamischen Hornkiesel-Präparats kann dabei eine Hilfe sein. Gibt es aber auch noch andere Möglichkeiten?

Die Reifeprozesse begleiten und fördern

Zuerst einmal gilt es, ein Gleichgewicht zwischen Wachstum und Differenzierung/Reifung zu pflegen. Dazu gibt es mehrere biodynamische Maßnahmen, welche die Reifeprozesse der Trauben sowie der Blätter und des Holzes fördern: Hornkiesel, Baumanstrich usw.[74]

Kein Durchgang durch den Samen

Die Rebe wird nun schon seit längerer Zeit durch vegetative Methoden vermehrt. Man weiß, dass die vegetative Vermehrung die Pflanzen schlussendlich erschöpft und dass sich pathogene Mutationen häufen. Nur der Durchgang durch den Samenzustand ermöglicht der Pflanze eine wirkliche Regeneration, indem sie durch ein Konzentrationsstadium gehen kann.

Früher waren es die Mönche, welche die Reben so regenerierten: Die Rebensamen wurden ausgesät und dann die interessantesten ausgelesen, um sie anschließend vegetativ zu vermehren. Auf diese Weise schufen sie regelmäßig eine neue Vielfalt, statt diese – wie es heute geschieht – immer weiter und weiter einzuengen.[75]

Hinzu kommt die Tatsache, dass von den mehr als 5000 Rebsorten der Erde kaum mehr als 100 Sorten weltweit angebaut werden. Im Jahr 2010 war die Hälfte aller Rebflächen auf der Erde mit nur 15 Sorten bepflanzt.[76]

Obstbauern, die nur durch Pfropfen ihre Bäume vermehren, haben ähnliche Probleme. Es gibt Versuche, Sorten über den Samen zu regenerieren. (Vgl. den Beitrag von Nikolaus Bolliger, S. 226 ff.) Es gäbe auch die Möglichkeit, den Weg über die Knospen zu versuchen – die ein ähnliches Stadium der Dauerpflanze sind, wie es das Samenstadium für die einjährige Pflanze ist. Es gibt erste Ansätze in dieser Richtung für die Rebe.[77]

Kein jugendliches Wachstum

Ein anderer Aspekt der vegetativen Vermehrung besteht darin, dass die Rebe immer gleich im „erwachsenen Stadium" ihr Wachstum beginnt. Die heute verkauften Rebenpflanzen sollen meistens so schnell wie möglich produzieren. Welche Konsequenzen hat dieses Ausbleiben auf die Gesundheit des Jugendstadiums, in dem die Rebe sonst in eine aktive Beziehung zur jeweils lokalen Erden- und Himmelsumgebung kommt? Die durch die vegetative Vermehrung geschaffene Rebenpflanze bildet keine Pfahlwurzel, sondern nur adventive Wurzeln; ihr fehlt gewissermaßen die Achse „Erde-Himmel". Sie bildet auch keinen vertikalen Stängel, um den sich eine Spirale von Blättern ausbildet. Schickt man hier nicht, um einen Vergleich zu machen, ein Kleinkind vorzeitig in die Schule?

Unterlagen

Das Pfropfen auf die amerikanische Unterlage wirft viele Fragen auf. Zum einen kommen alle unsere aktuellen Unterlagen aus Amerika, also von einem Kontinent, der komplett andere Standortbedingungen hat. Es geht hier nicht darum, etwas gegen Amerika zu sagen, sondern darum, dass man den Standort berücksichtigen muss und dass Amerika eben ein Kontinent mit besonderen und starken Erdenkräften und damit auch Wachstumsbedingungen ist. (Siehe den Kasten Lucien Daniel, S. 45 ff.)

So fördern die amerikanischen Unterlagen eher das vegetative Wachstum. Amerikanische Unterlage und europäischer Pfropf widersprechen sich zunächst in Bezug auf ihre charakteristischen Eigenschaften. Jede Pflanze hat eine subtile Beziehung zu ihrer Umgebung und behält diese in ihrer „Erinnerung" – das zeigen auch die neuen epigenetischen Forschungen –, übrigens eine Eigenschaft, auf die Rudolf Steiner schon 1924 hingewiesen hat.[78]

Zum anderen gibt es nur eine sehr begrenzte Auswahl von Unterlagen: Die Diversität ist ebenfalls stark reduziert.

Ein Paradigmenwechsel: Von der Beherrschung zur Begleitung der Rebe übergehen

Die Hinweise Rudolf Steiners waren nie als Dogma gemeint, sondern als ein Impuls, um breitgefächerter und tiefer zu beobachten. Seine Anregungen lassen uns die Frage nach Gesundheit und Zukunft der Rebe grundsätzlicher stellen.

Der goetheanistische Ansatz hilft, eine persönliche Beziehung zur Pflanze zu entwickeln. Die Pflanze ist kein Material, sondern ein Wesen, dem man begegnet und mit dem man in ein Gespräch kommen kann. Eine solche Beziehung braucht man auch, um die Rebe biodynamisch im Jahreslauf mit sachgemäßen Maßnahmen begleiten und pflegen zu können. So kann der Winzer in seinen Weingärten versuchen, die besondere Stimmung und „Persönlichkeit" jeder Parzelle wahrzunehmen – unter Einbezug des Standorts, der Rebensorte und der Geschichte dieser Parzelle. Eine solche „intimere" Kenntnis der Rebenparzellen ermöglicht es, „vorbeugender" zu arbeiten. Ziel ist also, die Rebe zu begleiten, zu unterstützen, sie zu stärken, und nicht, sie zu beherrschen. Die Rebe wird durch ein solches Verhältnis des Menschen zu seiner Pflanze schlussendlich nicht nur erzogen, sondern dadurch erhoben („élever" auf Französisch) – im besten Sinne des Wortes.

Suchst du das Höchste, das Größte? Die Pflanze kann es dich lehren.
Was sie willenlos ist, sei du es wollend – das ist's.
Friedrich von Schiller (1759 – 1805)

Anmerkungen
Kapitel 1

1 Siehe GA 327
2 Johann Wolfgang von Goethe: *Naturwissenschaftliche Schriften*, Kap. 3: Der Versuch als Vermittler von Objekt und Subjekt
3 Johann Wolfgang von Goethe: *Maximen und Reflexionen* (Sprüche in Prosa)
4 Hermann Hesse: *Über das Glück*. Gedichte und Betrachtungen. Berlin 2013
5 Aus: Jochen Bockemühl: *Ein Leitfaden zur Heilpflanzenerkenntnis*. Bd. 1, Dornach 1996
6 Rudolf Steiner hat diesen methodischen Ansatz sowie das damit verbundene Verständnis vom Wesen einer Pflanze auch erkenntnistheoretisch begründet und vertieft. Siehe hierzu u. a.: *Einleitungen zu Goethes Naturwissenschaftlichen Schriften* (GA 1) oder *Grundlinien einer Erkenntnistheorie der Goetheschen Weltanschauung* (GA 2)
7 Dieses Begriffspaar geht auf lateinische Übersetzungen und Kommentare von Aristoteles-Texten durch Averroës und Michael Scottus zurück
8 Rudolf Steiner: *Grundlinien einer Erkenntnistheorie der Goetheschen Weltanschauung* (GA 2), Kap. E. „Das Naturerkennen", Abschnitt 16, „Die organische Natur"
9 Zitiert nach: *Goethe-Handbuch*, Band 4/2, S. 1078
10 Johann Wolfgang von Goethe (1817): *Glückliches Ereignis*
11 Rudolf Steiner: *Grundlinien einer Erkenntnistheorie der Goetheschen Weltanschauung* (GA 2)
12 Siehe hierzu auch: Johann Wolfgang von Goethe (1790): *Metamorphose der Pflanze*
13 Vgl. Francis Hallé: *Eloge de la plante*. Paris 1999
14 Im Französischen wird der Begriff „dormance" benützt: Die Pflanze „schläft"
15 Vergleiche hierzu Rudolf Steiner: *Geisteswissenschaftliche Grundlagen zum Gedeihen der Landwirtschaft* (GA 327), Vortrag vom 10. Juni 1924
16 Aline Raynal-Roques: *La botanique redécouverte*. Paris 1994
17 Zeichnung: Sylvia Zillig
18 Zeichnung: Sylvia Zillig
19 Aus: *Nationale Forschungs- und Gedenkstätten der klassischen deutschen Literatur in Weimar.* (Hg.): Corpus der Goethezeichnungen, Leipzig 1976
20 Vgl. Dieter Bauer: *Grundgesten im Pflanzenreich*. Darmstadt 2008. Von der spiraligen Anordnung existieren interessante Ausnahmen, etwa Pflanzen mit dekussierter oder mit wirteliger Anordnung
21 Gleichzeitig mit dem Blattwachstum öffnet sich die Pflanze vermehrt ihrer Umgebung durch ihre fein verzweigte Wurzel, die in alle Richtungen den Bodenraum exploriert. Diese Tendenz der Wurzel, in sehr engen Kontakt mit dem Boden kommen zu wollen, wird unendlich durch die Verbindungen mit den Mykorrhizen und den Mikroorganismen der Rhizosphäre verstärkt
22 Aus Margaret Colqhoun, Axel Ewald: *New Eyes for Plants*, Stroud 1996
23 Siehe vorhergehende Anm.
24 Grafik verändert nach Bolk-Institut
25 Siehe hierzu u. a. Jochen Bockemühl: *Ein Leitfaden zur Heilpflanzenerkenntnis*. Band 1. Dornach 1996
26 Fotos von Jean-Michel Florin
27 Jan-Albert Rispens: *Bäume verstehen lernen*. Stuttgart 2014
28 Vgl. Andreas Suchantke: *Metamorphose – Kunstgriff der Evolution*. Stuttgart 2002
29 Diese Tatsache wurde von modernen molekulargenetischen Forschungen bestätigt. Siehe hierzu z. B. Christian Dumas: *Fleur, pollinisation et fécondation*. Pour la science 2000
30 Vgl. Peer Schilperord: *Metamorphosen im Pflanzenreich, Lesen im Buch der Verwandlungen*. Stuttgart 2011
31 Charles Darwin: *The Power of Movement in Plants*, New York 1880
32 Siehe GA 134, 1.1.1912
33 Neue Forschungen scheinen dies mehr und mehr zu bestätigen. Baluska und seine Kollegen beschreiben den Apex der Wurzel als ein Steuerzentrum, das wie ein Gehirn wirke. Siehe F. Baluska, S. Mancuso, D. Volkmann, P. Barlow: *Root apices as plant command centres: the unique „brain-like" status of the root apex transition zone*. Biologia, Bratislava, 59/Suppl. Nr. 13/2004
34 Edwin Scheller: *Grundzüge einer Pflanzenernährung des ökologischen Landbaus, ein Fragment*. Darmstadt 2013
35 R. Paul Schreiner: *Mycorrhizas and Mineral Acquisition in Grapevines*. American Society for Enology and Viticulture. 2005
36 Siehe Anm. 30
37 Johann Wolfgang von Goethe: *Schriften zur Naturwissenschaft*
38 Neuere Forschungsergebnisse bestätigen den Hinweis Rudolf Steiners, der das Holz als nach oben gewachsene Erde und das Kambium als Wurzelbrei beschreibt (siehe GA 327)
39 „Die Natur hat den Tod erfunden, damit sie mehr Leben habe." Johann Wolfgang von Goethe

40 Francis Hallé: *Plaidoyer pour l'arbre*. Arles 2005
41 Aus Jan Albert Rispens: *Bäume verstehen lernen*. Stuttgart 2014
42 Siehe Anm. 40
43 Siehe GA 327, 15.6.1924
44 Francis Hallé übernahm diese Hypothese von dem französischen Apotheker Gaudichaud de Beaupré (1789 – 1854)
45 Aus Francis Hallé: *Plaidoyer pour l'arbre*. Arles 2005
46 Désiré Bois: *Les plantes alimentaires*. Paris 1937
47 Zum Beispiel findet man im Nahen Osten (Israel) echte Grasfelder der Ahnen unserer Getreide. Siehe Andreas Suchantke: *Partnerschaft mit der Natur*. Stuttgart 1993
48 Marcel Bournérias, Charles Pomerol, Yves Turquier: *Le Golfe de Gascogne*. Paris 1988
49 Corsica, Foto: Jean-Michel Florin
50 Aus Claude-Charles Mathon, Lucien Daniel: *Inventeur du greffage créateur, fondateur de l'horticulture scientifique*. Association Française des Amis de Mitchourine. Paris 1955
51 Foto: Jean-Michel Florin
52 Foto: Jean-Michel Florin
53 Siehe hierzu auch Miguel Altieri: The simplification of traditional vineyard based agroforests in northwestern Portugal, some ecological implications. www.researchgate.net/publication/226588164
54 Foto: Jean-Michel Florin
55 Siehe Anm. 20
56 Aus Jean-Claude Fournioux, Marielle Adrian: *Morphologie et anatomie de la vigne*. Bordeaux 2011
57 Revue horticole 1885, S 220
58 Foto: Jean Baltenweck
59 Siehe Anm. 20
60 Foto: Jean-Michel Florin
61 Aus Wilhelm Troll: *Vergleichende Morphologie der höheren Pflanzen*. Berlin 1967
62 Der französische Botaniker Francis Hallé bestätigt diese Hypothese aus dem Studium der Verzweigungsmoden anderer Arten der tropischen Vitaceae-Familie (persönliche Kommunikation)
63 Es gibt auch Sorten, die sich besonders intensiv rot durchfärben (zum Beispiel die Sorte Meunier)
64 Aus Wilhelm Troll: *Pflanzenmorphologie*. Königstein 1975
65 Siehe vorhergehende Anm.
66 Siehe Anm. 20
67 Foto: Jean-Paul Zusslin
68 Roger Ulrich: *La vie des fruits*. Paris 1952
69 Max Léglise: *Les méthodes biologiques appliquées à la vinification et à l'oenologie. Vinifications et fermentations*. Paris 2010
70 Siehe GA 145, 20.3.1913
71 Siehe GA 353, 1.3.1924
72 Siehe GA 327, 7. und 15.6.1924
73 Siehe GA 327
74 Pierre Masson: *Landwirtschaft, Garten- und Weinbau – biodynamisch*. Aarau, München 2013
75 *Le Monde* vom 28. August 2013, Interview mit Philippe Pacalet
76 www.adelaide.edu.au/wine-econ/databases/winegrapes
77 Pierre Masson: Vortrag bei der biodynamischen Weinbautagung in Arbois-F, 2016
78 Jochen Bockemühl: Eine neue Sicht der Vererbungserscheinungen. Elemente der Naturwissenschaft Nr. 100/2014

2

Von einer göttlichen Pflanze zu einem pflanzlichen Material

Der Mythos von Dionysos – und die Aufgabe des Weins in der Bewusstseinsentwicklung des Menschen

Ron Dunselman / Rudolf Trossen

DIE GEBURT DES DIONYSOS[1] erfolgte zu früh, so dass Zeuss ihn vor den heftigen Widerständen aus der Götterwelt in seinem Schenkel bergen musste, bis es an der Zeit war.[2] Unter dem Schutz der Göttin Rheia wurde er nach Lydien gerettet. Dort wuchs er zu einem schönen Jüngling heran. Seine Liebe schenkte er dem jungen Satyr Ampelos, mit dem er sich in Wettkämpfen vergnügte. Eines Tages wurde Ampelos durch einen Stier getötet. Dionysos wurde von Schmerz übermannt. Um ihn zu trösten, verwandelte Zeus Ampelos in einen Weinstock. Gleichzeitig erfand er die Weinbereitung und den berauschenden Wein. Damit konnte die Mission des Dionysos ihren Anfang nehmen.[3]

Wir begegnen dem Alkohol in Form von Wein bereits im Alten Testament, als Noah einen Weinberg anpflanzte und „trunken ward vom Wein" (Genesis 9,20 und 21); und in der Genesis 14,18 heißt es: „Melchisedek brachte Brot und Wein hervor. Und er war ein Priester des allerhöchsten Gottes."

Wein ist das älteste alkoholische Getränk der Welt. Zusammen mit dem Getreide und dem Flachs, aus dem Linnen hergestellt wurde, gehört die Weinrebe zu den ältesten Kulturgewächsen der Menschheit. In der sumerisch-babylonisch-ägyptischen Kultur ab zirka 3000 v. Chr. war der Wein bereits bekannt. In Ägypten fand man Darstellungen aus der Zeit um 2400 v. Chr., die sowohl den Traubenanbau und die Traubenernte als auch die Weinzubereitung zeigen.

Es ist nicht sicher, was am Ursprung der Rebkultur stand: die gelegentliche, mehr zufällige Nutzung der Wildrebe, die als wärmeliebendes lianenartiges Gewächs die Bergwälder des Hindukusch säumte, oder die absichtsvolle Züchtung dieser merkwürdigen Pflanze mit ihren kleinen unangenehm schmeckenden Beeren zur Kulturpflanze und Weinspenderin. Der uralte Mythos von Noah als dem ersten Weinbauern deutet eher in *diese* Richtung. Es gab und gibt aber auch Wildreben in anderen Teilen der Welt. In Nordamerika wurde von einigen Indianerstämmen, wie den Cherokee, bereits eine Spielart von *Vitis aestivalis* im Rahmen religiöser Rituale benutzt. In Amerika entstand damals allerdings keine „Weinkultur". Daher sollten wir die Bilder, die uns in den Erzählungen von Noah überliefert werden, nicht verallgemeinern, sondern eher auf einen engen geografischen Raum beziehen, der im heutigen Afghanistan, Tadschikistan, Usbekistan und anschließend in Georgien zu suchen ist. Man kann sich diese ersten Beginne um zirka 10000 v. Chr. denken. Dort mag durch kundige Menschen die Veränderung geschehen sein, dass die Wachstumskräfte der Rebe mehr in die Früchte gelenkt wurden.

Den Kern dieses Vorgangs beschreibt Rudolf Steiner 1913 in einem Vortrag so: „Was die übrigen Pflanzen sich einzig und allein aufsparen für den jungen Keim, alle die Triebkraft, die sonst nur für den jungen Keim aufgespart wird und nicht in das übrige der Pflanze sich ergießt, das ergießt sich bei der Weintraube auch in einer gewissen Weise in das Fruchtfleisch."[4]

Diese Kraft wirkt dann durch den vergorenen Zucker direkt auf das Blut und damit auf das Zentrum des Menschen, auf Herz und Hirn.

Das vorherrschende alkoholische Getränk des Altertums war der Wein. Er wurde von Anfang an dazu verwendet, den Menschen – vor allem in der griechischen Kulturperiode ab etwa 700 v. Chr. – bei der Erlangung eines neuen Bewusstseinsstadiums zu helfen.

Der Mythos von Dionysos

Rudolf Trossen

Unzählige Mythen begleiten die Rebe auf ihrem Weg durch die Kulturentwicklung des Menschen. Unsere Vorfahren versuchten, die Rätsel ihres Wesens intuitiv zu erfassen, ihre Geheimnisse in Erzählungen und Sagen abzubilden, dem Verständnis in Bildern und Gleichnissen nahezukommen. Zusammen mit dem Ölbaum steht die Weinrebe als eine tragende Säule am Beginn der abendländischen Kulturentwicklung: Heil und Segen spendend, aber auch Nahrung für Körper, Seele und Geist schenkend. Dass die Rebe gewaltige Kräfte vermitteln kann, zeigt sich an dem dramatischen Mythos des Dionysos. Die mit ihm aus dem Orient heraufziehende Weinkultur bewirkte einen tiefgreifenden Wandel im Hinblick auf die Entwicklung der abendländischen Kultur.

Von den Göttern bzw. dem Gott des Weines, den die Griechen Dionysos, die Römer Bacchus nannten, soll nun die Rede sein. Der moderne, urbane Mensch, kosmopolitisch denkend und handelnd, selbstbestimmt und autonom lebend, ist die Frucht und Folge einer langen Entwicklung. Dionysos war der große Anarchist, der alle Regeln durchbrach, wie ein Sturmwind die alten Gesellschaften durchrüttelte und Raum für Neues schuf. Mit Dionysos bezeichneten die alten Griechen den Wandel, das allmähliche Erwachen zu einem stärker empfundenen Selbstbewusstsein als Individuum. Bei diesem Kulturfortschritt spielten der Wein und die Feiern der dionysischen Feste eine vorzügliche Rolle. Dionysos wurde als der jüngste der Götter in den Olymp erhoben, aber er leitete den allmählichen Untergang der Olympier ein und bereitete den Weg für die Magie der physischen Liebe, des Begehrens, der Leidenschaft: für Eros und seine Sublimierung durch die Kunst.

Vielleicht überrascht es, wenn im Zusammenhang mit der Sage von Europa, der phönizischen Königstochter, die von Zeus in der Maske eines weißen Stieres aus Asien nach eben jenem Europa hinweg geraubt wird, der Name Dionysos auftaucht. Europa wird der Schauplatz einer neuen Epoche der Menschheit. Die Geburt der Persona, des Individuums wird eingeleitet. Und Pate dieses dramatischen Vorgangs ist kein anderer als Dionysos. Erstaunt erfährt man, dass es gerade über Dionysos die allermeisten Erzählungen von allen olympischen Göttern gibt. Der bedeutende Kultur- und Religionswissenschaftler Karl Kerényi sammelte viele Geschichten über Dionysos und schrieb darüber ein erhellendes Buch.[5] Verwirrend ist die Fülle der Beinamen und Attribute, die Dionysos zugeschrieben werden. Zusammenfassend nennt Kerényi ihn „Urbild unzerstörbaren Lebens" und verortet dessen erstes Auftauchen in Europa in der minoischen Kultur in Kreta.

Anhand der archäologischen Funde und einiger Dokumente kann man sich heute ein einigermaßen zutreffendes Bild der einstigen Blüte der Weinkultur in Ägypten, Kreta, Mykene, Griechenland, Phönizien, Rom und Palästina machen. Aus einigen dieser uralten Erzählungen erfährt man, dass der Bringer der Weinkultur keineswegs überall mit Jubel empfangen wurde. Denn er brachte Tumult und Anarchie, Rausch und Ekstase in die braven, bäuerlich-traditionell auf Blut und Boden ruhenden, häufig noch matriarchalen und festgefügten Strukturen. Der Kult des Dionysos im alten Griechenland brachte einen völligen Umschwung in das Leben der damaligen Zivilisation. Dionysos kam und brachte die Zauberpflanze, diesen Saft mit der berauschenden Wirkung, die uns so stark uns selbst fühlen lässt wie keine zuvor.

Der Genuss von Wein verschleierte die damals kaum mehr gewussten, jedoch in den Tiefen des Gemütes noch stark geahnten Zusammenhänge des Menschen mit dem Kosmos. So schildert es Rudolf Steiner.[6] Im Mythos wird das durch die Verwandtschaft des Dionysos mit Lethe dargestellt. Lethe heißt „Vergessen" und ist der Name des Grenzflusses in der Unterwelt, der das Reich der Lebenden von dem der Verstorbenen scheidet. Das träumerische Wissen vom eigenen Ursprung und der Teilhabe am Wesen der Gottheit erlosch durch die Wirkung des Weines, weil er durch seine alkoholischen Kräfte den Menschen „dichter", fester macht, mehr ins Irdische sinken lässt. Wir können das auch heute noch bei jedem Glas Wein wahrnehmend erleben: Der trinkende Mensch erlebt sich selbst stärker, nimmt sich wichtiger. Daher der Mitteilungsdrang und das anschwellende Stimmengewirr bei Weinproben oder Festen. Mit diesem „fester" werden, entfernt sich aber der Mensch von den „Göttern", seinem gefühlten Ursprung, seiner Heimat. Das nachtodliche Sein, einst unumstößliche Gewissheit, erlebt er nur noch schattenhaft. In den nordischen Mythen heißt das „Götterdämmerung". Die Götter ziehen sich zurück, um Raum entstehen zu lassen, in dem der Mensch „frei" werden kann. Das Wissen über die Unsterblichkeit der Seele, über die Verbindung zur Welt der Götter, die wiederholten Erdenleben, die Reinkarnation, all das verblasste mehr und mehr, und eine große Unsicherheit bemächtigte sich der Seelen. Der Mensch fühlte schmerzvoll: Du bist allein, vor dir und hinter dir ist es dunkel, ist Schatten, ist Nacht und Tod.

Durch die dionysischen Kulte wurde der Mensch erst ganz auf die Erde geführt, erkannte den Wert und die Wichtigkeit dieses einen Lebens. Durch die Kraft des Weines ertüchtigte sich der Mensch, die Welt zu ergreifen, fasste den Mut, sie zu bereisen, auszumessen und umzugestalten. Man kann sagen, durch den im Wein wirkenden Alkohol verdunkelt sich der Himmel, der Erdenraum jedoch erglänzte in neuem Licht. Der Weingenuss lindert den im Untergrund der Seele wühlenden Schmerz über diese grenzenlose Einsamkeit, das Verlassensein vom Weisheitsstrom des unmittelbaren Götterwissens.

Im Mythos der Griechen wird Dionysos Zagreus, der Sohn des Göttervaters Zeus und der Demeter, Göttin des Ackerbaus, von den Titanen auf Anstiftung der eifersüchtigen Hera, der Bewahrerin des Alten, zerrissen, zerstückelt und begraben. Ähnliche Bilder liegen dem Osiris-Mythos in Ägypten zugrunde. Aber Götterkräfte finden diese Teile, fügen sie wieder zusammen und der neue Dionysos beginnt, von Asien herkommend, seinen Siegeszug in Europa. Und mit ihm schwärmen die Mänaden, Satyrn und sein Lehrer und Erzieher, der weise Silenus.

Die Griechen empfanden die dionysischen Feste als Befreiung, als eine große Befruchtung in jeglicher Hinsicht. Eine ungeheure Dynamik hatte die Welt erfasst, zumindest die griechische. Etwa 1000 griechische Städte entstehen rund ums Mittel- und Schwarzmeer in wenigen Jahrzehnten. Von Spanien bis Apulien, in Sizilien, an der Adria, in Marseille, überall erklingt die griechische Sprache. Durch eine Fülle scharfsinniger Denker wird die Philosophie geboren, das Bürgertum emanzipiert sich, die Demokratie drängt sich aus selbstbewussten Bürgerherzen und etabliert sich in der Polis. Es treten neue Formen des Schauspiels auf, wie die Tragödie, die Komödie; neue Gedankenformen und Sprechweisen treten aus dem Dunkel der Tempel ins Licht der Öffentlichkeit: Es wird die Satire erfunden, Kritik und Spott an den Herrschenden werden erstmals straflos möglich und – durch Kunst getragen – in riesigen Theatern auf offener Bühne dargeboten. Alles durchtränkt mit dem weingeschwängerten Atem des Gottes. Späte Nachklänge der dionysischen Eruptionen finden sich gelegentlich noch heute im Karneval, sogar das Narrenschiff lässt sich aus dieser Zeit ableiten, weil die Ankunft des Gottes aus Asien jährlich zum Beginn der Dionysien an den Stränden gefeiert wurde.

In den Mythen wird Dionysos mit mehreren Frauen in Verbindung gebracht: mit Aphrodite, Semele, Persephone, Europa. In den meisten Geschichten ist es jedoch Ariadne mit dem roten Faden, die als seine Gemahlin erwähnt wird. Auch das Folgende scheint ein sprechendes Indiz für den Bewusstseinswandel, den der Wein in die Menschheit brachte: die Vernunft, das logische Denken überwindet die Wildheit der Triebe in Gestalt des Minotaurus. Ein Zukunftsbild. Fazit ist: Durch den Wein wurde die Welt eine andere.

Die Aufgabe des Weins in der Bewusstseinsentwicklung des Menschen

Ron Dunselman

Rudolf Steiner schildert die Bedeutung dieses Kultus folgendermaßen: „Sie wissen alle, wie der Dionysoskult in Zusammenhang gebracht wird mit dem Wein [...] Alkohol hatte nämlich eine Mission im Laufe der Menschheitsentwickelung; er hatte – so sonderbar das erscheint – die Aufgabe, sozusagen den menschlichen Leib so zu präparieren, dass dieser abgeschnitten wurde von dem Zusammenhang mit dem Göttlichen, damit das persönliche ‚Ich-bin' herauskommen konnte. Der Alkohol hat nämlich die Wirkung, dass er den Menschen abschneidet von dem Zusammenhang mit der geistigen Welt, in der der Mensch früher war. Diese Wirkung hat der Alkohol auch noch heute. Der Alkohol ist nicht umsonst in der Menschheit gewesen. Man wird in einer zukünftigen Menschheit im vollsten Sinne des Wortes sagen können, dass der Alkohol die Aufgabe hatte, den Menschen so weit in die Materie herunterzuziehen, damit der Mensch egoistisch wurde, und dass der Alkohol ihn dahin brachte, das Ich für sich zu beanspruchen und es nicht mehr in den Dienst des ganzen Volkes zu stellen [...] Er hat den Menschen die Fähigkeit genommen, in höheren Welten sich mit einem Ganzen eins zu fühlen."[7]

Alkohol führte den Menschen nicht nach „oben", in die geistige Welt, sondern nach unten, ins Irdische hinein; er zerschnitt die Bande, die ihn mit der geistigen Welt verknüpften, stimulierte sein Unabhängigkeitsgefühl gegenüber der Götterwelt und half ihm, die Verantwortung für seine jetzt eigenen Entschlüsse und Taten zu übernehmen. Doch diese Entwicklung war nicht ganz gefahrlos. Daher war die Mission des Alkohols in den aus der Mysterienweisheit heraus geschaffenen Dionysoskult eingebettet.

In den vielen Mythen und Erzählungen um Dionysos und den Wein kommt zum Ausdruck, dass die in einem traumartig-kosmischen Bilderbewusstsein verankerte alte Geborgenheit einem viel individuelleren, wacheren und verstandesmäßigen Bewusstsein wich. Das barg aber auch die Gefahr in sich, dass der Mensch der mit diesem Übergang einhergehenden Verwirrung und der Disharmonie verfiel. Das ist der Grund, weshalb Dionysos oft in Gesellschaft einer bunten Schar abgebildet wurde, die in Tierfellen hinter ihm herzog; manchmal gehören auch Tiere, Bacchanten und Satyre zu seinem Gefolge – allesamt Bilder dafür, dass die aus der kosmischen Harmonie herausgelösten tierischen Kräfte im Menschen von nun an seine weitere Entwicklung begleiten. In dieser verwirrenden Welt ist die einzige Stütze der senkrechte „Thyrsosstab" (Dionysosstab), mit dem der Mensch sich verteidigt. Allerdings schlägt er damit nie, sondern rührt immer nur an. Mit dem Stab kann er sich im Bereich der tierischen Kräfte aufrecht halten – ein Bild für die Kraft des Ich!

Abb. 29
Dionysos mit seinem Thyrsosstab (zwischen 525 und zirka 500 v. Chr.)[8]

Doch es lauerte auch die Gefahr der egoistischen Vereinsamung und der Zwietracht, als der Mensch nun aus der göttlichen Führung entlassen war. Er musste lernen, jetzt selbst mit Hilfe seiner gerade erst entstandenen verstandesmäßigen Fähigkeiten seinen eigenen Weg zu gehen und neue soziale Strukturen aufzubauen.

Im Dionysoskult versuchte man, diesen Gefahren zu begegnen, indem man die Beteiligten alle gemeinsam, und zwar in großen Mengen, vom Wein trinken ließ. Dadurch konnten sie ein neues Gemeinschaftsgefühl erfahren, das sich von den Bluts- und Familienbanden unterschied. Zugleich mussten sie lernen, sich trotz des Weineinflusses so stark wie möglich zu beherrschen und so die „Tiere im eigenen Innern" zu überwinden. Zum Dionysoskult gehörten daher auch orgiastische Feste, bei denen man nicht nur gemeinsam Tiere opferte (insbesondere Böcke und Stiere als Bild für die zu opfernden inneren Tierkräfte im Menschen), sondern auch Geschicklichkeitsspiele durchführte, um die Körperbeherrschung während des Rausches zu üben. Selbstbeherrschung und positive Gestaltung aufkommender Meinungsverschiedenheiten wurden auch in den sogenannten Symposien geübt, wo man, nach Genuss von Wein, gemeinsam philosophische Fragen diskutierte, Rätsel löste oder allerlei intelligente Kunststücke betrieb. All diese Maßnahmen hatten zum Ziel, dass das noch junge Ich auf dem Weg der Selbstbeherrschung tiefer in Seele und Körper eintauchte und darin ankam. Ein sehr hilfreiches Mittel war dabei der „Kater", der nach dem Konsum von Alkohol auftritt. Durch den Schmerz, die Übelkeit usw. wurde der Mensch sich seines physischen Leibes, seines eigenen Stückchens „Erde", das er an sich trug, bewusst, was dazu beitrug, dass seine höheren Wesensglieder (Ätherleib, Astralleib und Ich) eine stärkere Verbindung mit dem physischen Leib eingehen konnten.

Allmählich wurde der Dionysoskult jedoch dekadent. Die ursprünglichen Ziele traten immer mehr in den Hintergrund, die Feste verloren ihren besonderen Glanz, und vor allem im Bacchuskult des Römischen Reichs drohte der massenhafte Alkoholkonsum aus dem Ruder zu laufen. In diese Epoche, in der der Alkohol den Menschen massiv von der geistigen Welt isolierte und den Egoismus kräftig in ihm schürte, fiel die Zeit der Erdenwirksamkeit Christi.

Rudolf Steiner beschreibt dies eindringlich so: „Aber es taucht auch in derselben Epoche, wo die Menschheit durch den Alkohol am tiefsten in den Egoismus heruntergezogen worden ist, die stärkste Kraft auf, die dem Menschen den größten Impuls geben kann, um wieder den Zusammenschluss mit dem geistigen Ganzen zu finden. Auf der einen Seite musste der Mensch bis zur tiefsten Stufe hinuntersteigen, um selbständig zu werden, auf der anderen Seite musste dagegen die starke Kraft kommen, die wieder den Impuls geben konnte, um den Weg zum Ganzen zurückzufinden [...]. Dionysos ist der zerstückelte Gott, der in die einzelnen Seelen eingezogen ist, so dass die einzelnen Teile nichts mehr voneinander wussten. In viele Stücke zersplittert, in die Materie geworfen ist der Mensch durch das, was durch den Alkohol – das Symbol für Dionysos – der Menschheit gebracht worden ist."[9]

Christus knüpft in erster Linie an den Dionysoskult an, als er während der Hochzeit zu Kana das Wasser (als Bild für das alles durchsetzende, träumende, an die göttliche Welt hingegebene alte Gruppenbewusstsein des Menschen) in Wein verwandelt: „Dies musste der Christus andeuten in dem ersten Zeichen für seine Mission. Er musste erstens andeuten, dass das Ich selbständig werden sollte, und sodann, dass er sich an diejenigen wendet, die sich schon losgelöst haben von den Blutszusammenhängen. Er musste sich wenden an eine solche Hochzeit, wo die Körper unter dem Einfluss des Alkohols standen; denn bei dieser Hochzeit wird Wein getrunken [...]. Es musste sozusagen der höchste Impuls heruntersteigen bis zu den Lebensgewohnheiten der damaligen Zeit. Denn er musste das, was höchste Wahrheit ist, in die Worte und die Verrichtungen kleiden, welche dem Verständnis der betreffenden Epoche angemessen waren. So musste der Christus durch eine Art Dionysos- oder Weinopfer sagen, wie die Menschheit sich zur Gottheit erheben solle [...]. Christus geht zu den Galiläern, die zusammengewürfelt sind aus allerlei Nationen, die nicht durch Blutsbande verknüpft sind, und tut da das erste Zeichen seiner Mission; und er schickt sich so weit in ihre Lebensgewohnheiten, dass er ihnen das Wasser in Wein verwandelt. Halten wir fest, was der Christus da eigentlich sagen will: Ich will auch diejenigen Menschen zu einem geistigen Zusammenhange führen, die herabgestiegen sind bis zu der Stufe von Materialität, welche durch das Weintrinken symbolisiert wird."[10]

Danach kann Christus seine eigentliche Mission vollenden, die von Rudolf Steiner folgendermaßen beschrieben wird: „Seine Mission besteht darin, dem Menschen die volle Kraft des Ich, die innere Selbständigkeit in die Seele zu bringen. Das einzelne Ich sollte sich in völliger Selbständigkeit und Abgeschlossenheit, in völligem Stehen-in-sich-selber fühlen, und durch die Liebe, die als eine freie Gabe gegeben wird, soll Mensch mit Mensch zusammengeführt werden [...]. Es muss festgehalten werden, dass der Christus sagt: Meine Mission ist eine solche, dass sie in eine fernste Zukunft hinweist; und es soll den Menschen als selbständigen Menschen gebracht werden der Zusammenhang mit der Gottheit, die Liebe zur Gottheit als eine freie Gabe des selbständigen Ich."[11]

Die soeben beschriebene Mission des Alkohols in der damaligen Zeit ist, nach Rudolf Steiner, mit dem Kommen des Christus erfüllt: „Jetzt, wo die Menschheit wiederum strebt, den Weg zurückzufinden, wo das Ich so weit entwickelt ist, dass der Mensch wieder den Anschluss finden kann an die göttlich-geistigen Mächte, jetzt ist die Zeit gekommen, wo, anfangs sogar aus dem Unbewussten heraus, eine gewisse Reaktion gegen den Alkohol eintritt. Diese Reaktion tritt aus dem Grunde ein, weil viele Menschen heute schon fühlen, dass so etwas, was einmal eine besondere Bedeutung hatte, nicht ewig berechtigt ist."[12]

Der Dionysoskult ist an sein Ende gekommen. Die Verehrung des Dionysos als Gott der zu zerbrechenden Blutsbande und der vom Ich zu beherrschenden Impulse, Triebe und Leidenschaften – sie kann Platz machen für das innere Akzeptieren des Christus als des Bringers der Liebe von Mensch zu Mensch und der freien, geistigen Liebe von Mensch zu Gott. Christus hat sich damit an die Stelle des Weinstocks gestellt. Im Johannes-Evangelium spricht er dies mit den Worten aus: „Ich bin der wahre Weinstock" (Joh. 15,1) und: „Ich bin der Weinstock, ihr seid die Reben" (Joh. 15,5). Während des letzten Abendmahls gipfelt diese Wirksamkeit in der Wandlung des Weins in sein Blut. Die Mission des Weins ist damit erfüllt: Der Wein ist zum Blut des Christus geworden. Als Ausdruck der veränderten Situation warnt der Apostel Paulus daher die ersten Christus-Gläubigen davor, auf dem alten Weg weiterzuschreiten: „Und berauschet euch nicht mit Wein, in welchem Ausschweifung ist, sondern lasst euch erfüllen vom Geist ..." (Eph. 5,18). Ein neuer Weg ist eröffnet.

Herausforderung Rebe – ein kritischer Blick auf die Geschichte des Weinbaus

Hans-Christian Zehnter

Sobald von der Geschichte der Rebe die Rede ist, gelangt man für gewöhnlich in die Antike: Man wird auf die Anfänge des Weinbaus verwiesen (man streitet sich noch darum, ob diese in China, in Zentralasien oder in Georgien anzusiedeln sind), man schaut auf den griechischen Gott des Weines, auf Dionysos, seine Exzesse und auf dessen Aufgabe in der spirituellen Entwicklung des Menschen (siehe den Beitrag von Rudolf Trossen, S. 74 ff.), man schaut auf die Rolle des Weins im Zusammenhang mit der Zeitenwende und dem christlichen Abendmahl mit Brot und Wein. All das hat viel mit der Würde des Weins, mit seiner Aufgabe, mit seinem „Gold", mit seiner Größe zu tun. (Siehe hierzu den Beitrag von Hans-Christian Zehnter, S. 206 ff.)

Mit dem 19. Jahrhundert aber wurde die Rebe zum Problem. Sie wurde zum mehrfach befallenen Patienten, zum Streitobjekt, zum Ding, zum gut vermarktbaren Goldesel, zur an Stöcken angebundenen „Hochleistungskuh", zur Monokultur – und in jüngster Zeit zum dankbaren Empfänger der biologisch-dynamischen Wirtschaftsweise.

Von dieser Geschichte soll hier kurz die Rede sein, denn wenige außerhalb der Winzergilde wissen davon; und selbst innerhalb derselben ist diese Geschichte, wie der Wein zum Problem wurde, oft in Vergessenheit geraten. Oder zumindest ist sie so undurchsichtig geworden, dass man sie lieber nicht weiter verfolgt – es sei denn, man beginnt damit, sich umzuorientieren, aus welchen Gründen und aus welchem Anlass auch immer.

Worin besteht das Problem? Man sollte vielleicht eher von mehreren Problemen reden, die aber – wie sich zeigen wird – doch alle zusammengehören:

1. Wer weiß als Nichtwinzer heute, dass nahezu der gesamte europäische Wein auf eine amerikanische Unterlage gepfropft ist, ja per Gesetz gepfropft sein muss?
2. Wer weiß, dass die Rebe per Gesetz nicht mehr über ihren Samen vermehrt werden darf, sondern nur noch vegetativ über Pfropfreise?
3. Wer weiß, dass das damit verbundene, stolz präsentierte Urlaubsfoto der Weinbergmonokulturen kein klassisches Weinbaubild wiedergibt, sondern ein industrielles Zerrbild des neuzeitlichen Weinbaus ist?
4. Wer weiß denn, dass gerade durch die per Dekret erzwungene Pfropfung auf die amerikanische Unterlage sehr wahrscheinlich eine Schwächung der Pflanze stattgefunden hat und dadurch bedingt ein erhöhter Bedarf an Pflanzenschutzmitteln notwendig wurde?
5. Und wer weiß schließlich, dass die Rebe europaweit schwächelt, dass sie mehr und mehr zum Milieu von sogenannten Krankheitserregern und Schadinsekten wird?

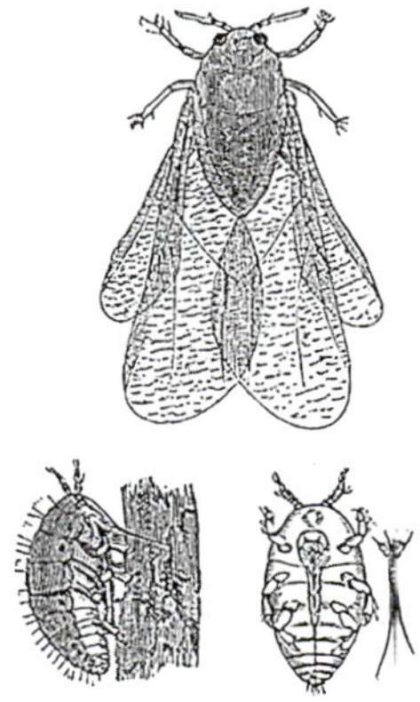

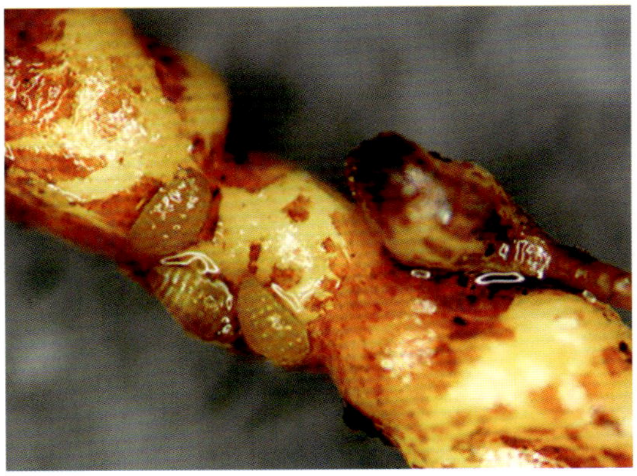

Abb. 30–32
Die Reblaus und ihre Schäden[13]

Doch Schritt für Schritt: Was ist passiert bzw. was weiß man tatsächlich von dieser Neuzeitgeschichte des Weins?

Reblaus und Co[14]

Man weiß, dass ab Mitte des 19. Jahrhunderts drei verschiedene „Schädlinge" ins Bewusstsein der Winzer gerieten: Der Echte Mehltau (*Oidium*), die Reblaus (*Viteus vitifoliae*) und der Falsche Mehltau (früher *Plasmo Para*, jetzt *Peronospora*). Insbesondere die Reblaus machte der europäischen Rebe (*Vitis vinifera*) flächendeckend den Garaus. Der Einzug der drei „Schädlinge" wird in der genannten Reihenfolge auf 1847, ca. 1860 und 1878 datiert; Herkunftsland Nordamerika; Einfuhr über Botaniker und Missionare, so die klassische Version. Doch – wie Georg Meißner und Jean-Michel Florin in ihren Beiträgen (S. 90 ff., 192 ff.) andeuten – könnten hier vermutlich bei ausführlicherer Recherche auch noch ganz andere Geschichten geschrieben werden.

Wie dem auch sei. Es zeigte sich, dass die amerikanischen Reben sowohl dem Mehltau als auch der Reblaus standhalten konnten, während der europäische Wein zu einem perfekten Vermehrungsmilieu für die Reblaus wurde und ihr unterlag. Das führte zu folgenden drakonischen Maßnahmen, die sich daraufhin europaweit durchsetzten:

- Der europäische Wein musste vollständig gerodet und darf seitdem nicht mehr angebaut werden, da sich auf ihm die Reblaus vermehrt.
- Europäischer Wein wird seitdem nur noch als Pfropfreis auf eine amerikanische Unterlage gepfropft.
- Die europäischen Reben dürfen nicht mehr aus Samen heraus vermehrt werden, sondern nur noch vegetativ. (Siehe hierzu auch den Beitrag von Jean-Michel Florin, S. 192 ff.)

Als eine zweite Alternative bot sich die Kreuzungs- oder Hybridzucht an, in der man versuchte, die Resistenz der amerikanischen Weine mit der besseren Qualität der europäischen Weine zu kombinieren.

So gab es zu Beginn tatsächlich zwei unterschiedliche Weintypen: Die einen waren gepfropft, die anderen gekreuzt. Da auf den Ersteren der europäische Wein

Abb. 33 – 36
Rodung des europäischen Weins in der Wende zum 20. Jahrhundert[15]

nicht mehr auf seinen eigenen Wurzeln wachsen kann, wurden die Zweiten auch Direktträger genannt.

Es zeigte sich dabei, dass der Anbau mit gepfropften Reben den vermehrten Einsatz von Pflanzenschutzmitteln erforderte, während die Direktträger ohne solchen künstlichen Schutz auskamen. Um 1900 wurden große Teile der europäischen Rebflächen gepfropft und wenige Prozente an Hybriden wurden gepflanzt. Bedingt durch verschiedene Mehltauepidemien, durch Frosteinbrüche usw., in denen sich die Hybride weitgehend als widerstandsfähiger erwiesen – man brauchte auch weniger Kupfer –, gewannen diese an Publizität, ja sie wurden sogar als die Reben der Zukunft propagiert. Bis zu den 1950er Jahren hatte sich ihr Anteil an der Gesamtrebfläche verzehnfacht. Viele Winzer züchteten in ihren eigenen Betrieben oder es gab regionale, kleinere Zuchtgärten. So lebte man in einer reichen Fülle von Rebsorten: Ein französischer Wein-Katalog aus dem Jahr 1925 beschrieb noch 1086 Rebsorten.[16]

Ab den 1950er Jahren allerdings kam es in Frankreich zu einer resoluten Umkehr des Trends – vor allem durch den Eingriff des Staates in die Regelung der Rebzüchtung: 1955 wurden nur noch 20 Hybride zugelassen. Schon in den dreißiger Jahren wurden alte Hybriden verboten – aber noch ohne durchschlagende Wirkung auf die Hybridzüchtung und deren Anbau. In den 1980er Jahren mussten auch die noch tolerierten Hybriden gerodet werden. Die Züchter stellten in wenigen Jahren ihre Arbeit komplett ein. Heute sind Direktträger in nur noch unbedeutenden Resten zu finden. Der Staat würgte die eigenständige Züchtungsarbeit ab und übernahm sie selbst – in Frankreich durch das INRA

Abb. 37 – 41
Moderner „Anbau" der amerikanischen Unterlage im Jahreslauf[17]

(Institut National de Recherche Agronomique), das sogar von den eigenen Hybridzüchtungen keine einzige freigab. „Aus der Sicht der Wirtschaft waren diese Sorten ohne Interesse und der chemischen Industrie ein Dorn im Auge, da sie kaum chemische Behandlungen benötigten."[18]

Das Resultat dieser neuen Geschichte der Rebe sieht heute so aus: Nahezu der gesamte europäische Wein wächst auf einer amerikanischen Unterlage. Zucht und Vermehrung liegen in der Hand nur weniger, oft staatlicher Rebschulen. Dadurch kann der Wein nicht mehr durch das regenerierende, vitalisierende und gesundende Samenstadium gehen. Die Rebschulen sind nicht vor Ort (also nicht mehr regionsbezogen) und oft stark mechanisiert und „chemisiert". Der Anbau dieser gepfropften, entheimateten und durch den Einsatz von Herbiziden etc. geschwächten Rebstöcke in großflächigen und mengenleistungsorientierten Monokulturen führt zu einer nächsten Schwächung. Die vermehrte Anfälligkeit der Rebe für Krankheiten und „Schädlinge" ist daher kein Wunder.

Der Wein wurde zu einem ökologischen Problem (Monokultur, Herbizid- und Pestizideinsatz) und dadurch zu einem „Patienten" (vermehrte Anfälligkeit). Gerade aber diese „Misshandlung" scheint den Wein umso empfänglicher für die ausgleichende und heilende Wirkung der biodynamischen Präparate gemacht zu haben. (Siehe den Beitrag von Georg Meißner, S. 90 ff.) In keinem anderen Agrarbereich zeitigen sie eine so durchgreifende Wirkung: von der Pflanzengesundheit bis zur Weinqualität. Immer mehr Spitzenwinzer stellen auf den Einsatz dieser Präparate um, und immer mehr Demeter-Weine erhalten Preise und Auszeichnungen.

Wie wird nun die Geschichte des Weins weitergehen? Kann es allein bei einer Symptombekämpfung bleiben – oder muss der gesamte Weinbau einmal neu überdacht werden? Von der Züchtung (Warum setzt man nicht doch wieder auf den europäischen Wein? Gibt es nicht hier und da vielleicht doch noch Reblaus-resistente Exemplare?) bis hin zum Anbau (weg von der Monokultur, hin zur Biodiversität und Tier im Weinberg).

Abb. 42 – 47
Stationen der modernen vegetativen Vermehrung des Weins in den Rebschulen.
(S. 86) Per Omega-Schnitt werden wurzellose Triebe des amerikanischen Weins mit Reisern des europäischen Weins „verknüpft". (Oben) Die Pfropfstelle wird mit Paraffin „versiegelt". (Mitte links) Anschließend werden die „Stecklinge" in unübersehbarer Zahl „ausgebracht", sodass sie Wurzeln bilden und im vegetativen Bereich oberirdisch ausschlagen. Schließlich stehen „Rebpflanzen" als weitgehend identische Massenware zum Verkauf zur Verfügung[19]

Herausforderung Weinbau

Georg Meißner

Entwicklung des biologisch-dynamischen Weinbaus

In den letzten Jahren ist das Interesse am biologisch-dynamischen Weinbau weltweit stark gestiegen. Aufgrund von Berichten und Erfahrungen aus der Praxis über den positiven Einfluss der biologisch-dynamischen Wirtschaftsweise auf die Bodenstruktur, auf das Pflanzenwachstum, die Pflanzengesundheit und vor allem auf die Weinqualität haben bereits viele Weinbaubetriebe auf die biologisch-dynamische Wirtschaftsweise umgestellt oder befinden sich gerade in der Umstellung. Oftmals stellen Betriebe direkt von der bisher konventionellen Bewirtschaftung auf die biologisch-dynamische Wirtschaftsweise um – darunter auch mehr und mehr renommierte Winzer, so einige der berühmtesten französischen Weingüter aus dem Burgund, dem Elsass, der Champagne, aus dem Rhonetal, aus Bordeaux und anderen Regionen. Auch in anderen europäischen Ländern (Deutschland, Österreich, Italien, Spanien, Portugal und der Schweiz) sowie in Überseeländern (Nord- und Südamerika, Südafrika, Neuseeland und Australien) lässt sich dieser Trend beobachten.[20]

Folgende Gründe werden häufig für die Umstellung auf biologisch-dynamischen Weinbau genannt:[21]

1. Viele Winzer haben im biologisch-dynamischen Landbau eine Methode gefunden, die dem Menschen mehr Platz einräumt. Durch die Erweiterung des Betrachtungshorizonts – vom Boden-, Pflanzen- und Tierleben bis hin zum Kosmos – und durch die Integration in ein größeres Gesamtbild (zum Beispiel „Landwirtschaftlicher Organismus“) erhält ihre Arbeit mit einem Mal einen künstlerisch-kreativen Charakter. Und nahezu unvermeidbar stellt sich durch die positiven Erfahrungen auch ein Interesse an den anthroposophischen Hintergründen ein.
2. Andere Winzer, deren vorrangiges Bestreben die ständige Qualitätsverbesserung ihrer Weine ist, wurden durch Verkostungen biologisch-dynamischer Weine überzeugt. Die Beschreibung, dass die Weine finessenreicher werden und das jeweilige „Terroir“ beziehungsweise die Typizität besser zum Vorschein kommt, ist hier immer wieder zu hören.
3. Zudem gibt es einige Weingüter, die mehr und mehr auf önologische Hilfsmittel bei der Weinherstellung (Reinzuchthefen, Enzyme, Schönungsmittel etc.) verzichten wollen. Für diese Gruppe bedeutet der Gebrauch solcher Mittel einen Widerspruch zu dem Organismus- und Individualitätsgedanken im biologisch-dynamischen Landbau. Man will Weine bereiten, die voll den Charakter des jeweiligen „Terroirs“ zur Geltung bringen und deshalb im Keller möglichst wenig beeinflusst werden sollten.

4. Wieder andere nennen eine Verbesserung der guten landwirtschaftlichen Praxis durch den Einsatz der biologisch-dynamischen Präparate:
   - Verbesserung der Bodenstruktur, eine intensivere Durchwurzelung und eine höhere mikrobiologische Aktivität.
   - Einfluss auf die Wüchsigkeit der Anlagen.
   - Ein ausgeglicheneres Wachstum, das sich in einer weniger dichten Laubwand und einer lockereren Traubenstruktur zeigt.
   - Die Reduzierung an Pflanzenschutzmitteln (auch von Kupfer) durch den Einsatz biologisch-dynamischer Präparate sowie verschiedener Tees und Pflanzenextrakte ist für viele entscheidend in Hinblick auf die Zukunft ihrer Böden.
5. Zuletzt gibt es noch eine Gruppe, die sich durch die Umstellung auf biologisch-dynamischen Weinbau einen Vorteil am Markt erhofft.

Warum aber erweist sich gerade beim Wein bzw. im Weinbau die Wirkung der biologisch-dynamischen Wirtschaftsweise als so wirksam?

Ich möchte im Folgenden Fragenfelder entwickeln, die – wie mir scheint – gerade auch für eine zukunftsweisende Entwicklung des europäischen Weinbaus entscheidende Impulse aufweisen könnten:

- Wirken die biologisch-dynamischen Präparate im Weinbau so gut, weil wir es bei der Rebe mit einem geschwächten Organismus zu tun haben? Warum konnte sich die Reblaus im 19. Jahrhundert so schnell über die gesamte europäische Reblandschaft ausbreiten? Welche Faktoren haben dazu geführt, dass „Reblaus, Esca und Co." Lebensbedingungen vorfanden, die ihrer Verbreitung förderlich waren?
- Mit dem sogenannten „Terroir" gehört der Weinkultur ein zentrales Prinzip der biologisch-dynamischen Landwirtschaft als integraler Bestandteil an, das bei den anderen landwirtschaftlichen Kulturen erst eingeführt werden muss: Das Prinzip der landwirtschaftlichen Individualität. Weil also die Weinkultur von sich aus schon der Biodynamik nahesteht, kann diese hier umso schneller und wirksamer zum Zuge kommen.

Der Weinbau im 19. Jahrhundert als Voraussetzung für die Ausbreitung der Reblaus?

Es lohnt sich in diesem Zusammenhang, einen Seitenblick auf die Medizin zu wagen. Von welchem Blickwinkel schaut man auf eine Krankheit oder einen Krankheitszusammenhang? In jüngerer Zeit hat sich das Begriffspaar „Pathogenese" und „Salutogenese" etabliert. Die vormalige Leiterin der Medizinischen Sektion am Goetheanum, Michaela Glöckler, schreibt hierzu unter dem Titel „Gesundheit fördern oder Krankheit verhindern?": „Es gibt eine neue Forschungsrichtung, die Salutogenese, die sich mit den Quellen leiblicher, seelischer und geistiger Gesundheit beschäftigt. Das Wort Salutogenese setzt sich zusammen aus dem lateinischen Wort salus, salutis: Gesundheit und dem griechischen Wort genese: Ursprung, Herkunft. Salutogenese fragt also nach der Herkunft der Gesundheit. Sie begründet damit auch ein neues Paradigma, eine beispielhafte neue Forschungsrichtung.

Das seit dreihundert Jahren gültige Paradigma in der Medizin war das der Pathogenese. Das Wort Pathogenese setzt sich zusammen aus den griechischen Wörtern pathein: leiden und genese: Ursprung. Es bedeutet demnach Herkunft, Ursprung des Leidens bzw. der Krankheit. Die Pathogenese fragt also nach der Herkunft der Krankheit. In diesem Zusammenhang ist auch der Begriff der Vorbeugung, der Prävention entwickelt: Krankheitsvorbeugung im Sinn der Pathogenese besteht darin, krankmachende Faktoren zu verhindern, auszuschließen. Die Fragen, wie eine Krankheit entsteht und wie eine Krankheit verhindert werden kann, indem man die krankmachenden Faktoren ausschließt, stehen hier im Vordergrund."[22]

Versuchen wir einmal, auf die Reblausplage aus dem Blickwinkel der Salutogenese zu schauen. Das bedeutet herauszufinden, welches Umfeld die Rebe braucht, um gesund zu sein, bzw. welches Umfeld der Reblaus im 19. Jahrhundert zur Verfügung gestellt wurde, sodass sie sich so schnell entwickeln konnte.

Mitte des 19. Jahrhunderts führte die aus Amerika eingeführte Reblaus fast zur Vernichtung des gesamten europäischen Rebenbestandes. Als „Lösung" des Problems wurde die Pfropfung der europäischen Rebe auf die amerikanische Unterlage eingeführt. Seitdem besteht nahezu der gesamte weltweite Rebenbestand aus gepfropften Pflanzen. Hinzu traten damals (wie heute) noch von anderen Kontinenten eingeführte Pilzkrankheiten.

Aber ist die europäische Rebe prinzipiell „ungeeignet", um gegen „Reblaus, Esca und Co." bestehen zu können? Wie ist es mit den europäischen Wildreben, die dennoch weiterhin – zum Beispiel in den Rheinauen – existieren und Resistenzen gegen die uns bekannten Pilzkrankheiten aufweisen?[23]

Abgesehen von den damit sich auftuenden Perspektiven für offenbar dringend anstehende Forschungsprojekte (wie etwa: Gibt es europäische Reben, die gegen die Reblaus resistent sind? Welche Arten weisen welche Pilzresistenzen auf?), ergibt sich auch rückblickend die Frage: Wieso war denn damals die europäische Rebe so anfällig? War sie vielleicht schon so geschwächt, dass ihre Abwehrkräfte dem neuen Erreger nicht standhalten konnten – dass es also gar nicht der europäische Wein an sich ist, welcher der amerikanischen Reblaus nicht standzuhalten vermochte, sondern sein – geschwächter – Zustand?

Das führt zu weiteren Fragen: War die Reblaus vielleicht schon längst vor 1860 in Europa ansässig? Was hat dann dazu geführt, dass sie ab 1860 so „erfolgreich" sein konnte? Es gibt eine Reihe von Argumenten, die dafür sprechen, dass die europäische Rebe bereits Mitte des 19. Jahrhunderts geschwächt gewesen sein musste:

- Vegetative Vermehrung: Es ist bekannt, dass eine Pflanze dadurch, dass sie wieder durch den Samenzustand geht, zu neuen Kräften kommt. Da bei der vegetativen Vermehrung das Erbgut unverändert bleibt, kann keine Anpassung an sich ändernde Umwelteinflüsse erfolgen. Dies geschieht nur durch die generative Vermehrung (geschlechtliche Fortpflanzung der Pflanzen), bei der das Erbgut neu kombiniert wird. Die europäische Rebe wird seit vielen Jahrhunderten vegetativ vermehrt, weil sie sehr zur Mutation neigt und es daher schwierig ist, einmal gezüchtete Sorten weiter zu erhalten. Durch die einseitige vegetative Vermehrung konnten „Regenerationsprozesse" nur bedingt über den Kambiumprozess stattfinden. Eine wirkliche Erneuerung bzw. Regeneration der Rebe findet heute in der Rebzüchtung eigentlich nicht mehr statt. Heutzutage haben wir es eigentlich nur mit einer Erhaltungszüchtung zu tun, mit dem Ziel, die Eigenschaften eines bestimmten Klons bzw. einer bestimmten Rebsorte weitestgehend zu erhalten.

Müssten wir also doch den Mut dazu aufbringen, wieder einen generativen Zyklus in die Rebenzüchtung hineinzubringen? Immerhin wagen wir dies ja schon bei der Züchtung der sogenannten PiWi-Pflanzen, den pilzwiderstandsfähigen Rebsorten. Diese entstehen nicht nur dadurch, dass „Amerikaner" mit „Europäern" gekreuzt werden, sondern dadurch, dass diese Reben wieder einen generativen Prozess durchleben dürfen.

- Monokulturen auf sehr mageren Standorten: Weinberge wurden oft auf solchen Böden, auf solchen Standorten angelegt, auf denen es schwierig war, andere Kulturen anzubauen – meist in Hanglagen auf wenig tiefgründigen Böden. Auf diesen oft kargen und mageren Standorten wurde im europäischen Kontext oftmals über Jahrhunderte einseitig Weinbau betrieben, ohne dass je ein wirklicher Fruchtwechsel stattgefunden hätte. Es stellt sich also die Frage, ob Ende des 19. Jahrhunderts nicht auch eine gewisse Bodenmüdigkeit eintrat.
- Umstellung der weinbaulichen Praxis im 19. Jahrhundert: Studiert man landwirtschaftliche Dokumente und Bücher aus dem 18. und 19. Jahrhundert, so zeigt sich, dass schon damals eine Umstellung bezüglich der Düngelehre stattfand. Guano aus Chile wurde zur N-Düngung importiert. Auch viele Weinberge, bisher nur von Hand bewirtschaftet, wurden „mechanisiert". Pferd und Ochse kamen als Nutz- und Arbeitstiere auch im Weinbau mehr und mehr zum Einsatz.

Um die zur Frage stehende These nochmals deutlicher zu formulieren: Kam die Reblaus tatsächlich erst um die Mitte des 19. Jahrhunderts? Oder hat die Umstellung in der kulturellen Praxis dazu geführt, dass sie sich – bereits vorhanden – erfolgreich ausbreiten konnte?

Wie ging es weiter?

Wie wurde auf „Reblaus & Co." reagiert? Man ging in erster Linie „pathogenetisch" vor. Man suchte also eine Lösung gegen diesen „Schaderreger Reblaus", um ihn auszuschalten. Man trieb durchaus verständliche Dinge voran – die aber im Ergebnis letztlich zu einer weiteren Schwächung der Rebe führten. Beispielsweise ist der Weinbau ein sehr frühes Beispiel dafür, in dem durch das Auftreten eines Schädlings eine enorme Vielfalt an genetischem Pflanzenmaterial verloren ging. Bis zum Auftreten der Reblaus war jeder Winzer sein eigener Züchter. Durch die Anwendung seines züchterischen Blicks vermehrte und entwickelte er seine Reben selbst. Hierbei entstanden standortgemäße Pflanzen, die über die Jahre bzw. Jahrhunderte genau auf dem Standort von den dort lebenden Menschen weitervermehrt wurden und sich dementsprechend angepasst hatten.

Nach der Reblausplage aber wurde die Züchtung komplett an Institute – oft vom Staat beauftragt – abgegeben. Der Winzer verlor den züchterischen Bezug zu seiner Kulturpflanze. Diese Institute wählten systematisch Reben aus, um sie durch Klonung massenweise zu vermehren. Gab es zuvor durch die züchterische Intuition der einzelnen Winzer vor Ort tausende von verschiedenen Reb-Klonen, so war nun der Weg in eine Verstärkung der Monokultur bereitet. Heute haben wir beispielsweise für die Rebsorte Riesling weltweit nur noch etwa 20 verbreitete Klone zur Auswahl (es gibt noch viel mehr, aber wirklich verbreitet in der Welt sind wahrscheinlich nicht mehr als zwanzig). Und als „amerikanische Unterlag-Reben" sind vielleicht gerade noch fünf bis zehn Unterlagsreben „weitverbreitet". Es gibt natürlich noch eine gewisse Anzahl, aber nicht in großen Mengen. Hinzu kommt, dass oftmals ein und derselbe Weinberg mit genau demselben Klon auf exakt dieser Unterlage gepflanzt ist. Allzu oft findet sich auf einem Weinberg nur noch ein Klon mit ein und derselben Unterlage – im ganzen Weinberg findet sich also nur noch ein Pflanzen-Individuum! Und: Diese Klone sind stark auf quantitativen Ertrag gezüchtet.

Als die eigentliche Schlüsselmaßnahme gegen die Reblaus fand man aber – wie bereits gesagt – heraus, dass man europäische Weinsorten auf amerikanische Rebstöcke pfropfen kann. Das Blattwerk der „Europäer-Rebe" und die Wurzel der „Amerikaner-Rebe" erwiesen sich als resistenter gegenüber der Reblaus. Das Konstruieren eines neuen „Pflanzenkonglomerats" aus Amerikaner-Pflanze und Europäer-Pflanze hat den Weinbau bis heute „gerettet": Heute sind nahezu alle Reben weltweit gepfropft.

Aber war der Blick dabei nicht doch zu einseitig? Gab es nicht noch einige Weinberge, die Resistenzen zeigten? War das Pfropfen auf amerikanische Unterlagen der einzige Lösungsweg? Gab oder gibt es vielleicht noch andere Lösungsansätze, ohne dass so stark in die Rebe als Pflanze eingegriffen werden muss? Viele weitere Fragen könnten in diesem Zusammenhang entwickelt werden und sollten vielleicht auch Thema neuerer Forschungsarbeiten sein.

Gibt es irgendwo noch nicht gepfropften Europäischen Wein?

Haben wir heutzutage überhaupt noch Pflanzmaterial, das nicht durch die Klonen- und Ertragszüchtung gegangen ist? Gibt es in den europäischen Anbaugebieten vielleicht noch alte Rebanlagen, die nicht gepfropft wurden, sondern noch auf diesen Standorten zur damaligen Zeit „standortbezogen" weitergezüchtet wurden?

Zumindest von der Mosel ist bekannt, dass auf ganz hoch gelegenen Terrassen noch sehr alte – ungepfropfte – Pflanzen stehen. Es war wohl zu mühsam, auch in diesen Extremlagen der Gesetzesvorschrift nachzukommen, alle europäischen Reben auszureißen und nur noch die gepfropften Reben neu anzupflanzen. Hier gibt es auch von offizieller Seite schon Projekte, diese Reben wieder weiter zu vermehren. Aber es stellt sich dann eben auch die Frage, ob diese Pflanzen den heutigen klimatischen und kulturtechnischen Bedingungen überhaupt noch entsprechen.

Wie dem auch sei – Rudolf Steiner sah seinerzeit in der Pfropfung nur eine kurzfristige Lösung.

Zukunftsimpulse aus der biologisch-dynamischen Landwirtschaft für die Weinbaukultur

1924 hielt Rudolf Steiner in Koberwitz seinen sogenannten Landwirtschaftlichen Kurs. Mehrfach wurde er von Landwirten um einen solchen Lehrgang gebeten. Sie beklagten die verarmten Böden, das stärkere Auftreten von Pflanzen- und Tierkrankheiten und letztendlich die schlechter werdende Qualität von Lebensmitteln. Um diese Zeit war die gesamte europäische Rebfläche durch die Reblaus bedroht. Rudolf Steiner brachte in seinem Kurs gerade den Weinbau als ein Negativbeispiel. Er sprach vom „Verlust von Traditionen und instinktiver Wissenschaft". Man beachte nicht mehr den Zusammenhang des irdischen Lebens mit den planetarischen Kräften. Diese „Einsichtlosigkeit" müsse man büßen.

Auf die Frage, ob es sinnvoll wäre, amerikanischen Klee als Futter für Bienen anzupflanzen, da dieser das ganze Jahr über blühe, antwortete Steiner im Rahmen seiner sogenannten Arbeitervorträge: „Die Bienen sind dann aufgestachelt, für einige Zeit etwas zu leisten. Aber das muss sorgfältigst berücksichtigt werden, dass man nicht ganz Fremdartiges an die Bienen heranbringen darf, denn die Bienen sind ihrer ganzen Natur nach an eine gewisse Gegend gebunden, also an eine gewisse Gegend gewöhnt."[24] Durch Fremdfütterung könne man eben nicht „auf Dauer helfen [...] Da haben sie [die Bienen] sehr viel zu tun mit ihrem eigenen Körper, da fängt es an zu rumoren, denn sie wollen ihn umwandeln, dass er so werde, wie es dort ist, wo der Klee herkommt. Es wird sich herausstellen, dass man ein paar Jahre Erfolg hat, aber nachher hat man schon die Schererei."[25]

Dann aber folgte der Bezug zur Weinrebe: Steiner erklärte wieder kurz die Reblausproblematik, dass man dieser recht hilflos gegenüberstand und dass man mit dem Amerika-Europa-Pflanzen-Konstrukt letztlich den Weinbau amerikanisiere: „Man war darauf angewiesen, überhaupt den europäischen Rebbau aufzugeben und den ganzen Weinbau zu amerikanisieren. Dann ändert sich die ganze Rebenzucht um, und es wird etwas anderes daraus. Es ist auch vielfach etwas anderes geworden in sehr vielen Gegenden."[26]

Was aber bedeutet es, wenn die europäische Rebe ihrer „eigentlichen" Wurzel entrissen und dafür auf eine amerikanische verpflanzt wird?[27] Was aber bedeutet hier der Kulturimpuls des Menschen? Immerhin wurde die europäische Rebe seit tausenden von Jahren vom Menschen kultiviert. (Siehe den Beitrag von Ron Dunselman und Rudolf Trossen, S. 72 f.) Der Mensch schneidet jedes Jahr die Rebe zurück. Der Winzer muss sich – bei guter fachlicher Praxis – vor dem Ansetzen des Schnitts jeder einzelnen Pflanze gegenüberstellen und diese ganz genau betrachten. Er muss sich fragen, wie der Saft fließt, in welche Richtung er die Pflanze lenken will, welche Wüchsigkeit sie hat und vieles mehr. Ein intensives Betrachten und Durchdringen der Pflanze entsteht. (Siehe den Beitrag von François Dal, S. 181 ff.) Aus einem Lianengewächs, das sich normalerweise an Bäumen in Wäldern hochrankt, entsteht durch einen starken äußeren Kultur- und Formimpuls eine Kulturpflanze, die auch nur durch diesen Eingriff des Menschen so viele Früchte trägt. Ein solcher Kulturimpuls fand bei der amerikanischen Rebe jedoch nicht statt!

Was das heißt, erkennen wir, wenn wir die Reben einmal näher betrachten: Die amerikanische Rebe ist meist stärker im vegetativen Wachstum und besitzt ein größeres Blattwerk. Sie ist also vornehmlich auf Massebildung ausgerichtet. Die europäische Rebe ist – vielleicht auch durch die jahrtausendelange Kultivierung – mehr von Form durchdrungen, was sich auch in der Wein-Qualität auswirkt.

Was also bedeutet das Pfropfen heutzutage für den Weinbau? Will die „Europäer-Rebe" etwa „Amerikaner-Rebe" werden, so wie – nach Rudolf Steiner – die Bienen, wenn sie den Klee aus Amerika als Futter bekommen? Gehen von der amerikanischen Unterlage stärkere Stoffkräfte auf die Europäer-Rebe über?

Wir müssen somit auch die heutigen Züchtungspraktiken hinterfragen. Man denke nur daran, wie eine junge Rebpflanze entsteht – und wie sie auch viele biologisch-dynamisch wirtschaftende Winzer für Junganlagen verwenden: Veredelungsholz, das beispielsweise in einem Muttergarten an einem Schieferstandort auf irgendeinem Weinberg gewachsen ist, wird auf eine amerikanische Unterlag-Rebe gepfropft. Das Holz dieser Unterlage wird oftmals in Südeuropa unter völlig anderen Boden- und Klimabedingungen produziert. Dann werden diese beiden Individuen in einer Rebschule miteinander verbunden bzw. aufeinander gepfropft und auf einem sehr nährstoffreichen, meist in der Ebene liegenden und nicht weinbergtypischen Boden hochgezogen, gedüngt und viel gespritzt, bevor die so entstandene „Jungpflanze" zum Beispiel auf einem biologisch-dynamischen Weingut an einem Extremstandort an der Mosel gepflanzt wird.

Für ganzheitlich denkende Winzer macht eine solche Praxis wenig Sinn – und doch ist sie heute schlichtweg üblich, auch das biologische Pflanzgut wird oft ähnlich hergestellt.[28] Rudolf Steiner mahnte: „Man kann nicht so mechanisch denken, sondern man muss sich darüber klar sein, dass etwas seiner ganzen Natur nach an eine bestimmte Lokalität eingewöhnt ist. Das muss berücksichtigt werden. Sonst kann man zwar augenblickliche Erfolge erzielen, aber nicht etwas Dauerndes."[29] Wir müssen uns als Winzer also fragen, wenn wir diesen Hinweis ernst nehmen, ob wir uns nicht ganz neue Konzepte überlegen müssen, um unsere Jungpflanzen vielleicht wieder „standortbezogen" züchten und vermehren zu können.

Kurzfristig also kann die Rebveredelung (historisch betrachtet) als sinnvoll angesehen werden – immerhin hat sie ja den europäischen Weinbau gerettet. Aber seit mehr als einhundert Jahren hat sich in der Rebzüchtung nicht mehr viel getan. Wir arbeiten im Weinbau mit einer starken genetischen Verengung des Pflanzenmaterials.

Wir haben – fassen wir das Vorangegangene zusammen – mit der heutigen Rebe einen Organismus vor uns, der nicht im Gleichgewicht ist. Es wundert daher nicht, dass im Weinbau die biologisch-dynamischen Präparate besonders gut und schnell wirken – denn eine ihrer Hauptwirkungen ist ihre harmonisierende und ausgleichende Wirkung. Die mit der Weinrebe zusammenhängenden Probleme lassen sich „nicht mit derjenigen Wissenschaft durchgreifend behandeln, die man heute hat"[30], so Rudolf Steiner. Sie lassen sich aber behandeln, wenn man bereit ist, auch Gesichtspunkte – methodischer und inhaltlicher Art – aus der Geisteswissenschaft gelten zu lassen. Rudolf Steiner gibt in seinem Landwirtschaftlichen Kurs hierfür einen modernen Leitfaden, den wir aber immer besser verstehen lernen müssen. Wichtig erscheint mir aber auch, dass aus diesen Erkenntnissen heraus weitere Methoden entwickelt werden sollten und diese wenn möglich auch in einen naturwissenschaftlichen Kontext gestellt werden könnten.

Der mit dem heutigen Weinbau verbundene Fragenkatalog ist lang. Eine Beantwortung dieser Fragen ist mehr denn je notwendig. Die Beobachtungen der Praktiker sind außerdem wichtig. Im Prinzip sollte jeder Winzer forschend sein, er sollte eine gewisse Souveränität entwickeln. Die Winzer sollten aber auch untereinander wieder vermehrt in einen direkten Erfahrungsaustausch kommen und die Arbeit nicht nur den „Instituten" überlassen, mit diesen aber dennoch in einen engen Austausch treten bzw. ihn weiter aufrechterhalten.

Impulse des Weinbaus an die biologisch-dynamische Landwirtschaft

Im Landwirtschaftlichen Kurs spricht Rudolf Steiner von der landwirtschaftlichen Individualität. Jeder einzelne Hof ist als ein einzigartiges, in sich geschlossenes Individuum zu verstehen. Was für ackerbauende, viehhaltende Betriebe erst noch zu Bewusstsein gebracht werden muss, das scheint für den Winzer etwas recht Selbstverständliches: Weinbauern wissen um die Besonderheiten ihrer Weinberglage und davon, dass von dieser oft spezielle, besonders gut schmeckende, charaktervolle, individuelle Weine ausgehen – Winzer wissen um ihr „Terroir".

Durch Beobachtungen über mehrere Winzergenerationen wurde Schritt für Schritt herausgefunden, welche Rebsorte auf diesem oder jenem Weinberg die schönsten Ergebnisse bringen könnte. Oftmals reichen nur einige Meter oder eine etwas andere Exposition aus, dass – trotz selber Rebsorte und Bearbeitung – Weine von ganz anderer Qualität und Charakteristik entstehen. In vielen Regionen wurden deshalb sogenannte „Lagenklassifizierungen" eingeführt. Man redet von „erster" oder „großer" Lage, in Frankreich gibt es den „Grand Cru" oder den „Premier Cru". Früher wurden diese Lagen oft auch unterschiedlich hoch besteuert. Eine „große Lage" hatte höhere Abgaben zur Folge. Aus der Beachtung bestimmter mikroklimatischer und geologischer Gegebenheiten entstanden die sogenannten „appellations d'origine contrôlée".

Den meisten Winzern ist es nahezu eine Selbstverständlichkeit, dass auch der Mensch einen starken Einfluss auf den jeweiligen Wein hat. Dabei geht es gar nicht primär um konkrete Maßnahmen wie Umpumpen, Pressen oder Filtration etc. Viele Winzer entwickeln ein sehr feines und subtiles Verhältnis zu ihren Weinen. Zwischen Mensch und Wein entsteht nach der Lese ein geradezu „intimer" Begleitungs- und Austauschprozess. Es gibt Winzer, die täglich in den Keller hinabsteigen, den Most probieren, über die weitere Gärführung reflektieren. In diesem innigen Kommunikationsprozess entstehen oft intuitive Entscheidungsmotive. Die Weine zeigen daher auch eine gewisse Handschrift des jeweiligen Winzers. Sich mit der Person eines Winzers auseinanderzusetzen, kann ein großes Vergnügen sein. In alten Kellern kann auch ein über Generationen weitergegebener typischer Geschmack eines bestimmten Weinguts entstehen und erhalten bleiben. „Profis" erkennen in Blindverkostungen die spezielle Stilistik eines ganz bestimmten Weinguts.

Bei Weinkennern herrscht also ein Bewusstsein für besondere Weine, besondere Winzer, besondere Weingüter und natürlich für besondere Weinbergslagen. Es gibt damit auch beim Verbraucher beim Genuss eines guten Weins eine Sensibilität für das, was man das Individualitätsprinzip nennen kann. In der „Welt des Weins" lebt somit eine Wahrnehmung für die individuelle Besonderheit. Das Individualitätsprinzip kann als fester Bestandteil einer „Weinkultur" verstanden werden. Wo finden wir denn diese Grundhaltung gegenüber einem Produkt in anderen Bereichen der Landwirtschaft? Machen wir eine Unterscheidung zwischen Karotten, die auf einem Kiesel- oder auf einem Kalkstandort gewachsen sind? Allerdings können sich diese Unterschiede genauso wie beim Wein schmecken und wahrnehmen lassen. Auch das Wuchsverhalten ist bekanntlich ein anderes. Oder: Wie sieht es bei der Milch aus? Vielen alten Bauern war und ist es klar, dass auf einem Kalkstandort andere Kräuter, die von den Kühen gefressen werden, wachsen als auf einem Kieselstandort. Das hat natürlich auch einen deutlichen Einfluss auf die Geschmacksqualität der Milch. Aber haben wir „Grand Cru"-Milch-Lagen? Bei der Käseproduktion wird so etwas noch eher beachtet. Auch hier lebt das Prinzip der „Appellation d'origine contrôlée" und es herrscht ein Bewusstsein davon, dass der Geschmack des Käses vom Futter, von den regionalen Verhältnissen, vom Lagerort und von den am Herstellungsprozess beteiligten Menschen bestimmt wird.

Der Verbraucher kann dadurch auch für andere Bereiche der Landwirtschaft wieder für Standortunterschiede sensibilisiert werden. Dass das Quellwasser von einer Kalkquelle anders schmeckt als das von einer Sandsteinquelle, ist wohl für die meisten noch unmittelbar nachvollzieh- und erfahrbar. Seltsamerweise reicht so etwas jedoch nicht bis dahin, dass es auch große Unterschiede im Geschmack zwischen einem Dinkel von einem Kalk- und einem solchen von einem Kieselstandort geben kann. Zu einer Belebung dieser Art von Aufmerksamkeit könnte der Weinbau in Zukunft beitragen. Das Bewusstsein für die individuellen Standortqualitäten, das im Weinbau noch lebt, sollte gepflegt und genutzt werden. Leider aber verliert sich auch dieser spezielle Vorzug der Weinbau-Landwirtschaft in der heutigen Zeit. Gerade aber dieses Prinzip gälte es weiter zu verfolgen, zu entwickeln und auszubauen.

Anmerkungen
Kapitel 2

1 Nach den Dionysiaka des Nonnos wurde Dionysos aus der Verbindung des Zeus mit dem Erdenweib Semele gezeugt, nachdem Harmonia, Frau von Kadmos, und deren Mutter zuvor das traurige Erdenschicksal des Menschen beklagt hatten. Der gerührte Gott schenkte ihnen zum Trost den Weinstock und den Dionysos

2 Dionysos wird deshalb „der zweimal Geborene" genannt. Mit dieser zweiten Geburt durch Zeus wird seine Göttlichkeit und Unsterblichkeit begründet. Dionysos ist daher der einzige unsterbliche Gott mit einer menschlichen Mutter (Anm. d. Red.)

3 Der Kastentext ist leicht verändert entnommen aus Ron Dunselman: *An Stelle des Ich. Rauschdrogen und ihre Wirkung*. Stuttgart 1996 Dasselbe gilt für weite Teile des unten folgenden Textes von Ron Dunselman

4 Siehe GA 145, 20.3.1913

5 Karl Kerényi: *Dionysos*. Princeton University Press. New Jersey 1996

6 Siehe z. B. GA 103, 23.5.1908

7 Siehe GA 103, 23.5.1908

8 © Marie-Lan Nguyen / Wikimedia Commons / CC-BY 55

9 Siehe Anm. 7

10 Siehe Anm. 7

11 Siehe Anm. 7

12 Siehe Anm. 7

13 Quelle: Lilian Bérillon

14 Siehe hierzu Pierre Basler und Robert Scherz: *Piwi-Rebsorten*. Wädenswil 2011

15 Quelle: Lilian Bérillon

16 Siehe Anm. 14, S. 20 f.

17 Fotos: Lilian Bérillon

18 Siehe Anm. 14, S. 24

19 Fotos: Lilian Bérillon

20 Georg Meißner: Biologisch-dynamischer Weinbau, Dynamische Entwicklung für besondere Weine. In: *Ökologie und Landbau* 154 (38. Jg.), Ausgabe 2/2010, S. 28 – 29

21 Siehe Pierre Masson: De l'agrobiologie à la viticulture biodynamique. In C. Lamine und S. Bellon: *L'agriculture biodynamique. Transitions vers l'agriculture biologique. Pratiques et accompagnements pour des systèmes innovants*. Éditions Quæ / Éducagri éditions. Siehe auch Georg Meißner: Biologisch-dynamischer Weinbau, Dynamische Entwicklung für besondere Weine. In: *Ökologie und Landbau* 154 (38. Jg.), Ausgabe 2/2010, S. 28 – 29

22 Michaela Glöckler: *Salutogenese*, Heft 5, Verein für anthroposophisches Heilwesen, 2001

23 P. Nick: *Schützen und Nützen – von der Erhaltung zur Anwendung, Fallbeispiel Europäische Wildrebe*. Handbuch Genbank WEL, Hoppea, Denkschr. Regensb. Bot. Ges., Sonderband 2014, S. 159 – 173

24 Siehe GA 351, 10.12.1923, S. 351

25 Siehe Anm. 24

26 Siehe Anm. 24

27 Rudolf Steiner wies darauf hin, dass der Wurzelbereich einer Pflanze unserem Kopf, der Blattbereich unserem rhythmischen System und der Blütenbereich dem Stoffwechsel-Gliedmaßensystem des Menschen entspreche. Es stellt sich somit die Frage, was es eigentlich bedeutet, einen amerikanischen Kopf und einen europäischen Brust- und Gliedmaßenbereich zu besitzen

28 Rudolf Steiner betrachtete die amerikanische Pfropfunterlage als nur eine von vielen Möglichkeiten und führte im Landwirtschaftlichen Kurs (Seite 151) aus, dass sich mit den biologisch-dynamischen Methoden und Maßnahmen auch andere Wege erschließen könnten

29 Siehe GA 327, 14.6.1924

30 Siehe Anm. 29

3

Wege zu einer wesensgemäßen Weinbaukultur

Der landwirtschaftliche Organismus als Leitbild für den Rebbau

Jean-Michel Florin

Einen Weinberg auf die biodynamische Wirtschaftsweise umzustellen, ist – speziell durch den Umstand, dass die meisten Weinberge heute reine Monokulturen ohne Biodiversität und ohne Tiere sind – eine Herausforderung. Vor dem Zweiten Weltkrieg war das noch anders. Elsässische Winzer hatten beispielsweise noch ein, zwei Kühe als Milch- und Arbeitstiere und dementsprechend auch Wiesen. Um Bordeaux herum weideten noch Anfang des letzten Jahrhunderts die Schäfer ihre Herden im Winter und Frühling in den Weinbergen. Aber die Einführung von Traktoren und der starken Spezialisierung der Landwirtschaft führten zu heutigen Landschaftsbildern, in denen das Auge außer Reben kaum eine andere Kultur mehr erblickt.

Jeder Winzer, der selbst seinen Wein von der Erde über die Rebe bis hin zur Flasche verfolgt, versucht, so weit wie möglich seine Terroirqualität in die Flaschen zu bringen. Denn die besondere Qualität des Standorts (die geologische Grundlage, der Boden, die Sonnenexposition usw.) bildet ein Ganzheitliches, macht die Einmaligkeit des Weins dieses Standortes aus, die man beim Degustieren sogar sinnlich wahrnehmen kann. Rudolf Steiner sagte in seinem Landwirtschaftlichen Kurs: „[…] ein Gut ist ja immer in dem Sinne eine Individualität, dass es wirklich niemals das gleiche ist wie ein anderes Gut. Klima, Bodenverhältnisse geben die allerunterste Grundlage zur Individualität eines Gutes."[1] Das bedeutet: Der Standort ist nicht nur ein beliebig austauschbarer Produktionsfaktor, sondern wesentlicher Bestandteil der Gesamtheit, aus der heraus ein Produkt entsteht.

Ein lebendiger Organismus

Abb. 48 und 49
Monotone und vielfältige Weinberglandschaft im Vergleich[2]

Den Betrieb als einen lebendigen Organismus aufzufassen, erfordert einen innerlichen Wandel: Man muss vom Produktionsgedanken, in dem man mit Produktionsfaktoren arbeitet (man spricht ja beispielsweise von Pflanzen*material*), zu einem Gedanken der Zusammenarbeit mit der Natur – das heißt mit lebendigen Wesen – kommen. Lässt man sich auf eine solche lebendige Betrachtungsweise ein, so kann man neue Erfahrungen machen. Ein Winzer aus Charentes sagte zu mir: „Vor meiner Umstellung auf die biodynamische Methode ging ich nicht in meine Felder – ich ließ die Arbeiter gehen. Jetzt gehe ich, so oft ich kann. Ich habe den Eindruck, dass meine Reben früher wie Hühner in Massentierhaltung waren und dass sie jetzt frei, lebendig sind wie Hühner mit einem großen Auslauf."

Es ist tatsächlich so, dass die konventionelle Rebenmonokultur das Beziehungsgeflecht zwischen den Weinstöcken selbst und ihrer Umgebung stark reduziert, indem sie mit Klonen arbeitet und die natürliche Vielfalt meistens als Störfaktor (Konkurrenz, Parasiten usw.) betrachtet.

Die biodynamische Arbeit kann die Standortqualitäten unterstützen und sie deutlicher zum Ausdruck bringen. Das bemerkt man bald nach dem Einsatz der biologisch-dynamischen Präparate (insbesondere durch das Hornkiesel-Präparat) an der damit einhergehenden Verbesserung der Rebengesundheit und auch der Weinqualität.

Nach solchen ersten schnellen Erfahrungen und Einsichten stellt sich oft bald die Frage nach der konkreten Gestaltung eines land(wirt)schaftlichen oder auch Hof-Organismus: Wie gestalte, wie pflege ich das Terroir wesensgemäß?

Da uns hier der Raum für eine ausführliche und vertiefte Darstellung dieses Themas nicht gegeben ist, werden wir uns im Folgenden auf einige Hinweise und Anregungen begrenzen, die für die nächsten Kapitel relevant sind.

Biodiversität

Ein erster Schritt kann darin bestehen, eine vielfältige, biodiverse Landschaft (wieder) herzustellen. Für eine abwechslungsreiche Bodenbegrünung stehen heute sehr gute Aussaatmischungen zur Verfügung (wie etwa die von Wolff mit mehr als 40 verschiedenen Pflanzenarten; siehe S. 123 f.). Darüber hinaus kann man auch alle Grenzbereiche wie Weg- und Waldränder neu gestalten. Früher waren gerade die Rebgärten Orte großer Biodiversität. Im Elsass gab es viele Obstbäume am Rande von Weingärten: zuerst die berühmten Rebenpfirsiche (pêches de vigne), Quittenhecken, Kirschen, Pflaumen, Feigen, Mandeln

– und sogar Rosen (dies, auch um Pilzkrankheiten anzuzeigen). Hinzu kamen wilde Hecken mit einer großen Reichhaltigkeit von Sträuchern. Eine solche Vegetationsvielfalt zieht eine Fülle von Insekten und Kleintieren an. Zusätzlich kann man an den Bäumen Nistkästen anbringen, um eine reichere Vogelwelt zu etablieren.

Vor der systematischen Herbizidanwendung wuchsen auf den warmen Standorten der Rebgärten viele Heilkräuter: Feldthymian, Oregano, Melisse sowie verschiedene Leguminosen – alles Pflanzen, die ihrerseits wieder Insekten anziehen.

Der österreichische Winzer Werner Michlits zeigt, wie man in einer flachen Landschaft neue Biodiversitätsinseln mit Bäumen, Sträuchern und Kräutern schaffen kann. Dafür hat er sogar Rebreihen geopfert – dies letztlich aber mit großem Gewinn für die Landschaft (siehe S. 114 ff.).

Die Gestaltung oder die Renovierung einer Hügel- oder Berglandschaft mit Trockensteinmauern, Steinhaufen oder Terrassen kann auch zur Bereicherung der Vielfalt von Tieren und Pflanzenarten beitragen.

Für die ersten Schritte zur Wiederherstellung der Biodiversität muss man den Standort gut kennen. Das Erstellen einer Vegetationskarte ist hilfreich. Hierfür gäbe es die Möglichkeit, sich bei älteren Bewohnern zu erkundigen oder auch das Wissen von Botanikern, Biologen und Gärtnern zu Hilfe zu nehmen. Hierdurch kann gewährleistet sein, dass standortgemäße Pflanzen gewählt werden. Auch wäre es den Versuch wert, über Anbau oder Pflanzung bestimmter Arten die Einseitigkeit der Rebe, die eine sehr vitale Liane mit enormer Wuchskraft ist, auszugleichen: eine Forschungsfrage für die Praxis der Zukunft.

Futter-Mist-Kreislauf

Der zweite wichtige Aspekt zur Gestaltung eines Betriebs im Sinne eines Organismus ist die Herstellung eines Futter-Dünger-Kreislaufes. Winzer halten in der Regel keine Tiere mehr. Meistens nutzen sie Mist und Kompost nur sehr wenig, aber dennoch benötigen sie die Anwesenheit von Tieren. Warum ist das so?

Zum einen, weil Pflanzen und Tiere wie zwei Aspekte eines Ganzen sind. Rudolf Steiner sagt im 7. Vortrag seines Landwirtschaftlichen Kurses: „Die Pflanze gibt, das Tier nimmt im Haushalt der Natur." Die Pflanze findet als ein umweltoffenes Wesen eine ihr notwendige Ergänzung in der Innerlichkeit des Tieres. Das Tier nimmt die Stimmungen (etwa der Landschaft) sowie die von der Pflanze gebildeten Substanzen auf, verinnerlicht sie, „beseelt" sie, sodass sie dadurch auf eine höhere Daseinsstufe kommen.[3]

Zum anderen benötigt auch der Boden tierische Substanz, um seine Fruchtbarkeit langjährig zu erhalten und zu verbessern.[4]

Und so ergibt sich die Frage: Wie können Winzer Nutztiere in ihrem Betrieb oder in der Nähe halten? Hier sind innovative Lösungen gefragt, die oft Partnerschaften voraussetzen. Es gibt interessante Versuche in diese Richtung; wir zeigen einige Beispiele im folgenden Kapitel.

Wie in Seresin Estate (siehe S. 136 ff.), so integrieren einige Winzer mittlerweile auch Hühner in die Rebreihen. Mobile Hühnerställe sind dafür bestens geeignet. Ein verfolgenswerter Nebeneffekt ist die Beobachtung, dass der Hühnermist positiv auf die Reben wirkt. Die Rebe ist eine verholzte Liane, sozusagen vom Menschen in ein Bäumchen verwandelt. Rudolf Steiner weist im 7. Vortrag seines Landwirtschaftlichen Kurses auf eine intime Beziehung zwischen der Tierwelt – im Speziellen der Vogelwelt – und den Bäumen hin.[5] Vogelmist scheint daher in kleinen Mengen durchaus empfehlenswert als Dünger für Obstbäume.[6]

Die neue Stimmung, die durch eine erhöhte Biodiversität und vor allem durch die Rückkehr der Tiere in die Rebgärten entsteht, bringt auch den Menschen mehr Freude und Begeisterung bei der Arbeit. Der Winzer Jean-Paul Zusslin beschreibt so die Wirkung von Schafen: „Im Winter haben wir die Schafe in einem Rebberg [...] Aber selbst im Sommer – wo sie nicht mehr da sind – ist die Anwesenheit der Schafe in diesen Parzellen noch zu bemerken, und sei es nur dadurch, dass irgendwo ein bisschen Wolle hängengeblieben ist. Die Schafe gehören also zum Weinberg, auch wenn sie gerade nicht da sind. Wir haben den Eindruck, dass die Schafe die Qualität unseres Weines verbessert haben."[7]

Den Standort erheben

Durch solche Schritte kann der Winzer ein neues Verhältnis zu seiner Land(wirt)schaft und seinem Betrieb entwickeln. Er sollte versuchen, den einmaligen Charakter seines Standortes, den *Genius Loci*, immer bewusster zu erfassen. So kann er alle praktischen Maßnahmen vor dem Hintergrund dieses lebendigen Bildes vornehmen. Dabei hilft die goetheanistische Betrachtungsart, die Schritt für Schritt durch die bewusste Sinneswahrnehmung ermöglicht, sich immer tiefer und bewusster mit dem Standort zu verbinden.[8]

Wenn ein Winzer an seine Reben denkt, dann hat er meistens jede Parzelle als Einheit im Sinn, mit all ihren Eigenheiten – nicht nur Boden und Klima, sondern auch, wie mit ihr zu arbeiten ist. Oft drückt noch der Ortsname die Stimmung – oder mindestens die konkrete Lage – einer Parzelle aus.

Als erste Etappe kann man versuchen, bewusster die Stimmung von jeder Parzelle wahrzunehmen und auszudrücken, um sie individuell zu behandeln. Man kann sich regelmäßig Zeit dafür nehmen, durch die Parzellen zu spazieren, sich hinzusetzen und zu versuchen, mit allen Sinnen die Stimmung wahrzunehmen. Um diese fassen zu können, kann man sich Notizen machen oder sogar versuchen, aus der Erinnerung ein „symbolisches" Bild zu entwerfen. Wie nehme ich meine Parzelle auf der Ebene der Elemente (Erde, Wasser, Luft, Licht, Wärme) wahr? Dicht-leicht, rund-eckig, feucht-trocken, offen-geschützt, hell-dunkel, warm-kalt usw. Solche Polaritäten können die Aufmerksamkeit auf die Gesamtstimmung statt auf Einzelheiten richten. Man kann sogar versuchen, sich in die Lage einer Pflanze zu versetzen, und sich fragen: Wie fühlt sich nun meine Umgebung an?

Diese Wahrnehmungen können helfen, die Parzellen immer besser in ihrer Einheit und Eigenheit zu erfassen. Das wird Auswirkungen bis in die Arbeitseinsätze dort zeitigen, denn man wird dadurch sensibler für möglicherweise entstehende Ungleichgewichte.

Eine zweite Stufe, die etwas mehr Zeit beansprucht und die man gut auch mit Kollegen oder Freunden durchführen kann, besteht in dem Bemühen, die Einheit des ganzen Betriebes bewusster zu erfassen. Man kann dazu eine Art „Stimmungskarte" anlegen. Hierzu unternimmt man beispielsweise eine Wanderung durch den ganzen Betrieb, ohne dabei zu sprechen. Auch hierbei versucht man, die „elementarischen" Qualitäten zu erfahren. Anschließend kann man (vielleicht in kleinen Gruppen zu Viert oder zu Fünft) die erlebten Stimmungen auf einem Blatt Papier verzeichnen.

Daraus ergibt sich die Möglichkeit, Leitlinien für eine ganzheitliche Gestaltung des gesamten Betriebes zu finden. Daraus können sich völlig neue Gestaltungen ergeben (Hecken oder Obstbaumpflanzungen, Trockenmauern usw.). Wichtig ist, dass sie aus einer ganzheitlichen Sicht des Betriebes hervorgehen und nicht vereinzelte Aktionen sind.[9]

Die Rebe ist eine äußerst empfindliche Pflanze. Sie reagiert sehr sensibel auf Änderungen in ihrer Umgebung. Man kann sie daher auch als eine Zeigerpflanze verstehen, an der man ablesen kann, wie sich ein Betrieb entwickelt. Der Weg von einer Monokultur zu einem landwirtschaftlichen Organismus ist lang. Man kann ihn aber Schritt für Schritt begehen. Oft ist es nötig, dazu mit Kollegen oder Nachbarn zusammenzuarbeiten, um dadurch vielleicht auch gemeinsam einen Organismus zu bilden: eine ganz zukünftige Aufgabe! Jean-Paul Zusslin drückt es so aus: „*Allein* ein bio-dynamischer Superwinzer zu sein, ist fast unmöglich, aber wenn sich zwei, drei Leute zusammentun und sich in ihrer Arbeit ergänzen, ist Vieles möglich."[10]

Abb. 50
Die Stimmungskartierung[11] hilft die elementarischen Qualitäten des Betriebes wahrzunehmen

Von der Rebenmonokultur zu einem Weinberg als vielschichtigem Lebensraum – mehr als ein Erfahrungsbericht

Werner Michlits

Wir leben im Burgenland, ganz im Osten Österreichs an der ungarischen Grenze. Unser Hof wird von unserer Großfamilie bewirtschaftet. Bereits hiermit trifft man auf das Thema Biodiversität. Wir sind sechs sehr unterschiedliche Familienmitglieder, und erst in der Gemeinschaft ergibt sich ein übergeordnetes Leitbild. Am Hof konnte jeder seinen individuellen Platz finden – und zurückblickend hat wohl auch jeder seine Vorliebe verwirklichen können. Dass alle drei Söhne am Hof und in der Landwirtschaft bleiben würden, lag gar nicht im Wunschdenken der Eltern.

In unserem vielschichtigen Mischbetrieb, wie es früher für die Region typisch war, betreiben wir Ackerbau, arbeiten mit alten Getreidesorten (Emmer-Weizen, Einkorn-Weizen, Dinkel) und bemühen uns in letzter Zeit auch viel um alte Saatgut-Sorten. Weinbau und Obstbau mit Äpfeln und Holundersträuchern sind ein gewichtiger Teilbereich, und seit Anfang der 2000er wurde die Tierhaltung vor allem mit Rindern aufgebaut. Sehr bald kamen auch Schweine, Pferde, Schafe und Hühner hinzu.

Der Weinbau war schon sehr weit weg von dieser Vielfältigkeit des Gesamtbetriebs. Außerdem hielten in den letzten Jahrzehnten immer mehr Maschinen und neue Lösungen zur technischen Bearbeitung Einzug. Erinnerungen an Kindheitstage und die Zeit in den Weingärten im kühlen Schatten unter Bäumen, das Klettern im Kirschbaum, während die Eltern ihre Arbeit verrichteten, das Aufsammeln von Nüssen in den nebeligen Herbsttagen im nassen Gras, nach der Lese, als sich nur noch ganz vereinzelt die eine oder andere vergessene Traube zum Naschen anbot, all das lässt noch ein zartes Bild davon entstehen, wie abwechslungsreich Weingärten einmal waren.

Anfang der 1990er Jahre begannen wir zertifiziert biologisch zu arbeiten. Zehn Jahre später war die zertifiziert biodynamische Demeter-Bewirtschaftung die nächste große Herausforderung. Damit war auch der Beginn der eigenen Rinderhaltung verbunden. Sich mit Tieren zu beschäftigen, war für uns in der Familie der größte Schritt im Aufbau des Hofes. Plötzlich war ein weiteres Lebe-, ein Seelenwesen da! Was braucht es, was ist zu tun, dass es ihm gut geht?

Abb. 51
Die Familie als Beitrag zur Biodiversität[12]

Mit Tieren auf dem Hof beginnt eine ganz andere Art des Sorgetragens. Der Blick auf ein Tier ist ein anderer als auf eine Pflanze. Ist ein Tier krank oder verendet es, trifft es den Menschen völlig anders, als wenn ein Rebgarten einem Hagelgewitter zum Opfer fällt oder an einer Pflanzenkrankheit leidet.

Kein Weinbauer muss ein perfekter Viehzüchter werden, aber ich denke, nur fünf Schafe oder zehn Hühner genügen bereits, um den Hof auf den Weg zu einem Hof-Organismus zu bringen. Die Zeitqualität bekommt einen neuen Rhythmus, und die Arbeit des Bauern erfährt eine weitere Dimension an Biodiversität. Es ist dann – im positiven Sinne – auch ein Luxus, die Rohmilch vom eigenen Schaf oder der eigenen Kuh oder die Eier von den eigenen Hühnern genießen zu dürfen. Das Tier bringt durch seine Seele eine Hülle, eine Ganzheit in die Landschaft. Es regt aber auch das ganzheitliche Kreislauf-Denken in uns an: Wie kann ich seinen Mist verwerten und wie kann ich aus dem Anbau Nahrung für das Tier gewinnen – das alles sowohl physisch als auch seelisch?

Vielfalt beginnt mit der Wahrnehmung

Warum berichte ich so ausführlich über Themen, die recht weit weg von einer Flasche Wein erscheinen? Biodiversität ist nicht nur biologische Vielfalt. Biodiversität beginnt zuallererst in der Wahrnehmung, im Fühlen, im Denken und lässt uns danach handeln.

Denn: Warum hat das Denken in Technisierung und Optimierung mehr Bedeutung gewonnen als der schwindende Artenreichtum in Fauna und Flora? Die Philosophie der biologisch-dynamischen Landwirtschaft hat sich diese Vielfalt bewahrt, ja sie ist aus dieser Vielfalt heraus geboren und weiterentwickelt worden. Durch Vielfalt entstehen lebendige Hof-Organismen, die schließlich auch ihre jeweilige Individualität finden – Hof-Organismen, in denen Befruchtung durch Diversität stattfindet, die sich aus sich heraus weiterentwickeln und Fruchtbarkeit schaffen.

Nähern wir uns einmal dem Begriff Biodiversität über die UN-Biodiversitätskonvention aus dem Jahre 1993. Biodiversität wird hier als Variabilität unter lebenden Organismen jeglicher Herkunft sowie in den ökologischen Komplexen, zu denen sie gehören, beschrieben. Vier Ebenen der Vielfalt werden unterschieden: die genetische Diversität innerhalb einer Art oder innerhalb des Ökosystems; die Vielzahl an Arten; die Vielfalt an Lebensräumen und Ökosystemen; die funktionale Biodiversität. Als biologische Fachbegriffe gibt es die Alpha- und die Gamma-Diversität. Das bekannteste Beschreibungsmaß für die Diversität ist der Shannon-Wiener Index. Er berücksichtigt, wie häufig sich jede Art im Vergleich zum gesamten Arten- und Individuenreichtum findet.

Nähern wir uns jetzt dem Sachverhalt von der praktischen Seite. Betrachtet man einen Weingarten, so sieht man – von Ausnahmen abgesehen – Reben über Reben, überall Monokulturen, da findet sich kein einziger Baum, kein Strauch, keine Hecke. Wenn ich durch einen Rebberg gehe oder an ihm vorbeifahre, habe ich den Eindruck „Das ist alles so schön geordnet", und als Bauer denke ich: „Das ist alles praktisch und befahrbar, das kann man wunderbar maschinell bearbeiten. Man kann die Reihen hervorragend mit Überzeilen-Maschinen bearbeiten, gut hineinfahren, gut am Ende wenden."

Solch ein Bestand scheint auch in Sachen Zeitfaktor optimierend: Die damit verbundene Arbeitserleichterung führt zur Reduktion der zeitaufwendigen Handarbeit; damit geht wieder das Schwinden des Mitarbeiterbestandes einher.

Und nun: Die Vielfalt, die ein Ökosystem stützt und balanciert, wo ist sie geblieben? Die Einsicht in ihre Bedeutung und Wichtigkeit gewannen wir bereits in den 1990er Jahren. Die Begrünung des Bodens zwischen den Zeilen wurde zum großen Thema. Heute, 25 Jahre später, finden wir auch immer mehr konventionelle Winzer, die sich an Weingartenbegrünungen herantasten. Auf diese Weise wurde versucht, in die Reben-Monokultur wieder etwas Vielschichtigkeit hinein zu bekommen. Die Reben wachsen ja über Jahrzehnte auf einem Fleck, und der Traktor fährt immer auf der gleichen Spur. Dass die dadurch entstehenden Bodenverdichtungen mit guten Begrünungskonzepten abgefedert werden können, die Bodenstruktur verbessert, der Anteil organischer Substanz erhöht, ein Lebensraum für viele Organismen geschaffen, der Humusanteil dadurch aufgebaut und die Wasserspeicherkapazität gesteigert wird, sind nur einige gut bekannte Beispiele. – Doch haben wir mit Reben und einigen Begrünungspflanzen bereits ein vielfältiges Biotop geschaffen?

Unsere nächsten Gedanken führten zu den Insekten und auch zu Pilzen, Hefen, Bakterien etc. Vor vielen Jahren haben wir Insektenhotels gebaut und Vogelhäuschen aufgehängt, Brutplätze und Nistmöglichkeiten geschaffen. Doch letztlich erschien uns auch dies alles als künstliche Maßnahmen in einem künstlichen Monokulturbiotop. Dadurch kam es, dass wir einen Weg suchten, der fort von der Monokultur, aber hin zu einem sich selbst tragenden und befruchtenden System führen würde.

Inseln der Vielfalt – ein Praxisbeispiel

Ich will erneut den Blick auf den Rebberg werfen. Wie wirkt so ein Weingarten? Ich finde, er hat auch eine recht kapitalistische Ausstrahlung. Unsere Weinproduktion ist extrem von Kapital und Wirtschaftlichkeit geprägt. Wenn man überlegt, worüber Weinbauern sprechen, so doch die meiste Zeit darüber, wie viel Ertrag es gab, wie der Flaschendurchschnittspreis ist, wie die Stöcke noch enger gepflanzt werden können, um noch mehr Trauben und noch mehr Qualität zu bekommen.

Und wenn wir schon so kritisch auf unseren Weinberg schauen, dann liegt es auch nahe, zu erleben, dass ein Weingarten auch etwas militaristische Züge trägt: Wie Soldaten stehen die Reben im Spalier aufgereiht. Sie stehen da nebeneinander und werden hineingedrillt in ein Korsett aus Pfählen und Draht. Wie passt so eine Art der Kultivierung, die heute eine nicht hinterfragte Selbstverständlichkeit ist, zum urinnersten Wesen der Pflanze? Wie kann sich eine Pflanze in einem derartigen System zurechtfinden und ihr Sein ausleben? Welche Stimmung, welche Informationen kann die Rebe uns dann noch in ihren Früchten, ihren Gaben übergeben?

Wir stellten uns daher auf unserem Hof im Burgenland die Frage, wie wir diese starre Architektur der Rebzeilen aufbrechen könnten, auch mit der selbst gestellten Anforderung, Vielfalt in den Weinberg zu bringen – und das alles auch mit Rücksicht auf Praktikabilität und Wettbewerbsfähigkeit. Wir sehen uns im 21. Jahrhundert und wir haben unsere Traktoren, die durch die Felder fahren. Wir können nicht alles von einem Tag auf den anderen wieder auf die Pferdekultivierung umstellen. Das war auch ein für die ganze Familie wichtiges Argument: praktikabel zu bleiben und in kleinen Schritten weiter zu gehen. So haben wir vor einigen Jahren begonnen, unseren größten, elf Hektar umfassenden Weingarten als Pilotprojekt weiter zu entwickeln. Wir entschieden uns, Reben herauszunehmen, um Platz für andere Pflanzen und Lebewesen zu schaffen. Es ergaben sich dabei Inseln in Tropfenform, die es dennoch erlauben, mit dem Schlepper und Gerätschaften durch die Reihen zu fahren und im Weinberg zu arbeiten. Und so legten wir 27 Inseln an. Uns war es wichtig, eine Vielzahl von Sträuchern zu haben. Viele wurden aus der Umgebung aus überständigen Windschutzgürteln ausgegraben, andere sind nicht hier heimisch, jedoch sehr wertvoll für die Bienen und Insekten. In einer solchen Insel befinden sich ein großer Baum, ein Obstbaum, verschiedene Gehölze, Büsche, Sträucher. Wir brachten schließlich auch Getreide, Kürbisse und anderes extensives Gemüse, das sich selbst aussamen kann, in diesen Weinberg ein. Unser Ziel ist dabei, dass die Inseln mit den Jahren komplett autark werden. Sie sind eine Art Biodiversität-Hotspot in unseren Weingärten.

Insekten und Vögel sind grundsätzlich rar im Weinberg, wenn sie jedoch da sind, kommen sie zuhauf, sehr gezielt und kompakt. Die Stare beispielsweise kommen im großen Schwarm, nicht in kleinen Grüppchen, es sieht oft nach einer Invasion aus. Sie haben sich zusammengerottet und ziehen von Lebensraum zu Lebensraum, sind aber in keinem mehr richtig eingebunden. Jeder Vogel braucht seinen Baum. Jeder Baum hat seinen eigenen Charakter, seine besondere Ausstrahlung, seine eigene Aura, und die zieht eine gewisse Vogelart an. So wie es im Oberen ist, so ist es auch im Unteren, im Erdigen. Jeder Baum hat seine eigenen Würmer und seine ganz bestimmten Larven und Mikroorganismen. Bäume und Tiere, die ganze Vielfalt an Organismen auf unseren „Inseln“ ergeben

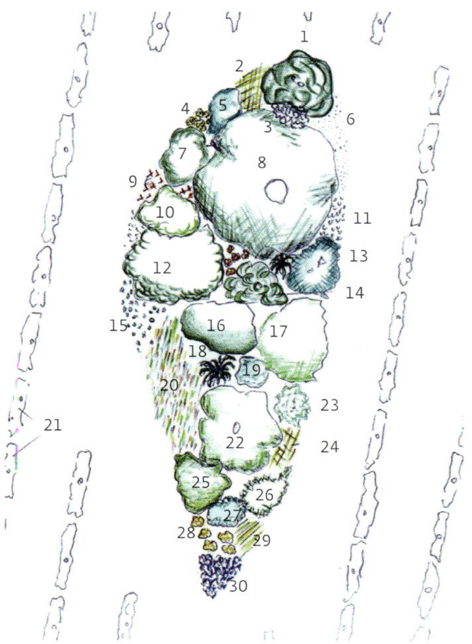

Abb. 52 und 53
Inseln der Vielfalt in den Meinklang-Weingärten: links Kartierungsskizze; rechts Luftbildaufnahme[13]

einen lebendigen Organismus, in dem sich alles gegenseitig stützt und trägt. Es dauert natürlich eine Weile, bis sich solche Inseln etablieren – für uns war es nicht immer einfach: Einmal war es zu trocken im Sommer, dann froren Bäume im Winter ab oder die Wühlmäuse fraßen die Wurzeln. Wir mussten die Bäume dreimal nachpflanzen. Vieles wird durchgesiebt, bis klar ist, was für den jeweiligen Standort geeignet ist, bis sich schließlich ein vielschichtiges Ökosystem aufbauen kann. Gewiss ist jedoch: Diese Inseln bringen eine andere Stimmung in ihr Umfeld.

Viele sagen, wenn sie von unserem Projekt erfahren: „Das geht in unserer Gegend gar nicht, wir haben zu viel Wasserstress oder Nährstoffarmut, das kann gar nicht funktionieren." Es funktioniert aber trotzdem. Es ist wichtig, dass man immer auch das Herz und das Gefühl sprechen lässt, weil sich nicht alles mit dem Verstand regeln lässt. Die Rebkultur, die über tausende von Jahren entwickelt wurde, hat sich in den letzten Jahrzehnten extrem verändert. Es ist so viel industrialisiert und technisiert worden, dass man ganz weit abgerückt ist von der Idee, dass es auch eine „natürliche Weinkultur" geben könnte. Wenn man mit natürlichen Botschaften und Überlegungen kommt, dann gilt das als nicht vorstellbar, als nicht annehmbar. Man muss sehr viel Überzeugungsarbeit leisten, wenn man etwa von einer „Urinformation" spricht, weil dies im Menschen schon so weit verdrängt ist. Dennoch, in einem jedem von uns findet sie sich in seinem Innersten, und sobald man sich damit beschäftigt und anfängt, diesen Weg zu gehen, und sich dem öffnet, entwickelt man ein immer stärkeres Gefühl dafür.

Der Nicht-Schnitt

Im Jahr 2001 haben wir begonnen, einen ausgewählten Weingarten gezielt nicht mehr zu schneiden. An der Universität Geisenheim hatte man uns zuvor den sogenannten Minimalschnitt vorgestellt. Das war das erste Mal, dass ich überhaupt mit verschiedenen Schnittsystemen in Kontakt kam. Und so setzten wir uns in der Folge mit der Frage auseinander: Warum schneidet man die Rebe eigentlich? Die Rebe ist apikal dominiert. Sie hat immer einen Leittrieb. Mit dem Schnitt wird jedes Mal diese natürliche Ordnung weggenommen. Die Rebe muss sich nach jedem Schnitt, sei es im Winter oder im Sommer, wieder neu ausrichten und muss erneut diesen Leittrieb, diesen Führungstrieb aufbauen.

In diesem Zusammenhang ist es auch wichtig, den Jahresrhythmus zu beachten. Nach der Wintersonnenwende stellt sich die Pflanze auf das vegetative Wachstum ein. Bis zur Sommersonnenwende ist Triebigkeit die oberste Priorität. Mit dem Erreichen des höchsten Sonnenstandes stellt sich auch die Pflanze um und beginnt mehr und mehr in das generative Wachstum überzugehen und ihre Kraft auf das Heranbilden der Früchte und Samen zu legen. Findet in dieser Zeit das Wipfeln statt, wird die Rebe aus ihrer natürlichen Balance gerissen und ist gefordert, wieder ins Wachsen zu kommen, um erneut einen Leittrieb auszubilden. Es ist also eine der inneren Ordnung völlig widerstrebende Bewirtschaftungsmethode. Dem Laien sei an dieser Stelle gesagt: Wipfeln im Sommer ist notwendig, damit die über das Drahtgerüst hinauswachsenden Triebe nicht durch Windeinfluss von selbst umknicken und sich dann welkend über die anderen Triebe legen.

Minimalschnitt ist genau genommen eine technisierende Bewirtschaftungsmethode. Nach umfangreichem Studium folgt die Erkenntnis, dass sich das System des Minimalschnitts nur sehr begrenzt durchsetzt. Als Minimalschnitt kann man sich die Pflege der Reben gleich einer Thuja-Hecke vorstellen. Mit rotierenden Messerbalken wird die Rebenreihe zu einer quadratischen Hecke immer wieder und wieder zurückgestutzt. Der Neuaustrieb findet folglich noch intensiver statt, und die Rebe steht in einem noch größeren Ungleichgewicht. Die manuelle Arbeit wird dabei ausgeblendet und stattdessen wird versucht, einen Rebberg noch maschineller zu bewirtschaften. Das wurde sehr viel in Australien angewendet. Auch die Ernte findet dort maschinell statt.

Damals waren wir jung, revolutionär durchdrungen und sagten uns: „Wir hören ganz auf, die Reben zu beschneiden. Wir probieren das jetzt einmal aus." Wir nannten unser System „Nicht-Schnitt" – und ich betrachte das als eine harmonisierende Bewirtschaftungsmethodik. Auf diese Weise stellten wir einen Hektar Weingarten um. Er hatte bereits auf der Rodungsliste meines Vaters gestanden, daher war es für uns leichter, dieses Risiko einzugehen. Wir wussten zu dem Zeitpunkt nicht, welche Veränderungen sich ergeben würden. Die ersten beiden Jahre waren recht unharmonisch und von üppigem Wachstum geprägt. Eine frisch geschnittene Rebe hat viel Kraft, sie kann zwei bis drei Meter lange Triebe hervorbringen. Es ist auch verständlich, wenn sie immer so in ihrer Entwicklung zurückgestutzt wurde, dass sie nun aus voller Kraft heraus wachsen will. In der Nicht-Schnitt-Methode gibt es nach einer etwa dreijährigen Umstellungsphase nur noch 20 bis 30 Zentimeter Triebwachstum. Mit den Jahren verholzt das Innere der Laubwand, und die Triebe befinden sich lediglich an der Außenseite. Durch die Beschattung der äußeren Triebe entwickeln sich innen auch keine Knospen mehr. Im Inneren entsteht ein vorteilhaftes Mikroklima mit guter Luftzirkulation, die Triebe hängen alle locker und frei an der Außenseite voll in der Sonne. Es ist ein sehr harmonischer Eindruck. Der Rebstock hat mehr Triebe, und man hat auch sehr viele Trauben, jedoch sind die Trauben sehr klein. Viele kleine Beeren haben viel mehr Schale in Relation zum kleineren Volumen und somit weniger Saft. Das aber genau ist unser Ziel: Wir wollen sehr extraktreiche und konzentrierte Weine produzieren, und das auf natürliche Art und Weise. Daher stellten wir keine Versuchsanstellungen und Vergleiche an, jedoch wissen wir aus der betrieblichen Praxis: Diese sind immer die reifsten Trauben in unserem Betrieb. Jedes Jahr werden problemlos alle Öchslegrade erreicht. Insgesamt ist eine extrem schöne Gesundung festzustellen. Die dicken Beerenschalen besitzen auch mehr natürliche Resistenz. Auf eines ist jedoch zu achten: den Rebberg in der Hauptwindrichtung anzulegen und gute Stützpfeiler zu verwenden. Von unserer Nicht-Schnitt-Methode sind wir so angetan und begeistert, dass wir darin eine große Zukunft sehen und mittlerweile schon drei weitere Weingärten umgestellt haben. Es ist eine sehr extensive Bearbeitung über das ganze Jahr; die Ernte spitzt sich dann allerdings zu. Im Vergleich: wir arbeiten im Nicht-Schnitt auf einem Hektar mit 50 Erntehelfern an einem Tag. Das ist sehr oft eine herausfordernde Suche nach den überall in der Laubwand verteilten Trauben.

Als Weinbauern sind wir ständig gefragt, die richtige Methode zu finden und sie zu integrieren – und vor allem mit offenen Augen unserem Umfeld zu begegnen und das ureigene Wesen in allem zu erkennen. Für uns ist diese Methode des Nicht-Schnitts ein spannender Weg in die Zukunft, ganz an die Pflanze und ihren Rhythmus zu denken und nicht nur die eigenen Befindlichkeiten als Mensch in den Vordergrund zu stellen, alles praktikabel und technisierbar haben zu wollen – und in diesem Trott die Erkenntnis- und Beziehungsfähigkeit zu verlieren.

Begrünung im ökologischen Weinbau – fruchtbarer Boden im Weinberg

Matthias Wolff

Meist extrem verdichtet

Die Situation der Mehrzahl unserer heutigen Weinbergböden ist geprägt von einem deutlichen Humusmangel. Zu den Ursachen zählen zum einen die Offenhaltung der Böden – zuerst manuell (z. B. Hacke), später dann mechanisch (z. B. Fräse) –, und zum anderen haben Flurbereinigungsmaßnahmen, die auf Bodenstrukturen keinerlei Rücksicht nahmen, ihre Spuren hinterlassen.

Abgesehen von unsachgemäßer Bearbeitung entstehen Bodenverdichtungen, weil der unbelebte, humusarme Boden wegen fehlender „Lebendverbauung" Bodenfeinstteile nicht halten kann. Diese werden bei jedem Niederschlagsereignis nach unten eingeschwemmt. Mit sinkender Versickerungsgeschwindigkeit und den natürlicherweise nach unten immer enger werdenden Bodenkapillaren lagern sich diese Feinstteile ab und „verdichten" so mit der Zeit den Boden.

Im Ackerbau vollziehen sich zwar ähnliche Prozesse, jedoch wird dort – im Gegensatz zu den Dauerkulturen Obst- und Weinbau – zwischen den einzelnen Fruchtfolgen zumindest oberflächlich der Boden bearbeitet. Dadurch kommt es über die Ernterückstände zu einem gewissen Humuseintrag und vor allem zum Gasaustausch, beides Faktoren, die erhebliche Rollen für die Bodenfruchtbarkeit spielen.

Im Weinbau dagegen ist es seit geraumer Zeit überwiegend üblich, ganzflächig zu „begrasen". Diese „Begrünung" wird jahrelang belassen und höchstens gemulcht. Auf- bzw. umgebrochen wird selten.

Ein weiterer ausschlaggebender Grund für die massiven Bodenverdichtungen unserer Weinbergböden ist die inzwischen zum Standard gewordene Mechanisierung. Betriebswirtschaftliche Überlegungen haben dazu geführt, dass nahezu alle ehemals von Hand ausgeführten Arbeiten im Weinberg mechanisiert sind. Eine hohe Anzahl von Traktorüberfahrten ist die Folge – mit der entsprechenden Folge der Bodenverdichtung.

Führen wir uns jetzt noch vor Augen, dass die Schlepper (oft zu stark, zu schwer, falsch bereift oder mit dem falschen Reifendruck) aufgrund der heute noch üblichen engen Rebzeilen gezwungenermaßen immer in derselben Spur fahren; dass die Reben oft am Hang stehen, d. h. Überfahrten prinzipiell mit mehr oder weniger Schlupf verbunden sind; dass Pflanzenschutzmaßnahmen oftmals bei ungünstigen, sprich nassen Bodenverhältnissen durchgeführt werden müssen.

Wer sich Voranstehendes klarmacht, kann sich vorstellen, wie die Böden unter der scheinbar heilen, grünbegrasten Welt aussehen. Spatendiagnosen bringen es an den Tag: Unter der Begrasung folgt, meist unabhängig von der Bodenart, eine durchwurzelte Krume von maximal fünf Zentimetern Tiefe! Darunter folgt

Abb. 54 und 55
Bienenfreundliche
Grüneinsaat im Weinberg.
Unten: Vigne en vie
Champagne Marie Courtin[14]

verdichteter Boden, oftmals ohne jegliche Durchwurzelung, ohne Wurmgänge oder sonstige Anzeichen eines belebten, fruchtbaren Bodens. Schwer vorstellbar, wie sich die Reben unter diesen Bedingungen ausreichend ernähren können.

Scheinlösung: wasserlöslicher Dünger

Wer die bisherigen unterschiedlichen Düngeempfehlungen für den Weinbau mit ihren jeweiligen Folgen und Ergebnissen verfolgt hat, kommt der Lösung sofort auf die Spur: In solchen „toten" Böden kann die Nährstoffversorgung der Reben nur über die Zwangsernährung mit wasserlöslichem Dünger erfolgen. Diese Form der Versorgung kann zwar prima funktionieren, doch die damit verbundenen Gefahren sind längst hinreichend bekannt. Unter anderem ist die Nährstoffhaltefähigkeit bei den meisten unserer Weinbergböden extrem gering, bedingt durch fehlende Belebung und mangelnden Humus. Folge war und ist bei wasserlöslichen Düngern, vor allem bei Stickstoff, die Auswaschung nach unten bis ins Grundwasser.

Wird nun vernünftigerweise mit reduzierten Stickstoff-Mengen gedüngt, zeigen die Reben – je nach Humusgehalt der Böden unterschiedlich deutlich –, dass keinerlei weitere Nachlieferung bzw. Umsetzung im Boden stattfindet, ja dass womöglich die Stickstoff-Gabe allenfalls der Begrasung zugute kommt. Die eventuell stattfindende Umsetzung der gemulchten Grünmasse reicht gerade einmal zur Versorgung der Grasbegrünung und die so freigewordenen Nährstoffe kommen bei den Reben zu spät an.

Die Reben reagieren auf eine solcherart reduzierte Düngung innerhalb von wenigen Jahren mit deutlich schwächerem Wuchs bis hin zur Verkümmerung. Und der Ertrag geht in bedeutendem Maße zurück, ebenso die Qualität der Trauben. Den daraus entstehenden Weinen fehlt trotz „Mengenreduzierung" die Stoffigkeit, der Extrakt. All dies wird in einem trockenen Jahr noch verstärkt.

Diese schmerzhafte Erfahrung mussten in der Vergangenheit alle Betriebe machen, die auf biologischen Weinbau umstellten und dabei vergaßen, die Umstellung bei den Böden zu beginnen. Obwohl derzeit genügend Erfahrungen vorliegen und z. B. durch Beratung weitergegeben werden, machen immer noch viele Betriebsleiter bei der Umstellung diesen Fehler und zahlen entsprechend Lehrgeld.

Zur harmonischen Ernährung der Reben gehört eine intakte Bodenfruchtbarkeit. Ohne eine solche können ein gesundes Wachstum und eine damit verbundene befriedigende Entwicklung der Trauben mit dem Ziel hochwertiger Weine im ökologischen Weinbau nicht erfolgen.

Anforderungen an die Begrünung im ökologischen Weinbau und ihre Umsetzung

Aus dem bisher Erwähnten wird ersichtlich, dass an die Begrünung im ökologischen Weinbau weitergehende Anforderungen gestellt werden als bislang allgemein in der Praxis üblich. Es genügt nicht, dass die Einsaat schnell aufläuft, damit die Gassen schnellstmöglich wieder befahren werden können.

Eine Begrünungseinsaat sollte für das Bodenleben und den Bodenaufschluss unterschiedlichste Wurzelarten entwickeln können, worunter besonders auch solche sein sollten, die in der Lage sind, tief hinunter zu wurzeln, auch durch Verdichtungen hindurch.

Ein weiterer Aspekt der Begrünung ist die Förderung der Insektenvielfalt. Gerade in der Dauerkultur Rebe wirkt sich dies außerordentlich positiv aus. Die

Erfahrungen zeigen, dass sich in mehrjährigen, vielfältig blühenden Beständen selten eine Insektenart zum „Schädling" entwickeln kann, da diese einseitige Entwicklung durch die Anwesenheit ihrer natürlichen „Feinde" meist verhindert wird. Dazu bedarf es eines Pflanzengemenges mit unterschiedlichsten Blütenarten (Dolden-, Korb-, Schmetterlingsblüten usw.), das idealerweise vom zeitigsten Frühjahr bis in den späten Herbst durchgehend blüht. Abgestorbene, verholzte Pflanzenreste, die als Überwinterungsquartier dienen können, sind ebenfalls erwünscht.

Und „last, but not least" wird der Nährstoffversorgung der Reben mit Hilfe der Begrünung eine enorme Bedeutung zugemessen. Hier sei nicht allein an den Stickstoff gedacht, den unter anderem die Leguminosen, mit ihrer Fähigkeit zur Symbiose mit luftstickstoffbindenden Bakterien, bei entsprechender Bodenstruktur auch in tiefere Schichten bringen können. Es ist die Wurzelmasse der

Abb. 56
Durchwurzelung des Bodens durch Leguminoseneinsaat[15]

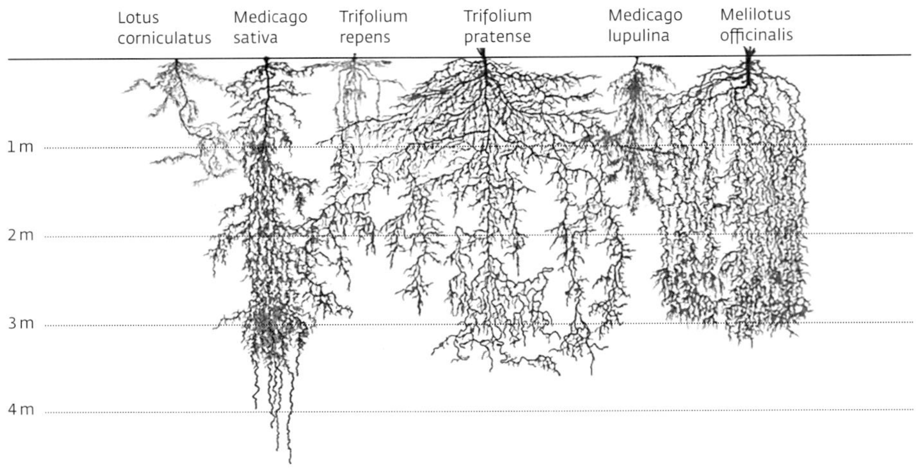

Begrünung insgesamt, die zur Belebung des Bodens beiträgt, da sie Nahrung für das ganze Bodenleben zur Verfügung stellt. Je mehr unterschiedlichste Wurzelarten vorhanden sind und je größer die Wurzelmasse ist, desto vielfältiger kann sich das Bodenleben entwickeln.

In den Jahren der aktiven Suche nach optimalen Lösungen hat sich gezeigt, dass wir nicht umhinkommen, im ökologischen Weinbau in regelmäßigen Abständen umzubrechen und neu einzusäen, weil sich die Sünden der Vergangenheit nicht mit *einer* Maßnahme beheben lassen. Gleichzeitig bestehen arbeitswirtschaftliche Zwänge: Betriebswirtschaftliche Gründe („Arbeitszeit"!) zwingen uns zu rationellem Arbeiten, sprich zur „Supermechanisierung". Jede mit Maschinen ersetzte Handarbeit im Rebberg bringt jedoch durch zusätzliche Überfahrten in zumeist immer derselben Spur weitere Verdichtungen mit sich.

Neueinsaaten sind nötig

Beim Aufbau und Erhalt der Bodenfruchtbarkeit kommen wir im ökologischen Weinbau um regelmäßige Neueinsaaten oder wenigstens Lockerungen unter bestehenden Begrünungen – was technisch noch nicht ganz ausgereift ist – nicht herum. Allerdings können die Zeitabstände für diese Arbeiten im zunehmend besser „funktionierenden System" länger werden, ohne dass die Reben dies „übelnehmen".

Böden, die stark verdichtet sind, denen es zudem an Humus fehlt, lassen sich nur sehr langsam beleben. Soll es schneller gehen, lässt sich geschickt mechanische Lockerung mit biologischer Lockerung kombinieren. Die mechanische Lockerung könnte beispielsweise mit einem Wühlpflug, Schichtengrubber oder Abbruchlockerer durchgeführt werden, was in einem Brachfeld um ein Vielfaches einfacher geht als in bestehenden Anlagen. Die biologische Lockerung unter dem mechanischen Lockerungshorizont wird von pfahlwurzelnden Begrünungspflanzen vorgenommen, während ihre feinwurzelnden Kollegen die mechanische Lockerung in der Oberkrume lebendverbauen.

Mit Kurzzeitbegrünungen kann die schnellste Wirkung erzielt werden, da vor jeder Neueinsaat mechanisch gelockert werden kann. Über Winter wachsende Gemenge, wie Wickroggen (Winterwicke mit Winterroggen), eventuell mit Erbsen und/oder Inkarnatklee angereichert, seien hierbei als besonders nützlich hervorgehoben. Selbstverständlich können auch Sommerbegrünungen mit Schwerpunkt auf Leguminosen zum Aufbau von Humusmasse und zur Belebung des Bodens beitragen.

Nicht in allen Regionen kann – meist witterungsbedingt (Wasserkonkurrenz) – eine Serie von Kurzzeitbegrünungen zur schnellen Bodenkurierung durchgeführt werden. So ist es im ökologischen Weinbau derzeit praxisüblich, immer dann, wenn das Jahresklima eine Einsaat zulässt, im rollierenden System jede zweite Gasse umzubrechen und neu einzusäen. Meist zeitgleich wird mit Kompost, abgelagertem Mist oder anderem organischen Material, wie Stroh, Rinde oder/und Trester, versucht, den Aufbau von Humus zu unterstützen.

Die Arbeiten im Weinberg – also das Ausbringen von organischer Masse, Saatbettbereitung, mechanische Lockerung – werden gerne im späten Winter bzw. im zeitigen Frühjahr erledigt, da zu dieser Zeit der Boden meist gefroren oder gut abgetrocknet ist, sodass die Arbeiten mit schweren Maschinen keine größeren Bodenschäden verursachen können. Darüber hinaus ist der Boden noch recht kalt, sodass Umsetzungstätigkeiten nur minimal stattfinden und die Gefahr des Nährstoffaustrages nach unten so gut wie ausgeschlossen ist.

Zur Anwendung kommt derzeit ein Umbaugemenge, dessen gewichtsmäßige Hauptbestandteile aus dem „Hohebuch-Gemenge" stammen. Dieses wird geschickt angereichert mit mehrjährigen pfahlwurzelnden Leguminosen, je nach Bodenart können dies Luzerne, Esparsette, Schwedenklee, Bokharaklee, Serradella, Lupine etc. sein.

Um den Aspekt der Blütenvielfalt für die Insekten verstärkt zu berücksichtigen, wird die obige Mischung mit allerlei Kräutern angereichert, sodass eine Vielfalt von ca. 40 Pflanzenarten entsteht.

Im Handel befinden sich etliche Kräutermischungen, stellvertretend seien zwei hier angeführt, die sich bisher als recht gut geeignet erwiesen haben. Dies ist die „Bienenweidemischung Nr. 89 (Tübinger Mischung)" sowie die „Würzfuttermischung". Wichtig bei der Zusammenstellung solcher Gemenge ist, dass die Saatmengen der einzelnen Pflanzenarten jeweils günstig gewählt werden, damit keine Art dominant werden kann, da sie sonst andere wiederum unterdrücken würde.

Mit diesem Grundgemenge, je nach Bodenart verändert, arbeiten nunmehr seit 25 Jahren viele ökologische Weinbaubetriebe in ganz Europa mit gutem Erfolg.

Probleme bei der Aussaat bereiteten oft die unterschiedlichen Samengrößen (z. B. Klee und Erbse). Die in der Landwirtschaft gebräuchlichen Drillmaschinen haben damit meist keine Probleme – jedoch ist diese Technik im Weinbau noch längst nicht gebräuchlich. Dem Rechnung tragend, wurde oben beschriebenes Gemenge verändert. Die großsamigen Erbsen wurden durch andere Leguminosen ersetzt.

Erwähnenswert ist, dass je nach Standort sich diese Gemenge anders präsentieren und entwickeln. Die vielfältige Zusammensetzung lässt es zu, dass jeder Standort ein reichhaltiges Wurzel- als auch Blütenangebot erhält.

Selbstverständlich ist das nicht, denn es gibt einige Unwägbarkeiten, die alle Mühen zunichtemachen können: Dies sind zum Beispiel feuchte Jahre, in denen es schwierig ist, den geeigneten Zeitpunkt für die Bodenbearbeitungsmaßnahmen zu finden. Zudem können sich Schnecken in Scharen einfinden, denen offensichtlich das meiste schmeckt, was gerade auskeimt. Auch ältere Leguminosen- und Kräuterbestände können von ihnen teilweise radikal gelichtet werden.

Trockene Jahre als Gegensatz: Die Winterfeuchte genügt, um die Saat keimen zu lassen, jedoch müssen die jungen Pflänzchen vertrocknen, wenn weitere Niederschläge ausbleiben.

Auch eigene Fehler bei der Begrünungsführung lassen das schöne Bild von der Vielfalt rasch verschwinden: Zu oft und zu tief gemulcht, und aus jeder noch so schönen Begrünung wird innerhalb einer bis zwei Vegetationsperioden eine einseitige Begrasung, die den eingangs erläuterten Aspekten nicht annähernd gerecht wird.

Um den „Artenschwund" so lange wie möglich hinauszuzögern, ist in den letzten Jahren vom oftmaligen Mulchen zugunsten vom Walzen abgesehen worden. Es wird damit erreicht, dass vieles bis hin zur Samenreife weiterblühen kann und dann womöglich auch einjährige Pflanzen über Eigenaussaat im Bestand verbleiben.

Je nach Saattermin, Saattiefe, Bodenart oder auch Zustand des Bodens bei der Saat und nach dem Auflaufen können sich anfangs einzelne Pflanzenarten sehr dominant entwickeln (in der Regel sind dies die Einjährigen: Phacelia, Senf, Buchweizen, Wicke, Ölrettich). Dies gilt es genau zu beobachten, um rechtzeitig durch hohes Mulchen einzugreifen. Wird das versäumt, so hat man zwar eine blühende Pracht – jedoch nur für ein Jahr. All die mehrjährigen Leguminosen und Kräuter ersticken derweil unter der Blattmasse der Einjährigen.

In Jahren mit knapper Winterfeuchte und in Regionen mit überwiegend trockener Vegetationsperiode müssen die Begrünungsmaßnahmen behutsam getroffen werden. Auf Böden mit knappem Wasserhaushalt kann gut mit Kurzzeitbegrünungen über Winter gearbeitet werden. Der Umbruch dieser Begrünung erfolgt im Frühsommer, und der Boden wird danach idealerweise über den Sommer abgedeckt. In ansonsten „feuchten" Regionen, in denen das eingangs geschilderte Idealbild normalerweise praktiziert werden könnte, kann man durch einen trockenen Winter mit darauffolgenden unzureichenden Frühjahrsniederschlägen gezwungen sein, sich vom Wunschbild ganzflächiger Begrünung zumindest für dieses trockene Jahr zu verabschieden. Sollen Ertrag und Qualität nicht leiden, so muss – der ausreichenden Versorgung der Reben mit Nährstoffen und Wasser willen – zumindest in jeder zweiten Gasse die Begrünung nachhaltig gestört werden. Dazu reicht es oftmals schon, die Begrünung rechtzeitig mit einem Schichtengrubber zu unterfahren – je nach Grad der Trockenheit auch ganzflächig. Ist der Wasserhaushalt wieder ausgeglichen, kann mit der Begrünung fortgefahren werden.

Zusammenfassung

1. Dem Aufbau und Erhalt der Bodenfruchtbarkeit gilt das Hauptaugenmerk im ökologischen Weinbau. Darüber hinaus sollte angestrebt werden, im Weinberg eine Insektenvielfalt aufzubauen und zu erhalten, welche die Entwicklung von „Schädlingen" zu verhindern weiß.
2. Bei der Umstellung des Bodens ist es oftmals geschickt, mit Kurzzeitbegrünungen zu arbeiten – ansonsten werden mechanische und biologische Lockerung kombiniert eingesetzt. Organische Masse, am besten in Dauerhumusform, unterstützt den Bodenaufbau.
3. Umbaugemenge, die sich aus einjährigen und mehrjährigen Meliorationspflanzen in Kombination mit vielfältig blühenden Kräutermischungen zusammensetzen, haben sich bewährt.
4. Für eine erfolgreiche Einsaat ist neben dem richtig gewählten Termin vor allem eine gute Saatbettbereitung von Bedeutung.
5. Bei der Begrünungsführung wird meist dem Walzen der Vorzug vor dem Mulchen gegeben. Eine länger verbleibende, vielfältige Begrünung ist das Ergebnis.
6. Gerade auch bei der Begrünung sind die Standortbedingungen – (Jahres-)Klima, Boden – zu berücksichtigen.

Literatur zum Thema:

Gerhardt Preuschen: *Der ökologische Weinbau*, Stiftung Ökologie & Landbau, Bad Dürkheim 1983

Gerhardt Preuschen: *Die Kunst der Gründüngung*, Graz-Stuttgart 1983

ANLAGE 1

Gravierende Veränderungen im Weinbau in den vergangenen ein/zwei Generationen (eine Auswahl)

- Sämtliche früher von Hand durchgeführten Arbeiten sind inzwischen mechanisiert, vom Rebschnitt über alle Kulturarbeiten bis hin zur Lese.
- Folge sind zahlreiche Überfahrten mit laufend schwerer werdenden Schleppern, zwangsläufig (Dauerkultur => Engpflanzung) immer in derselben Fahrspur.
- Dies führt unweigerlich zu Bodenverdichtungen.
- Der Wurzelraum der Reben wird enorm verkleinert.
- Das Bodenleben wird auf ein Minimum verringert.
- Meist ist die Begrünung der Rebgassen eine einseitige Begrasung (Monokultur), die eine ökologische Vielfalt nicht zulässt.
- Folglich kann in solchen Böden eine ausreichende Ernährung der Reben nur durch wasserlösliche (Stickstoff-)Dünger erfolgen mit bekannten Folgen für das Grundwasser.
- Die vielerorts durchgeführten Flurbereinigungen haben ihr Übriges oder gar den Grundstock dafür gelegt, dass die Bodenfruchtbarkeit stark reduziert wurde.
- Dies alles ist mit ein Grund für die zunehmende Krankheitsanfälligkeit der Reben und der damit einhergehenden Intensivierung des Pflanzenschutzes.
- Der Anfang der 1990er Jahre massiv aufgetretene Weinfehler UTA (untypische Alterungsnote = mediterrane Fehlnote) wurde dadurch unter anderem stark gefördert.
- Für zuletzt genannte Probleme sind natürlich auch die Verarmung der Genetik (Klone, vegetative Vermehrung) und schwachwachsende Unterlagen mit verantwortlich.

ANLAGE 2

Anforderungen an die Begrünung im ökologischen Weinbau

1. Aufbau und Erhalt der Bodenfruchtbarkeit

- Schnelles Auflaufen (Beschattung)
- Schnelle Durchwurzelung (Lebendverbauung)
- Tiefe Durchwurzelung: Vergrößern des Wurzelraumes, Verdichtungen durchdringen
- Reichhaltige, unterschiedlichste Wurzelmasse (Ernährung des Bodenlebens)
- Humusaufbau bzw. -erhaltung

2. Förderung und Erhalt der Insektenvielfalt

- Unterschiedlichste Blütenarten
- Langer Blühzeitraum
- Kontinuierliches Blütenangebot
- Überwinterungsquartiere für Insekten

3. Nährstoffversorgung der Reben mit Hilfe der Begrünung

ANLAGE 3

„Hohebuch-Gemenge“

- Platterbsen
- Futtererbsen
- Winterwicken
- Buchweizen
- Alexandrinerklee
- Inkarnatklee
- Sonnenblumen
- Phacelia

Zielsetzung:

Bodenverbesserung durch

- tiefe Durchwurzelung
- Aktivierung des Bodenlebens

ANLAGE 4

Würzfuttermischung

- Kleiner Wiesenknopf
- Kümmel
- Spitzwegerich
- Wegwarte
- Schafgarbe
- Wilde Möhre
- Petersilie
- Fenchel
- Wundklee
- Hornschotenklee
- Pastinake
- Geruchsgras

Zielsetzung:

- Kräutervielfalt
- Blütenangebot
- Überwinterungsquartier

ANLAGE 5

Bienenweidemischung

- Phacelia
- Buchweizen
- Gelbsenf
- Koriander
- Ringelblume
- Schwarzkümmel
- Ölrettich
- Kornblume
- Malve
- Borretsch
- Dill
- Sonnenblumen

Zielsetzung:

- Kräutervielfalt
- Blütenangebot
- Überwinterungsquartier

ANLAGE 6

Wolff-Mischung

Alexandrinerklee:	3 kg	7,5 %
Bokharaklee:	3 kg	7,5 %
Esparsette:	8 kg	20,0 %
Gelbklee:	2 kg	5,0 %
Inkarnatklee:	3 kg	7,5 %
Luzerne:	3 kg	7,5 %
Perserklee:	2 kg	5,0 %
Phacelia:	1 kg	2,5 %
Schwedenklee:	1 kg	2,5 %
Winterwicken:	10 kg	25,0 %
Bienenweidemischung:	2 kg	5,0 %
Gewürzfuttermischung:	2 kg	5,0 %
Summe:	40 kg	100 %

Das Weingut Zusslin auf dem Weg zu einem landwirtschaftlichen Organismus

Jean-Michel Florin

1997 stellte Jean-Marie Zusslin sein Weingut auf biodynamische Bewirtschaftung um. Seine Kinder Jean-Paul und Marie übernahmen die Geschäftsführung und setzten den eingeschlagenen Weg fort, indem sie den Akzent auf Artenvielfalt und das Konzept des landwirtschaftlichen Organismus setzten. Im Laufe der Jahre wurden verschiedene Maßnahmen durchgeführt, die Schritt für Schritt zu einer neuen Stimmung auf dem Weingut führten – nicht nur im Rebbestand, sondern auch unter den Menschen, die dort arbeiten. Das kann vom Besucher bis in den Geschmack des Weines hinein wahrgenommen werden!

Eins ergab das andere

Die erste Maßnahme war die natürliche Begrünung des Weinbergs. Nach einigen Versuchen zur künstlichen Begrünung entschied sich Jean-Paul Zusslin für die natürliche Begrünung, die mehr die Qualitäten der unterschiedlichen Böden berücksichtigt. Ein Teil der Rebflächen befindet sich auf Kalksteinböden und der andere Teil auf Sandstein. Die gleiche Rebsorte führt so zu unterschiedlichen Ausprägungen in den Weinen, die ja Ausdruck der landwirtschaftlichen Stimmung und der jeweiligen Spontanvegetation im Weinberg sind.

Dann ergab sich mit einer relativ geschützt gelegenen Waldrand-Parzelle von 3,5 Hektar auf einem Sandsteinhügel (dem Clos Liebenberg) die Gelegenheit, weitere Maßnahmen zur Bereicherung der tierischen und pflanzlichen Artenvielfalt zu ergreifen. In einem Winkel der Parzelle wurde am Waldrand ein Obstgarten mit Birnbäumen gepflanzt, der durch die Blüten dieser Rosengewächse Insekten anlocken und somit für die Vielfalt im Weinberg sorgen sollte. Hier sei der Hinweis erlaubt, dass vor noch nicht allzu langer Zeit in der elsässischen Weinlandschaft Hecken aus Quitten, Haselnüssen, Weinbergpfirsichen oder kleine Obstgärten durchaus zahlreich und üblich waren, ganz zu schweigen von den vielen halbwilden Hecken mit Zwetschgen, Schlehdorn, Weißdorn usw.

Zusätzlich fand die Familie Zusslin auch einen Schäfer, der damit einverstanden war, seine Herde im Winter in dem eingezäunten „Versuchs"-Weinberg grasen zu lassen. Für Jean-Paul Zusslin sind die Tiere nicht nur wegen des Mist-Düngers, den sie hinterlassen, interessant, sondern vor allem durch die Stimmung, die sie in den Weinberg bringen – und die von allen Mitarbeitern wahrgenommen wird: Wer von ihnen den Tag in Gesellschaft der Schafe verbracht hatte, redete auch abends noch davon. Und selbst im Sommer, wenn die Schafe schon wieder woanders sind, beschäftigen und begleiten sie noch Seele und Geist der Menschen.

Auch ein Imker ist in den Weinberg gekommen und stellte seine Bienenstöcke auf: Die Bienen werden dank der Obstbäume, der Bodenbegrünung und auch dank des nahe gelegenen Waldes – in dem viele Robinien wachsen, die vormals für die Produktion von Weinstock-Stützpfosten angepflanzt worden waren – genügend Blüten finden.

Ein Vogelkundler brachte unentgeltlich Nistplätze an den Gebäuden an und schuf in den Trockensteinmauern Nistmöglichkeiten für Blau- und Kohlmeise sowie für den Wiedehopf.

Zufuhr von außen

Um für die Düngung den nötigen Kuhmist zu haben, werden schon seit längerem Partnerschaften mit biologischen und biodynamischen Tierhaltern aus den nahe gelegenen Vogesen unterhalten. Der benötigte elektrische Strom wird zu 100 Prozent als sogenannte grüne Energie vom Anbieter Enercoop bezogen. Die Traktoren sind mit kleinen Motoren ausgestattet, die wenig Kraftstoff verbrauchen. Weil diese Traktoren auch nicht so schwer sind, verdichten sie auch den Boden nicht so stark, was für das Leben im Boden wichtig ist. Das Wasser für die Tees, für die Präparate und die Säuberung der Geräte kommt aus dem eigenen Brunnen. Die Präparatepflanzen werden auf anderen biodynamischen Höfen, an naturbelassenen Stellen oder in den Gärten einer Firma zur Herstellung von biologischen Kosmetika gesammelt.

Einsatz von Zugpferden

Ein weiterer Schritt wurde mit der Entscheidung getan, einen Teil der Arbeiten mit Zugtieren zu erledigen. Wieder brauchte man Partnerschaften – und die zum

Abb. 57
Arbeit mit Pferden im Weingarten[16]

Weingut passende Form. Eine in der Arbeit mit Zugtieren ausgebildete Person wurde eingestellt, ein Zugpferd wurde gekauft. Ein weiteres Pferd brachte der neue Angestellte selbst mit. Seither wird ein Teil der Arbeiten (Bodenbearbeitung, Abtransport der Kisten zur Weinlese etc.) mit Pferden erledigt. Ein Pferd verdichtet auch den Boden nicht so stark wie ein Traktor, der mit der Zeit zwei feste Spuren in die Rebgassen zieht.

Die Pferde nehmen einen immer wichtigeren Platz im Herzen des Weinguts sowie in den Herzen von Groß und Klein ein. Marie geht jeden Abend zusammen mit ihren Kindern zu ihnen. Manchmal holt sie sogar die Kinder mit dem Pferd von der Schule ab – eine besondere Attraktion im Dorf, in dem man so etwas seit 50 Jahren nicht mehr gesehen hat. Neuerdings gibt es auch die Möglichkeit, Kutschfahrten mit Familie, Kunden oder Freunden zu machen!

Suche nach Partnerschaften, Freude an Innovationen

Die meisten Schritte hin zur Diversität – insbesondere die Integration von Tieren in den Betrieb – wurden durch die aktive Suche nach Partnerschaften möglich. Für ein Weingut ist es nicht so einfach, eine Tierhaltung aufzubauen. Man muss Kompetenzen schaffen und Leute finden, die das Interesse haben, sich um die Tiere langfristig zu kümmern.

Früher hatten viele Weingüter eine große Strukturvielfalt, da die ganze Familie in der Landwirtschaft mitarbeitete von den Kindern bis zu den Großeltern. Jeder hatte eine Aufgabe, die es zu erfüllen galt. Heute müssen wir solche Lebensformen durch verschiedene Partnerschaften neu aufbauen – das fördert einen gegenseitigen Austausch, den man gelassen und ohne Angst vor Innovation eingehen kann.

Château d'Esther in St. Loubès

Jean-Michel Florin

Nachdem sie erfolgreich als Gastronomen in Paris gearbeitet hatten, kamen Thomas und Eva Fabian auf das Weingut Château d'Esther mit fünfeinhalb Hektar Fläche in St. Loubès an der Dordogne im Département Gironde – zirka 20 Kilometer von Bordeaux entfernt, wo sie Wein (Appellations d'origine contrôlée Bordeaux und Bordeaux Supérieur) biodynamisch erzeugen.

Dieses Anwesen wurde seit Ende des 17. Jahrhunderts zum Anbau von Wein genutzt. Sein Boden ist fruchtbar und reich an Schwemmablagerungen. Mitten durch das Weingut führt ein Wasserweg, auf dem früher der Wein transportiert wurde.

„Nachdem wir dieses Gut übernommen hatten, wurde im Jahr 2001 im Rahmen der Umstellung auf biologischen Weinbau eine totale Umstrukturierung des Weinbergs durchgeführt. 2006 wurde die Bio-Anerkennung erteilt und später auch die biodynamische Anerkennung", so Thomas Fabian.

Die Dordogne, die den Weinberg umgrenzt, bringt eine besondere klimatische Situation mit sich, insbesondere sind hier die vom Atlantischen Ozean kommenden Winde zu erwähnen. Vom Wohnhaus aus sieht man, dass die Strömung und der Wasserpegel des Flusses regelmäßig fallen und steigen. Das ist die Gezeitenwelle, die dieser Landschaft einen ganz besonderen Charme verleiht.

Die Fabians haben das Glück, dass das Gut an einer Seite an einen verlassenen Garten angrenzt und an der anderen Seite an den Fluss. An der dritten Seite findet sich ein kleines Waldstück. Ideale Voraussetzungen für die biodynamische Wirtschaftsweise, da so der Eintrag von chemischen Spritzmitteln von benachbarten Winzern begrenzt ist.

Von Anfang an wurde der Weinberg biologisch bewirtschaftet, und verschiedenste Pflanzenauszüge und Kräutertees dienen der Resistenzbildung und der Stärkung der Reben. Deshalb hat Thomas Fabian auch die Biodiversität auf dem Weingut durch den Anbau verschiedener Pflanzen gesteigert, die er selbst in der umgebenden Landschaft sammelt (und somit nicht kaufen muss). Einen Teil der Pflanzen entnahm er dem Feuchtgebiet Natura 2000, das drei Kilometer vom Anwesen entfernt liegt. Dort findet man vornehmlich Brennnessel, Beinwell und Farne. Andere Pflanzen wie Johanniskraut und Ackerschachtelhalm wachsen ganz in der Nähe. Vor Ort bauen die Fabians Knoblauch sowie Kräuter wie Salbei und Schnittlauch selbst an.

Ein weiterer wesentlicher Aspekt der Bewirtschaftung des Weinguts sind Erhalt und Entwicklung der Diversität in der Tierwelt. Zuerst installierte Thomas Fabian in Zusammenarbeit mit dem Vogelschutzverein LPO zahlreiche Brutkästen auf Pfosten jeweils am Eingang zu den Rebzeilen. Derzeit finden sich auf Château d'Esther gut 100 Brutkästen, von denen mehr als 70 Prozent bewohnt sind.

Abb. 58
Weinbau in Stadtnähe[17]

Abb. 59
Schönheit auch im Weinkeller[18]

Auch Nistkästen für Fledermäuse wurden gebaut und installiert. Fledermäuse sind insektenfressende Säugetiere, geschätzte Jäger der Nachtfalter, die als Parasiten im Weinberg betrachtet werden, die Nachteule und die Wickler.

Um Insekten und Kleintiere anzulocken, wurden verschiedene Beerensträucher und Obstbäume (Pfirsichbäume, Birnbäume, Apfelbäume, Aprikosenbäume, Nektarinenbäume, verschiedene Pflaumenbäume) zwischen die Rebzeilen oder an den Rand der Parzelle gepflanzt. Übergangsweise wird erwogen, ein zusätzliches Einkommen durch den Verkauf des Obstes zu erzielen, denn die Obstbäume bereiten momentan viel Arbeit in Pflege und Schnitt.

Seit 2014 hat Thomas Fabian nun ein Rind vor Ort: für seine tierische „Ausstrahlung" und auch, um über Kuhfladen für die Kompostierung zu verfügen. Von einem befreundeten Züchter kaufte er dieses Bio-Rind, das im Winter und zu Beginn des Frühjahrs das Gras zwischen den Reben frisst. Dies war eine neue Herausforderung, denn ein Stall musste gebaut werden und das ganze Jahr über muss sich jemand um das Tier kümmern.

Tiere in den Rebberg integrieren – Seresin Estate, Neuseeland

Colin Ross

Seresin Estate ist ein Weingut in Neuseeland. Eigentümer ist der Filmemacher Michael Seresin aus Hollywood. Ihm ist es ein Anliegen, mit einer sozialen, spirituellen und ökologischen Wirtschaftsweise noble Weine – mit einem entsprechenden Marktwert – zu erzeugen. Eine Besonderheit ist die vielfältige Integration von Tieren in die Weinberg-Bewirtschaftung. Dazu bedarf es entsprechender Rahmenbedingungen.

Die Rebgärten haben verschieden breite Gassen (2; 2,5; 3 m) und unterschiedliche Spalierformen (der Draht befindet sich auf 80 bzw. 100 cm Höhe). Auf 50 cm Höhe befindet sich ein Gießschlauch. Die Fruchtzone ist auf etwa 1 bis 1,3 m. Die Reben sind zwischen zehn und zwanzig Jahren alt. Fast im ganzen Weinberg wird die Kordonerziehung mit jährlichem Rebschnitt gepflegt. Das Spalier besteht aus Pfosten mit 10 bis 12,5 cm Durchmesser und ist so stabil, dass es auch das Anlehnen größerer Tiere, wie Kühe und Pferde, aushält. Die Schafe können unter dem Kordon hindurch, während Kühe und Pferde in den Reihen gehalten werden. In den Rebgassen wächst entweder ein permanenter Grasbestand, oder es wird in einer ausgewogenen Rotation landwirtschaftlicher Anbau betrieben. Es gibt auch Geflügel, das in mobilen Gehegen in den Weingärten herumlaufen kann.

Weide und Fütterung

Außerhalb der Weingärten wurden Weideflächen geschaffen, und es wird Heu auf unbebauten Flächen gemacht. Dies wird für die Fütterung der Tiere während der Wachstumsperiode des Weins genutzt.

Die Weiden bestehen aus einer Mischung von Klee, Wegerich-Gewächsen, Zichorie und Gräsern. Es wird erst nach der Blüte und Samenbildung gemäht,

Abb. 60 Biodynamischer Weinbau in Neuseeland auf dem Seresin Estate[19]

und, um die Selbstaussaat zu fördern, wird auch oft nur partiell gemäht. Die Mahd wird als widerstandsfähiger Mulch unter die Rebstöcke gebracht.

Schafe

Nach der Traubenernte werden die Schafe in den Weinberg gebracht, sodass sie etappenweise und intensiv den Weinberg begrasen. Dadurch wird der Bereich unter den Reben vor dem Anbau im Frühjahr gesäubert. Die Schafe werden vor dem Aufgehen der Knospen und vor der Kultivierung wieder aus dem Rebberg genommen. Pro fünf Hektar haben wir etwa 300 Lämmer, was für jeden Standort etwa zwei Wochen Begrasung im Winter ergibt. Die Schafe werden durch einen beweglichen Elektrozaun in einer begrenzten Fläche gehalten. Wenn die Trauben etwa erbsengroß sind, werden noch einmal zirka 50 Schafe pro Hektar durch den Rebberg gelassen, damit sie die Blätter abfressen. Da ist es wichtig, die Schafe im Auge zu behalten und sie rechtzeitig weiter zu treiben, sodass kein Schaden angerichtet wird. Sie müssen spätestens vor dem Farbumschlag der Trauben aus dem Weinberg getrieben werden. Wenn alles nach Plan läuft, sind die Trauben freigelegt, jedoch nicht beschädigt. Die Höhe des Kordons muss so sein, dass die Schafe die Blätter nur auf der gewünschten Höhe entfernen können.

Wir haben eine Herde von ca. 100 Schafen aufgebaut, mit eigenen Schafböcken. Unsere Schafe sind sogenannte Wiltshires, die sehr widerstandsfähig sind und nicht geschoren werden müssen. Außerdem kommen zirka 500 Merino-Lämmer von einem Nachbarhof im Winter zum Grasen zu uns.

Kühe

Kühe können fast über das ganze Jahr in bestimmten Teilen des Weinbergs grasen. Wir haben Jersey-Kühe gewählt, und in der Nähe eines Weinbergs liegt ein Melk- und daran angeschlossen ein Verarbeitungsraum. Das ist ein Sektor, der viel Arbeit beansprucht und ständige Aufmerksamkeit und Pflege verlangt. Die Rebgassen werden im Winter mit dem sogenannten „strip-grazing"-System abgegrast. Eine mobile Wassertraufe und Elektrozäune werden dafür benutzt. Ein Teil der Elektrozäune ist permanent an die Weinstöcke angebracht. Jedes Jahr haben wir eine laktierende Mutterkuh in einer Gruppe von vier Tieren gemischten Alters. In der Wachstumsperiode des Weins grasen die Kühe in den tröpfchenbewässerten Olivenhainen und bekommen zusätzlich Heu. Der Mist der laktierenden Kühe wird für die Herstellung des Kuhfladenpräparats verwendet, während der restliche Mist für die Kompostherstellung benutzt wird. Im Sommer grasen Schafe und Kühe zusammen auf denselben Weiden.

Pferde

Seit 2008 werden Pferde in den Weingärten und Olivenhainen von Seresin Estate eingesetzt, um Präparate zu spritzen. In drei Jahren entwickelten wir zusammen mit einem anderen Betrieb eine von Pferden gezogene Präparatespritze. Wir in-

Abb. 61
Ausbringen der Präparate mit Pferdekraft[20]

vestierten dann in schwerere Pferde, um das Gewicht von 1000 Kilogramm der vollgeladenen Spritze zu bewältigen. Damit können wir jetzt 30 Hektar Land innerhalb von 15 Tagen behandeln. Wir benutzen die Spritzkutsche, um Präparate, Komposttees und andere Auszüge – je nach Jahreszeit – auszubringen. Manche unserer Weingärten hatten in den letzten Jahren keine Schwefel-Anwendungen nötig. Begrasung und Umzäunung sind immer wichtige Gesichtspunkte, die wir zu beachten haben. Die Weingärten, die begrast werden, sind mit einem soliden Gatter versehen.

Geflügel und andere Vögel

Geflügel und andere Vögel sind auf Seresin weit verbreitet. Korridore, in denen wir einheimische Pflanzen wachsen lassen, geben vielen Vögeln einen Lebensraum. Das ist in jedem Obstgarten eine zweischneidige Sache, wir haben jedoch das Gefühl, dass die Vorteile weit überwiegen. Wir sind überzeugt, dass die Vögel die Luft „umpflügen". Jeden Tag kann man Falken, Wasservögel – und jedes Getier dazwischen – zu sehen bekommen. Nur eine geringe Anzahl einheimischer Vögel sind eine Gefahr für die Reben, und die große Vielfalt hält die Populationen im Gleichgewicht. Es ist jedoch nötig, Teile der Weinberge temporär mit einem Netz zu schützen.

Geflügel erfüllt viele Bedürfnisse, so etwa unseren Wunsch, „eigene" Eierschalen für das Fladenpräparat und manche Komposte zu haben. Wir verteilen die Eier im Wechsel unter den Mitarbeitern und diese bringen die Eierschalen dann zurück. In den Weingärten, Olivenhainen, Gemüsegärten und Weiden setzen wir bewegliche Hühnerställe ein. Die Hähnchen werden getrennt gehalten und gemästet. Wir kaufen charaktervolle Hühner von ausgewählten historischen Rassen (anstelle von herkömmlichen, nur auf das Eierlegen spezialisierten Hennen). Die Hühner produzieren Fleisch und Eier, außerdem düngen und jäten sie. Jedoch müssen die Früchte in der Reifezeit vor dem Geflügel geschützt werden. Es ist etwas schwierig, die hochproteinhaltige Nahrung, die diese Tiere brauchen, selbst zu produzieren; daher kaufen wir noch Futter hinzu. Wir sind dabei, eigene Wurmfarmen anzulegen, und verfüttern an die Hühner zusätzlich Innereien von Schafen und Kühen aus einer Metzgerei.

Schweine

Auch Schweine werden bei uns in der Gemüseproduktion und -verarbeitung eingesetzt. Sie sind sehr effektive Bodenbearbeiter. Unsere kontinuierliche Diversifizierung ermöglichte, dass wir mit der Haltung dieser Tiere beginnen konnten. Um auch Schweine in den Rebgassen halten zu können, brachten wir auf niedriger Höhe Stacheldraht (oder auch Elektrozaun) an. Dabei ist es auch wichtig zu bedenken, dass es Plätze zum Suhlen für die Schweine gibt sowie Schatten und gutes Trinkwasser. In ein paar ausgewählten Weingärten konnten wir den Gemüsebau und die Tierhaltung kombinieren – beides eine gute Alternative zur Weinmonokultur! Wir erwägen, Nuss- und Fruchtbäume für die Schweine in den Weinbau zu integrieren.

Vielfalt

Zwei Grundanliegen im Management sind für uns Vielfalt und Einfachheit bei der Tierhaltung. Seresin Estate ist vom Gewinn aus dem Verkauf der Weine abhängig, auch für die betriebliche Weiterentwicklung. Ein wesentlicher Teil unserer Geschichte und unseres Images hat damit zu tun, dass wir die besten landwirtschaftlichen Prinzipien der Alten Welt anwenden, die Individualität und Langlebigkeit fördern. Wir sind davon überzeugt, dass Vielfalt ein wesentliches Element in einem in sich geschlossenen landwirtschaftlichen System ist. Nachhaltigkeit ist der Schlüssel zu einer stabilen Kultur. Es ist die globale Vision des Besitzers Michael Seresin, die es uns ermöglicht, mit dieser sehr persönlichen Form der Agrar-Kultur zu arbeiten. Die Integration von Tieren in die Agrarlandschaft hat uns reich beschenkt und ist zugleich die Basis für jedes nachhaltige landwirtschaftliche System.

Anmerkungen
Kapitel 3

1 GA 327, 11.6.1924
2 Foto links: www.loverofcreating-flavours.co.uk/2013/10/house-wine-organic-wine; Foto rechts: Jean-Michel Florin
3 Vgl. Hans-Christian Zehnter: *Vögel – Mittler zweier Welten.* Kap VIII, Dornach 2008
4 Siehe hierzu: M. Oltmanns: *Vieharme Landwirtschaft. Brauchen wir Tiere für eine nachhaltige Bodenfruchtbarkeit?* Forschungsring Darmstadt, Materialien Nr. 27/2013
5 Siehe auch Anm. 3
6 Siehe u. a. Pierre Masson: *Landwirtschaft, Garten- und Weinbau – biodynamisch*. Aarau, München 2013
7 Jean-Paul Zusslin: *Ich bin ein Schaffer von Verbindungen.* Das Goetheanum Nr. 12, S. 19
8 Siehe hierzu Jochen Bockemühl: *Erwachen an der Landschaft.* Dornach 1992
9 Diese wenigen Vorschläge sind als erste Anregungen gedacht. Die Sektion für Landwirtschaft bietet in Zusammenarbeit mit der Akademie Petrarca und dem MABD Landschaftskurse an
10 Siehe Anm. 7
11 Aus einem Landschaftsworkshop in Portugal; Foto:Jean-Michel Florin
12 Foto: Meinklang
13 Quelle: Meinklang
14 Fotos: Werner Michlits (oben), Jeanne Piollot (unten)
15 Quelle: Delinat, Institut für Ökologie und Klimafarming
16 Foto: Jean-Paul Zusslin
17 Foto: Thomas Fabian
18 Siehe Anm. 17
19 Foto: searthwine.files.wordpress.com
20 Foto: vinography.com

4

Maßnahmen zur Stärkung der Rebe

Düngen im biodynamischen Weinbau

Jean-Michel Florin

In einem Buch über den biodynamischen Weinbau darf ein Kapitel über biodynamische Düngung nicht fehlen. Allerdings ist dieses Thema so umfangreich, dass eine ausführliche Darstellung den Rahmen dieses Buches sprengen würde. Daher begrenze ich mich auf eine einführende Skizze und verweise den interessierten Leser auf weiterführende Literatur. (Siehe Literaturangaben am Ende des Buches.) Im Folgenden werden besonders die Kompost- und Spritzpräparate – und damit das Herz der biodynamischen Dünge-Methode – beschrieben.

Betrachten wir den landwirtschaftlichen Weinbaubetrieb als „landwirtschaftlichen Organismus", ganz im Sinne der biodynamischen Wirtschaftsweise in ihrer Ganzheitlichkeit.

Dieser Organismus erstreckt sich in zwei wesentliche Richtungen: Einmal in die Horizontale mit dem Raum, den er einnimmt, und auf dem der biodynamische Winzer sich bemüht, ein vielfältiges Leben zwischen Relief, Pflanzen und Tieren zu gestalten. Diese Dimension ist die sichtbarste, die man im landläufigen Sprachgebrauch – mit dem Blick bis zum Horizont – als Landschaft bezeichnet. Diese Dimension wurde bereits im Kapitel „Der landwirtschaftliche Organismus als Leitbild für den Rebbau" (S. 104 ff.) beschrieben.

Der landwirtschaftliche Organismus hat auch eine vertikale Dimension, die man oft vergisst. Auf der einen Seite hat man keinen direkten Zugang zu dem, was sich in der Erde abspielt, und auf der anderen vergisst man oft den „unsichtbaren" Himmel. Die vertikale Dimension geht tief in die Erde hinein, in der die Pflanzen (z. B. die Reben) durch das Vordringen ihrer Wurzeln das Muttergestein zersetzen und es zu einem lebendigen Boden umarbeiten; und sie geht mit Spross und Blüte in die andere Richtung durch die Atmosphäre bis in den Sternenkosmos hinaus.

Zwischen diesen beiden Räumen liegt eine dünne Schicht fruchtbaren Ackerlandes, auf dem die Pflanzendecke wächst. Diese Bodendecke, die weit davon entfernt ist, hermetisch abgeriegelt zu sein, ist eine wirklich lebendige Haut, die sowohl von oben (Atmosphäre und Kosmos) als auch von unten (Muttergestein) Einflüsse erfährt. Der Begründer der biodynamischen Wirtschaftsweise, Rudolf Steiner, vergleicht den landwirtschaftlichen Organismus in der Vertikalen mit einem auf den Kopf gestellten Menschen.[1] Dieser Vergleich mag überraschen, macht uns jedoch aufmerksam auf die Tatsache, dass der Boden nicht im Wesentlichen dazu da ist, die Pflanze mit Nährstoffen zu versorgen, sondern mehr die Aufgabe des Impulsierens besitzt. Tatsächlich wird der größte Teil der Biomasse aus Wasser (H_2O) und Luft (CO_2) gezogen; die Nährstoffe aus dem Boden kommen nur in sehr geringen Mengen dazu.

Die Pflanze Rebe wächst in den Erdboden hinein (in den Kopf des landwirtschaftlichen Organismus), indem sie ihre Wurzeln immer tiefer in die Erde gräbt – im biodynamischen Weinbau können die Wurzeln sehr tief reichen –, um aktiv die notwendigen Stoffe zu suchen. Die Wurzeln entsprechen dabei auch von ihrer Funktion her dem Nervensystem des Menschen.

Mit den Mykorrhiza-Pilzen, die mit dünnen Fäden die Pflanzenwurzeln umgarnen, erforscht die Rebe ganz intim den Boden. Auch sondert sie über ihre Wurzeln große Mengen an organischen Substanzen ab, welche die Mykorrhiza-Pilze und eine Vielzahl anderer Mikroorganismen, die das Bodenleben darstellen, ernähren. So sucht die Pflanze/Rebe einerseits aktiv diejenigen Nährstoffe, die sie braucht, und andererseits trägt sie sehr aktiv dazu bei, „ihren" Boden zu verlebendigen.[2]

Darüber hinaus bildet die Rebe in der Luft und im Licht einen Trieb, der Blätter hervorbringt, die sich später in Blüten verwandeln. Am Ende der Vegetationsperiode verwelkt die ganze von der Pflanze gebildete organische Masse, mit Ausnahme der Samen und des Holzes; sie stirbt ab und fällt auf die Erde, um sich zu zersetzen und Humus zu werden.

Die biodynamische Düngung

Wie wir bereits in Kapitel III, „Wege zu einer wesensgemäßen Weinbaukultur", sahen, sollte der Dünger hauptsächlich aus dem eigenen Betrieb kommen. Rudolf Steiner beschreibt in seinem sogenannten Landwirtschaftlichen Kurs dieses Gesetz der Düngung so: „Eine gesunde Landwirtschaft müsste dasjenige, was sie selber braucht, in sich selber eben auch hervorbringen können."[3]

Nach Rudolf Steiner zielt die biodynamische Düngung zuerst einmal darauf ab, den Boden so gut wie möglich gesund zu halten und zu verlebendigen, indem man ihm Substanzen, aber auch vor allem Kräfte zukommen lässt. Man braucht ein Verständnis für diese Kräftezufuhr, um die Rolle der biodynamischen Präparate verstehen zu können.

Konkret findet die Düngung auf mehreren Ebenen statt:

- Auf der physisch-mineralischen Ebene hauptsächlich durch eine sachgemäße Bodenbearbeitung, welche die Bodenprozesse aktiviert.
- Auf der pflanzlichen Ebene durch die Ausbildung der spontanen Pflanzendecke oder durch die Gründüngung, um den Boden wieder ins Gleichgewicht zu bringen und ihn zu „verlebendigen", ihn in das Naturreich des Lebens (Pflanzenreich) anzuheben. So arbeitet man im biodynamischen Weinbau oft mit teils natürlichen, teils gezielt ausgewählten Einsaaten von Pflanzen, welche die von der Rebe eingebrachten Ungleichgewichte wieder ausgleichen. (Siehe den Beitrag von Matthias Wolff, S. 119 ff.) Die verschiedenen Pflanzenarten setzen durch ihre Wurzeln auch verschiedene Substanzen frei und bereichern dadurch den Boden. Diese Absonderungen können auch Nährstoffe und Mineralien aus der geologischen Grundlage freisetzen. Es werden auch, soweit irgend möglich, alle Pflanzenrückstände – kompostiert mit biodynamischen Heilpflanzenpräparaten – dem Boden zurückgeführt.

- Auf der tierischen Ebene ist für eine gute Pflanzengesundheit sowie für den Humusaufbau das Einbringen von Tierischem wichtig, das gilt auch für die Rebe. Deshalb mischt man Mist unter, nicht unbedingt viel, jedoch von hervorragender Qualität; in der Regel ist es Rindermist, der sorgfältig durch das Präparieren mit den bekannten sechs Kompostpräparaten verwandelt wurde. Ein wichtiges Ziel der Kompostierung (auch des Mist-Kompostes) ist die Humusbildung; der Kompost kann aber auch wegen seines Düngeeffektes auf die Rebflächen gebracht werden – besonders im Frühling. Um in der Umstellungsphase oder an Steilhängen die Wirkung des präparierten Kompostes einzubringen, ist es möglich, einen „flüssigen Kompost" anzuwenden.
- Eine vierte Ebene der Düngung, jedoch viel subtiler, stellen die biodynamischen Präparate dar, die dem Boden Kräfte bringen und eine Verbindung zum Kosmos herstellen.

Spätestens auf dieser Ebene wird auch die individuelle Einstellung des Landwirts oder des Winzers wichtig. Rudolf Steiner besteht weiterhin darauf, dass ein persönliches Verhältnis zum Dünger wichtig ist. Hierfür ist es notwendig, aktiv ein Verhältnis zu allen Elementen und Wesen des Betriebes aufzubauen. Die persönlichen Beziehungen zu Pflanzen und Tieren werden sich auf diesem Wege verstärken.

Die biodynamischen Kompostpräparate

Der biodynamische Kompost – letztlich jeder biodynamische Dünger – zeichnet sich dadurch aus, dass er mit sechs Zusätzen aus verrotteten Heilkräutern „geimpft" wurde. Diese Präparate, die in winzigen Dosen verwendet werden, können wie ein Sauerteig angesehen werden, der den Reifeprozess im Kompost und Dünger steuert, um den bestmöglichen Humus zu erzeugen. Sie wirken nicht punktuell-kausal wie ein Kunstdünger, sondern gestalten vielmehr Zeitprozesse und wirken ganzheitlich regulierend. „Die Wirksamkeit der Präparate wird so verstanden, dass sie zur Gestaltung und Stabilisierung des eine Individualisierung anstrebenden Lebens im Naturzusammenhang beitragen."[4]

Ein Verständniszugang zu den sechs Kompostpräparaten kann in der Entdeckung bestehen, dass die verwendeten Pflanzenarten auch als Heilmittel für den Boden betrachtet werden können. Sie alle wachsen in einem schwierigen und einseitigen Umfeld, das sie allein schon durch ihre Präsenz zu harmonisieren und auszugleichen wissen.[5] Darüber hinaus kann uns die Einsicht in die Heilwirkungen der Präparatepflanzen auch einen neuen und erweiterten Verständniszugang zu den inneren Organen des Menschen eröffnen.

Der Kompost stellt eine Art „Allheilmittel" dar, wie eine vorbeugende Behandlung gegen alle aus dem Gleichgewicht gekommenen Zustände in Boden und Klima – ein wesentlicher Beitrag in unserer Zeit, in der die klimatischen Bedingungen zunehmend herausfordernd werden.

Nach Rudolf Steiner fördern die Präparate auch die chemischen Prozesse in Boden und Pflanze.[6] Das bedeutet nicht unbedingt, dass sie ein chemisches Element stofflich liefern, sondern eher, dass sie seine Verfügbarkeit für die Kulturen aktivieren und seine Wirkung regulieren. Es geht hierbei um

„lebendige" chemische Prozesse, die im Naturzusammenhang ablaufen – und nicht um „tote" chemische Reaktionen, die im Reagenzglas stattfinden.

Die Präparatepflanzen im Überblick

In seinem sogenannten Landwirtschaftlichen Kurs gibt Rudolf Steiner kurze und prägnante Charakterisierungen zum Wesen der Präparate.[7] Dabei beschreibt er auch die Substanzprozesse von verschiedenen chemischen Elementen wie Schwefel, Kali, Kalk, Eisen usw. sowie deren Beziehung zu den Präparate-Heilkräutern.

Die Schafgarbe (*Achillea millefolium*) wächst auf verdichteten, trockenen, heißen Böden. Sie bildet ein verzweigtes Rhizom unter der Erde, das zum Erhalt der Humusschicht beiträgt. Die Pflanze wächst mit einem festen Stängel und sehr fein gegliederten dunkelgrünen Blättern, die mit einem dichten Blütenstand von weißlichen Blüten enden. Als Heilpflanze ist sie besonders durch ihre Wirkung auf das Nieren-Blasen-System bekannt. Versuche haben gezeigt, dass bei selbem Kaligehalt das Schafgarben-Präparat hilft, das vorhandene Kali im Boden besser zu nutzen.[8]

Die Kamille (*Matricaria recutita*) wächst auf Böden, die total verdichtet und mineralisiert sein können, und „belebt" diese neu durch ihre dicke Wurzel und ihr schnelles und wucheriges Wachstum. Als Heilpflanze wird sie besonders gegen Darmbeschwerden angewendet. Sie wirkt über den Kalziumprozess und verhindert so Krankheiten am Pflanzgut.

Die Brennnessel (*Urtica dioica*), die auf pflanzlich-organischen Halden im Verrottungsprozess oder auf Schutthaufen wächst, hat zum Ziel, „den Dünger einfach vernünftig zu machen [...], auch die Erde, in die er nun hineingearbeitet wird, vernünftig zu machen [...]. Es ist wirklich etwas wie eine ‚Durchvernünftigung' des Bodens, was man durch diesen Zusatz von Urtica dioica wird bewirken können", wie Rudolf Steiner sich ausdrückt.[9] Tatsächlich ist sie als Pflanze am ehesten dazu in der Lage, Schutthalden zu fruchtbarer Erde umzugestalten. Sie regelt den Eisenprozess im Boden und kann sehr positiv auf die Steuerung der Fotosynthese der Kulturpflanzen wirken.

Die Eiche ist unter den europäischen Laubbäumen die Art, welche die größte vegetative Kraft entwickeln kann. Sie zeichnet sich durch eine hohe Lebensdauer und durch die Möglichkeit aus, sich den Sterbeprozessen zu widersetzen. Auch wenn sich viele tote Äste an ihr finden, so kann sie doch immer wieder neue Triebe bilden. Sie versucht immer wieder ein Gleichgewicht zwischen zu starken vegetativen Kräften und zu starken Verholzungskräften zu finden. Die Eichenrinde (insbesondere von *Quercus robur*) sammelt viel Kalzium während des Wachstums. Dadurch wirkt sie ausgleichend auf den vegetativen Prozess und beugt so Krankheiten vor, die bei Kulturpflanzen durch übermäßiges Wachstum entstehen können.

Der Löwenzahn (*Taraxacum officinale*), der zumeist auf fetten Wiesen wächst, die zu viel organische Masse tierischer Herkunft in sich tragen, zeigt uns durch seine stark geformten Blätter, durch die „sonnige" Blüte und die feinen Samen seine Empfänglichkeit insbesondere gegenüber den kosmischen Einflüssen und dem Licht. Dadurch reguliert der Löwenzahn den überschüssigen Düngeeffekt der organischen – „irdischen" – Masse auf die Pflanzen und macht sie empfänglicher für Lichtwirkungen.

Die letzte Präparatepflanze ist der Baldrian (*Valeriana officinalis*), eine große, blühende Pflanze, die an feuchteren Standorten wächst und einen milden Geruch verströmt. Sie schafft es, kalte und feuchte Zeiten in ihrer Umgebung zu überdauern, indem sie eine wärmende Atmosphäre um sich herum erzeugt. Die Tinktur ihrer Wurzel ist als Schlafmittel für den Menschen bekannt. In der biodynamischen Landwirtschaft wird sie wegen ihrer Nähe zum Phosphorprozess und ihrer „wärmenden" Qualitäten eingesetzt.

Dies ist nur eine kleine Skizze. Für jede der beschriebenen Pflanzen müsste man eine ähnlich vertiefte Darstellung geben, wie dies in Kapitel I für die Rebe geschehen ist, um deren Wesen tiefergehend zu verstehen.[10]

Die Spritzpräparate

Nachdem der präparierte Kompost bzw. Dünger die Grundlage für einen gesunden Boden geschaffen hat, in dem gesunde Pflanzen gedeihen, wird in einem zweiten Schritt das Wachstum der Pflanze zwischen Erde und Himmel unterstützt. Hierfür benötigt man zwei weitere Präparate, die durch Versprühen aufgebracht werden: Hornmist und Hornkiesel. Sie harmonisieren und verstärken die Beziehung der Pflanzen/Reben zu ihrer Umgebung.

Um die Herstellungsweise dieser beiden Präparate, für die man Kuhhörner und Kuhmist benötigt – was eine gewisse Verwunderung auslösen kann –, besser verstehen zu können, muss man sich darüber klar werden, dass das Rind als Basis des landwirtschaftlichen Organismus dasjenige Tier mit dem am weitest entwickelten Verdauungsprozess ist. Kühe sind Verdauungsexperten, wofür sie die meiste Zeit ihres Lebens aufwenden. Dadurch hat ihr Mist ganz andere Qualitäten als der Mist von anderen Tieren: Er ist ein wahres Lebenskräftekonzentrat.[11] Darüber hinaus haben auch ihre Hörner eine besondere Beziehung zu den Verdauungsprozessen. Das Hornmist-Präparat wird aus Mist, der in Kuhhörner gestopft wird, hergestellt.[12]

Um die Kräfte im Mist noch zu steigern und zu potenzieren, legt man ihn zum Verrotten in Kuhhörnern den Winter über in den Boden. Das fertige Präparat, das man im Frühling ausgräbt und aus den Hörnern holt, riecht und sieht aus wie ein guter kolloidaler Waldhumus.

Das andere Präparat, der Hornkiesel, ist Quarzmehl, das den Sommer über ebenfalls in einem Kuhhorn in der Erde aufbewahrt wird.

Die Wirkweise dieser beiden Präparate wird nachvollziehbar, wenn man sich das Wachstum einer Pflanze vergegenwärtigt. In Kapitel I, zur goetheanistischen Betrachtung der Rebe, wurden zwei grundlegende Wachstumsphasen unterschieden:

– Die vegetative Phase, welche sich durch die Bildung der Blätter und Stängel (also aller Fotosynthese betreibenden Teile der Pflanze) auszeichnet. In dieser Phase entwickeln sich auch die Wurzeln besonders stark. Das Hornmist-Präparat unterstützt und reguliert vor allem die erste Wachstumsphase.

– Die generative Phase, welche sich durch die Blüte der Pflanze ausdrückt, also durch eine Differenzierung und „Aromatisierung". Diese Phase führt schließlich zur Fruchtbildung. Das Präparat Hornkiesel unterstützt den Blüten- und Fruchtbildungsprozess.

Das Hornmist-Präparat wird bei der Pflanzung und nach dem Öffnen der Knospen und während der vegetativen Phase eingesetzt. Man bringt es am besten am Abend aus, in dem Moment also, in dem sich die Kräfte im Boden konzentrieren.

Das Hornkiesel-Präparat hingegen wird am besten früh am Morgen versprüht, um die Pflanze stärker mit dem Licht zu verbinden. Das Ausbringen dieses Präparates macht besonders vor und nach der Blüte und bis zur Fruchtreife Sinn, in einer Phase also, in der z. B. die Rebentriebe Gestalt annehmen und sich nach oben hin entwickeln. Dies hat Auswirkungen auf die Bildung der Blatt-Epidermis, den Zuckergehalt und die Qualität der Aromen in der Frucht.

Beide Präparate werden in winzigen Dosen eingesetzt, nachdem sie eine Stunde in lauwarmem Wasser abwechselnd links und rechts herum gerührt wurden.

Viele Winzer verwenden zusätzlich zur Anwendung im Kompost auch Tees aus Präparate-Heilkräutern, um klimatische Ungleichgewichte aufzuheben. So hat bei übermäßiger Kälte ein Auszug aus Baldrianblüten eine „wärmende" Wirkung, ja, ein solcher Auszug kann sogar nach einem massiven Hagelschock noch helfen. Schafgarben-Tee hat hingegen in Zeiten von Trockenheit und Hitze eine erfrischende Wirkung, etc.[13]

Warum wendet man solche Präparate an?

Rudolf Steiner schlägt vor, solche Präparate anzuwenden, um der Erde und der Pflanze Kräfte zuzuführen. Jegliche Landwirtschaft betreibt zunächst einmal Raubbau an der Natur: Sie entnimmt der Natur Substanzen und Kräfte. Die Präparate werden angewendet, um vor allem den Verlust an Kräften auszugleichen. Sie sind in der Geschichte der Landwirtschaft eine echte Erneuerung, die der Erde Zukunftskräfte vermitteln kann.

Der Landwirt/Winzer kann mit diesen Maßnahmen entscheidend zur Humusbildung beitragen und so einen lebendigen Boden von ganz besonderer Qualität entstehen lassen, der wirklich die Erde heilt. Sowohl ein Langzeitversuch, der seit 30 Jahren in der Schweiz läuft, als auch ein ähnlicher Versuch in Deutschland zeigen, dass der Einsatz der biodynamischen Präparate ein verstärktes Bodenleben begünstigt und den Aufbau der Humusschicht, die Quelle unseres Lebens, fördert. Mit diesem Aufbau der Humusschicht ist auch die Einlagerung von Kohlenstoff verbunden. Daher könnte die weiträumige Anwendung der biodynamischen Methode auch durchaus zu einer Verminderung der Erderwärmung beitragen.[14]

Was ist ESCA?[15]
Florian Bassini

Eine Krankheit wird nicht nur durch die bloße Anwesenheit eines Erregers in der Umwelt verursacht. Es bedarf einer Vielzahl von weiteren Parametern, welche die Krankheit ausbrechen lassen. Dabei spielen sowohl die Heftigkeit des Erregers als auch die Schwäche des Organismus, den die Krankheit befällt, eine Rolle und ebenso Veränderungen von Umwelt und Klima sowie schädigende Einflüsse durch Technik.

Ein erster Schritt, um zu verstehen, weshalb eine Krankheit ausbricht (aber auch, weshalb sie nicht ausbricht), besteht darin, Geschichte und Entstehung der Pathologie so gut wie möglich zu kennen. Hierbei sind Fragen wie die folgenden wegleitend: Wie verhält sich diese Krankheit: Befällt sie alle Individuen oder nur einzelne? Warum sind einige Individuen nicht krank oder zeigen keine Symptome? Und ganz allgemein: Was will uns diese Krankheit sagen?

Degenerative Krankheiten lösen den frühzeitigen Verfall einer Pflanze aus. Sie befallen die mehrjährigen Pflanzenorgane. Krankheiten wie Esca, Eutypa-Krankheit, Traubenwickler, aber auch die Goldgelbe Vergilbung gehören dazu.

Bei der Esca-Krankheit handelt es sich um eine komplexe Abbaukrankheit von Weinreben, die in den letzten drei Jahrzehnten weltweit stark zugenommen hat. Sie gilt als eine der gefährlichsten Rebholzkrankheiten. Die Bezeichnung Esca leitet sich aus dem Lateinischen ab und bedeutet Zunder – ein Hinweis auf die zunderähnliche Konsistenz des Holzes im späten Krankheitsstadium. Sie wird von verschiedenen holzzersetzenden Pilzen verursacht. Seit den 1990er Jahren verbreitet sich die Esca-Krankheit zunehmend in den nördlichen Weinbauregionen. Die Krankheit ist problematisch, weil sie zum Absterben der Rebstöcke führen kann.[16]

Holzkrankheiten erweisen sich oft als schon recht alte Kulturkrankheiten. Esca beispielsweise ist seit der griechischen Antike bekannt, und Studien zu Esca aus der Neuzeit stammen bereits aus dem Jahre 1865. Der Esca-Befall scheint seit dem Wiederaufbau der Rebflächen nach dem Reblausimport aus Amerika im 19. Jahrhundert verstärkt.[17]

Esca galt lange Zeit als eine Alterskrankheit, die anfangs nur einzelne Rebstöcke befiel. Seit einigen Jahren aber findet sie sich auch an jungen Rebstöcken (ca. 10 Jahre alt) und der Anteil wächst erheblich – und nicht nur wegen des Verbotes der Behandlung mit Natrium-Arsenit.

Solcherlei Veränderungen im Verhalten von Krankheiten gehen oft mit anderen Veränderungen einher. Die Eingriffe des Menschen zur Ertragssteigerung der Pflanzen, die Anbaumethode, die Selektion und Mechanisierung bereiten solchen Krankheiten sehr wahrscheinlich den Weg.

Als bedeutendste Veränderungen seien genannt:

- das Pfropfen des Weins Anfang des 20. Jahrhunderts;
- die Klonselektion, welche die traditionelle Massenselektion (sélection massale) ab 1960 ersetzt hat;

- die zunehmende Mechanisierung und die verstärkte Bodenbearbeitung tiefer Bodenschichten Mitte des 20. Jahrhunderts;
- die Vereinheitlichung auf das Omega-Pfropf-Verfahren ab dem Jahr 1976 (wodurch das Englische Veredeln nur noch eine Sache von Passionierten blieb), das aufgrund seiner Mechanisierbarkeit einer oft unsachgemäß durchgeführten Veredelung Vorschub leistete.

Schließlich zeigen uns die Krankheitsmuster in den verschiedenen Regionen eine unterschiedliche Reaktion, den pedoklimatischen Bedingungen und natürlich der jeweiligen Rebsorte entsprechend.

In den Jahren 2003 und 2004 wurde eine Untersuchung in drei großen Weinanbaugebieten (Elsass, Burgund, Provence) mit 24 Weingütern und 37 Parzellen durchgeführt, die alle biologisch oder biodynamisch bewirtschaftet wurden. Wir ordneten jeder Parzelle ein Stadium des Krankheitsbefalls (schwach, mittel oder schwer) zu, je nach Anteil der erkrankten Rebstöcke und Ausbreitungsgeschwindigkeit der Krankheit. Vergleicht man diese verschiedenen Stadien anhand diverser Kriterien (Alter, Pfropfsorte, Selektionstyp, Ertrag, Schnittzeitpunkt, durchgestandene Krankheiten), so erhält man ein besseres Verständnis von Esca.

Beim Vergleich von Befall und Alter der Rebstöcke wurde deutlich, dass die Weingärten, welche vor 1960 gepflanzt worden waren, einen meist schwachen Krankheitsbefall aufwiesen, während die später gepflanzten Rebflächen, besonders solche nach 1976, einen mittleren bis starken Krankheitsbefall zeitigten.

Weiterhin wurde deutlich, dass die Massenselektion zwar nicht den Krankheitsbefall verhindert, dass aber ein klonales Ausgangsmaterial deutlich empfänglicher für Esca ist.

Ebenso zeigte sich eine deutlich geringere Befallsprädisposition bei Reben mit Englischer Veredelung als bei solchen, die mit der Omega-Technik veredelt wurden.

Interessant ist auch das Verhältnis von Befall und Ernteertrag des Rebstocks. Der Ertrag spiegelt teilweise die Praktiken der einzelnen Winzer wider. Außerdem wurde der Ertrag in den letzten 150 Jahren, also in einer relativ kurzen Zeitspanne, wesentlich erhöht. Es zeigt sich, dass ein niedriger Ertrag zwar keine Problemlosigkeit garantiert, dass aber ein hoher Ertrag die Reben für Esca empfänglicher zu machen scheint.

Die Studie dokumentiert den multifaktoriellen Ursprung von Esca. Daraus lassen sich Fragen für einen ganzheitlichen und respektvollen Umgang mit der Rebe formulieren: Welche Art der Bewirtschaftung, von der Wahl der Unterlage bis hin zum Anbau, stärkt das Immunsystem der Rebe, sodass sie den verschiedenen „Angriffen" standzuhalten vermag? Und: Kann die Krankheit wirklich als schädlich bezeichnet werden, oder ist sie nicht vielmehr eine normale Reaktion auf ein aus den Fugen geratenes System?

Pilzkrankheiten und ihre Behandlung

Jean-Michel Florin

Das Gleichgewicht der Pflanze

Bevor man anfängt darüber nachzudenken, wie diese oder jene Pilzkrankheit zu bekämpfen sei, sollte man zuerst die Rolle der Pilze in der Natur verstehen und auch, weshalb Pilzkrankheiten (im Prinzip gilt das für alle „Schädlinge") und unter welchen Umständen auftreten. Man sollte sie besser als Indikatoren auffassen, denn sie verweisen auf ein Ungleichgewicht zwischen Pflanze und Umwelt. Eine Pflanze erkrankt nie so ernsthaft, wie dies bei einem Tier oder bei einem Menschen der Fall sein kann. Die Pflanze versucht ständig, ihr Gleichgewicht mit der Umwelt zurückzufinden. Zudem kann sie – im Idealfall – immer neue gesunde Organe ausbilden.

Hierbei gilt es allerdings, die Wild- von der Kulturpflanze zu unterscheiden. Die kultivierte Pflanze wurde durch den Menschen verändert, um einen höheren Fruchtertrag zu gewinnen – die Weinrebe ist hierfür ein Beispiel. Kulturpflanzen sind dadurch oftmals auf eine sehr spezifische Umwelt angewiesen. Das Verhältnis Kulturpflanze zur Umgebung kann daher viel leichter gestört werden als jenes der Wildpflanzen zu ihrer Umwelt.

Der französische Forscher Francis Chaboussou[18] nennt für den Weinberg eine Reihe von Faktoren, die anscheinend das Gleichgewicht stören:

- Pestizide, welche die Physiologie der Pflanze aus dem Gleichgewicht bringen (das ist eine seiner großen Entdeckungen),
- äußere Einflüsse (Milieu und Art des Anbaus),
- innere Faktoren (im Falle der Rebe vor allem der Einfluss der Unterlage).

Chaboussou stützt sich auf die Beobachtungen von Perier de la Bathie, der eine gravierende Zunahme von Grauschimmel nach dem Wiederaufbau der Weinlandschaft durch gepfropfte Rebstöcke wahrgenommen hatte. Chaboussou stellt daher die Frage, „ob nicht einige Unterlagen, die zwar die Resistenz gegen die Reblaus mitbringen, nicht im Gegenzug die Pflanze anfällig gegen Mehltau machen".[19]

Der französische Agraringenieur Lucien Daniel war ein großer Spezialist in Sachen Pfropfung. Bereits um das Jahr 1900 schrieb er: „Im Weinbau gibt es sowohl verschlechternde Pfropfungen als auch verbessernde." Daher kommt er zu dem Schluss, dass man nicht jede beliebige europäische Rebsorte auf jede Unterlage pfropfen könne, da sonst ein Ungleichgewicht entstünde.[20] Die Beobachtungen von Lucien Daniel zeigten, dass der mit amerikanischen Unterlagen neu bestockte Weinberg die Pilzkrankheiten begünstigt hatte. Die amerikanischen Unterlagen haben mehr Kraft als die europäischen Rebsorten. Wir finden hierin also eine erste Ursache für die Schwächung des europäischen Weins. (Siehe hierzu auch den Beitrag von Jean-Michel Florin, S. 192 ff.)

Ein Pflanzen-Urtyp

Die Pflanze ist vor allem in ihrem vegetativen Wachstum ganz Pflanze. Sie erzeugt durch Fotosynthese organische Masse. Nach unten, im Boden, wird sie in der Wurzel zu etwas Mineralischem und bildet Holz. Nach oben hin wird ihr vegetatives Wachstum gehemmt, wird durch die Blüte gestoppt, die wie eine Art Parasit an der grünen Pflanze aufgefasst werden kann: Der Blühprozess hemmt das Wachstum, die Zuckerstoffe in den Blättern werden in Sekundärstoffe umgewandelt, und es wird eine „Blüte" gebildet, also ein Organ, das aus vielen – für das Blühen veränderten – Blättern besteht, die meist in einer präzisen geometrischen Form gebündelt sind.

Vergleichen wir einmal den Pilz mit diesem Urtypus einer Pflanze. Unter der Erde finden wir ein weites Myzelium, eine Art riesige Wurzel: manche Myzelien bedecken ausgedehnte Flächen (z.B. wurde in Ost-Oregon eine Mykorrhiza mit einer Ausbreitung von 9,64 Quadratkilometern gefunden).[21] Der Pilz lebt unter der Erde oder in organischer Masse, sei diese lebendig oder bereits verrottend. Mit Hilfe des Myzels gewinnt er die für ihn notwendigen Nährstoffe. Er selbst kann ja keine Fotosynthese betreiben. Was man oberhalb der Erde sieht und zu bestimmten Zeiten des Jahres gerne sammelt, nennt man das Carpophor. Es tritt jeweils nur für kurze Zeit auf. Diese „Pilze" präsentieren sich in ganz verschiedenen Formen, Farben, Gerüchen und Geschmäckern.

Im Vergleich zu einer Grünpflanze tendiert ein Pilz dazu, mehr eine Art Blüten-Frucht zu sein, die direkt aus der Wurzel wächst (das Myzelium) – ganz ohne vegetativen Teil. So betrachtet, kann man das Auftreten eines Pilzes auf einer (Wirts-)Pflanze wie eine (vorzeitige oder verspätete) Blüte bzw. Frucht verstehen. Pilzkrankheiten zeigen eine Reihe Phänomene, welche diese Auffassungsweise stützen: der gelbe oder orange Staub des Rostpilzes; die Wachstumsveränderungen, welche durch Pilze auf Euphorbien ausgelöst werden.

Unter anderem schrieb Goethe zum Rostpilz: „Durch welche Unregelmäßigkeit des Wachstums mag wohl die Pflanze in den Zustand geraten, dass sie,

Abb. 62
Botrytis cinerea (Edelfäule) auf Riesling-Weinbeeren[22]

anstatt sich fröhlich zuletzt und lebendig in vielfacher Nachkommenschaft zu entwickeln, auf einer untern Stufe verweilt und den Verstäubungsakt schließlich und verderblich ausübt?“[23]

Unter welchen Voraussetzungen tritt diese „verschobene Blüte“ auf? Entweder, wenn die Pflanze einen zu starken Wuchs hat, wenn sie also zu viel rohen Pflanzensaft hervorbringt, den sie nicht durch die Fotosynthese verarbeiten kann – oder wenn in Zeiten zu hoher Trockenheit das Wachstum gehemmt und unregelmäßig ist. Der Pilz tritt also dort auf, wo das Leben nicht in ausreichendem Maße vom Organismus aufgenommen werden kann (zu viel oder zu wenig Leben).

Um Pilzkrankheiten rechtzeitig erkennen und eindämmen zu können, empfiehlt Rudolf Steiner unter anderem den Ackerschachtelhalm in Form von Tee zu verwenden.

Der Ackerschachtelhalm

Der erste Eindruck, den ein Ackerschachtelhalm an einem sonnigen Morgen macht, gleicht demjenigen einer Pflanze aus Draht, einer Art pflanzlichem Skelett, das mit seinen vielen Fasern am Himmel hängt, als wäre es ein pflanzlicher Kristall, der auf eine geometrisch-räumliche Struktur reduziert ist.

Um den Schachtelhalm verstehen zu können, hilft es, seine Vorfahren kennenzulernen. Schachtelhalme, Farne sowie Moose gehören zu den sogenannten Pteridophyten, die zu den ersten Pflanzen auf der Erde zählen. Damals waren sie besonders zahlreich und sehr groß. Die Urformen unseres modernen Schachtelhalms, die Kalamiten, waren in der Karbonzeit bis zu 30 Meter hoch.[25] In dieser Zeit wurden, wie schon der Name sagt, die riesigen Kohlevorkommen gebildet, die

Abb. 63 und 64
Der Ackerschachtelhalm (*Equisetum arvense*): links sein vegetatives Stadium, rechts sein Sporophyll[24]

wir gerade im Begriff sind, in kürzester Zeit aufzubrauchen. Die Riesenschachtelhalme wuchsen in einer sehr feuchten, morastigen und nebligen Umgebung, der sie das Kohlendioxid entzogen, um sie im Gegenzug mit Sauerstoff anzureichern. Mit den ersten Moosen verließen die Pflanzen das Wasser, sie verinnerlichten das Flüssige, es wurde „kanalisiert" – die Pflanzen begannen, das Wasser durch mit Pflanzensaft gefüllte Gefäße zu beherrschen. Dies sind die ersten gefäßhaltigen Kryptogamen (Pflanzen ohne Blüten und mit verborgener Vermehrung).

Das Milieu des Schachtelhalms

Wie der Name sagt, wächst der Ackerschachtelhalm auf Äckern, an Hängen – gerne auch an sonnenexponierten Orten. Und doch: Auch wenn die Umgebung und der Boden im Vergleich zu den Sumpfgebieten der meisten Artverwandten (Riesen-Schachtelhalm, Sumpf-Schachtelhalm usw.) oberflächlich ziemlich trocken erscheinen, dann spricht seine Präsenz doch immer für eine kompakte, wasserdichte Schicht in der Tiefe, wo sich sein ebenfalls sehr feingliedriges Rhizom horizontal ausbreitet. Man hat Rhizome von bis zu 500 Meter Länge gefunden. Einige Sumpf-Schachtelhalme in Finnland weisen eine Rhizom-Masse auf, die einhundert Mal größer ist als die Masse der oberirdischen Triebe. Man kann sich also den Schachtelhalm als eine große, liegende Pflanze vorstellen, deren Haupttrieb – das horizontale unterirdische Rhizom – ausgestreckt horizontal unter der Erde „liegt", dessen Seitentriebe zum Licht emporwachsen: die braunen fruchtbaren und die grünen sterilen Stiele.

Der Schachtelhalm ist also eine Pflanze, deren größter Teil unter der Erde lebt, was erklärt, weshalb es nicht so einfach möglich ist, sich seiner zu entledigen, wenn er zu wuchern beginnt – außer, man behebt die Verdichtung und die Staunässe im Boden.

Der Schachtelhalm im Jahresverlauf

Der Ackerschachtelhalm ist eine mehrjährige Pflanze, deren Rhizome winterfest sind, deren Stängel im Winter jedoch absterben. Im Frühjahr erscheinen an den Hängen und Grabenrändern braune Stängel, die wie parasitäre Pflanzen oder Pilze aussehen: Dies sind die fruchtbaren Stängel (Sporophylle) mit einem zapfenförmigen Endkegel, der mit sechseckigen Plättchen bedeckt ist, auf denen sich wiederum die Sporen befinden. Diese Sporen fallen später auf den feuchten Boden, in dem sie keimen und kleine männliche oder weibliche Prothallien hervorbringen. Die Befruchtung, die derjenigen von Pilzen oder niederen Tierarten ähnelt, findet in diesem schattig-feuchten Milieu statt.[26] Die braunen Prothallien verwelken schnell. Etwas später erscheinen aus denselben unterirdischen Rhizomen grüne Stiele (steril) in Form von kleinen Nadelbäumchen, deren Äste sich allmählich im Raum ausbreiten. Das ist das bekannteste Stadium. Erst weich und biegsam, werden sie im Laufe des Sommers immer fester. Die wirtelförmigen Blätter werden zu winzigen bräunlichen Schuppen reduziert und die grünen Seitensprosse geben der Pflanze eine sehr stabile

Struktur, die noch durch die prononcierten Furchen der Stiele verstärkt wird. Die Pflanze fühlt sich im Jahresverlauf immer rauer an.

Der Schachtelhalm bindet im Laufe des Jahres eine große Menge Kiesel, den sie aus dem vielen, dem Boden entnommenen Wasser entzieht. Er hat eine recht hohe Transpirationsrate, was man manchmal morgens in Form von kleinen Tröpfchen an den Stängelspitzen sehen kann. Der Kiesel sammelt sich in den Epidermiszellen der Stängel und in Aufwölbungen, die in Form von Opalen nach außen treten, eine Art Glas. So wird der Schachtelhalm zu einer „Kieselburg", wie Rudolf Steiner es formulierte, als er die Anwendung des Schachtelhalms empfahl, um Pilzkrankheiten vorzubeugen. „Da lebt er [der Kiesel] so, dass er sich wie in einer Burg verschanzt, wie im Schachtelhalm [...]."[27] Das Innere der Stiele bleibt hohl und die ganze Pflanze ist eher brüchig und biegsam. Nur der Turgor und die Versteifung der Wände durch den Kiesel halten ihn aufrecht. Kaum ist er gepflückt, verfällt er und verliert an Festigkeit. Im Herbst welkt der Schachtelhalm – und im folgenden Jahr beginnt ein neuer Zyklus.

Vergleicht man den Jahreszyklus des Ackerschachtelhalms mit verwandten Arten, so wird deutlich, dass er den vegetativen und generativen Prozess zeitlich und räumlich bestens organisiert:

- den generativen Prozess des Sporophylls im Frühjahr in einer noch kalten und feuchten Umgebung mit einer Befruchtung auf der Erde in Schatten und Wasser,
- den vegetativen Prozess, indem er den ganzen Sommer über Stängel bildet, die immer höher ins Licht wachsen und große Mengen Wasser aus dem Boden verdampfen lassen.

Die Substanzen des Schachtelhalms: Schwefel und Kiesel

Der Ackerschachtelhalm hat eine besondere Affinität zu zwei Substanzen: zum Kiesel, den man durch seine raue Oberfläche zu spüren bekommt (früher wurde der Schachtelhalm sogar als eine Art pflanzliche Kratzbürste für die Reinigung von Töpfen benutzt), und zum Schwefel, den man bei der chemischen Analyse seiner Bestandteile findet.

Alle Schachtelhalme verfügen über eine große Menge an Kiesel, ein Element mit starkem Bezug zum Licht, etwa wie die klare Durchsichtigkeit eines Bergkristalls, den man in den biodynamischen Präparaten in pulverisierter Form für das Hornkiesel-Präparat einsetzt.

Zwar weist der Ackerschachtelhalm, verglichen mit anderen europäischen Arten, den kleinsten Anteil an Kiesel auf (nur 67 Prozent der Asche, verglichen mit 91 Prozent im Winterschachtelhalm *[Equisetum hiemale]*), jedoch ist dafür sein Schwefelgehalt am höchsten (Anteil von sulfatähnlichen Substanzen: 4,2 Prozent; Winterschachtelhalm: 0,3 Prozent).[28]

Bedenkt man darüber hinaus, dass bei der Bekämpfung von Pilzkrankheiten auch gern Schwefel eingesetzt wird, so findet man im Schachtelhalm eine besondere Kombination von zwei Stoffen zur Regulation von Pilzkrankheiten: den Kiesel, der in den Außenwänden für eine gute Lichtdurchdringung sorgt, und den Schwefel, der im Inneren die Wüchsigkeit fördert.

„Es handelt sich darum, dass man die Erde entlastet von der überschüssigen Mondenkraft, die in ihr ist. Man kann die Erde entlasten. Nur muss man darauf kommen, was in der Erde so wirkt, dass es dem Wasser seine vermittelnde Kraft entzieht und der Erde mehr Erdenhaftigkeit gibt, damit sie die größere Mondenwirkung nicht aufnimmt durch das anwesende Wasser. Und man erreicht dieses – äußerlich bleibt alles so, wie es ist – dadurch, dass man Equisetum arvense zu einer Art von Tee macht, ziemlich konzentriertem Tee, den man dann verdünnt und dann als Jauche für diejenigen Felder benutzt, bei denen man ihn braucht, den Brand und ähnliche Pflanzenkrankheiten bekämpfen will. Da genügen wiederum ganz geringe Mengen, genügt wiederum eine Art Homöopathisierung."[29]

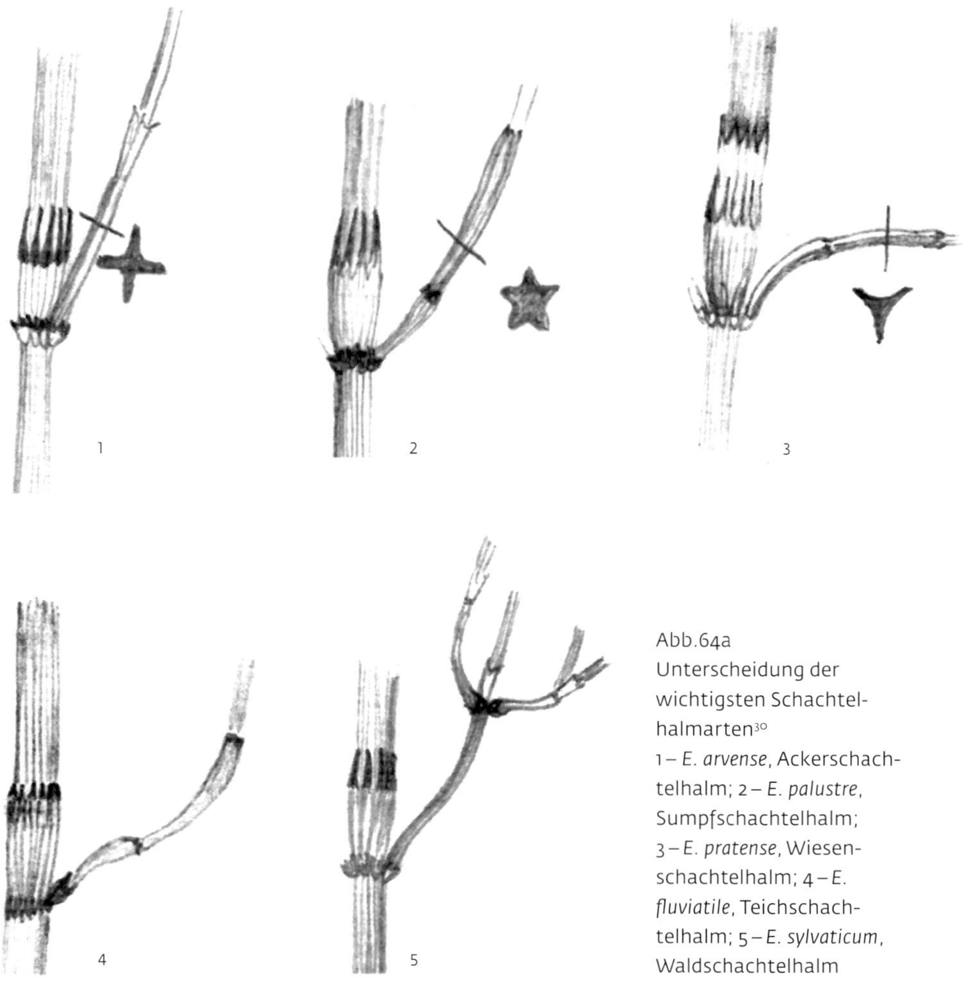

Abb.64a
Unterscheidung der wichtigsten Schachtelhalmarten[30]
1 – *E. arvense*, Ackerschachtelhalm; 2 – *E. palustre*, Sumpfschachtelhalm; 3 – *E. pratense*, Wiesenschachtelhalm; 4 – *E. fluviatile*, Teichschachtelhalm; 5 – *E. sylvaticum*, Waldschachtelhalm

Die Geste des Schachtelhalms

Fassen wir das zuvor Ausgeführte zusammen: Der Schachtelhalm ist eine Pflanze mit einer großen Vitalität, die er zu „kanalisieren" und zu beherrschen vermag. Stammesgeschichtlich ist er eine der ersten Pflanzen mit einem flüssigkeitsleitenden System. Er wächst in einem wässrigen Milieu an Standorten, an denen sich Wasser in der Tiefe staut. Der Schachtelhalm vermag es, diese Staunässe, diesen Überschuss an Feuchtigkeit im Boden zu regulieren.

Zugleich ist er eine Pflanze mit einer großen Affinität zum Licht: Man denke hierzu an seine geometrisch strukturierte Formgestalt, aber auch an seine Fähigkeit, Kiesel zu binden. So gesehen, könnte man die ganze Pflanze eigentlich als eine „kristalline" Blüte betrachten, zumal sie ja auch vergleichsweise recht viel Schwefel zu binden in der Lage ist.

Der Ackerschachtelhalm trennt den generativen Prozess (der zu den Elementen Erde und Wasser und eher zum Dunkeln gehört) vom vegetativen Prozess (der den Elementen Luft und Licht zugeordnet werden kann) in einer vorbildlichen Weise.

Details zum besseren Verständnis der Wirkung des Schachtelhalms

Vom goetheanistischen Standpunkt aus betrachtet, sind nicht allein die Stoffe für die Wirkung einer Heilpflanze ausschlaggebend. Wichtiger noch ist der Prozess, der zur Bildung der Stoffe geführt hat. Will man die Wirkung des Schachtelhalms verstehen, so sollte man seinen Wachstumsprozess gut kennen. Mit anderen Worten: Man setzt den Schachtelhalm nicht nur wegen des in ihm enthaltenen Kiesels und Schwefels ein. Es gäbe eine ganze Reihe weiterer Pflanzen, die ebenfalls Kiesel enthalten und doch nicht dieselbe Wirkung wie der Ackerschachtelhalm entfalten. Es ist die Gesamtgeste der Pflanze, die zur Wirkung kommt. Daher verwendet man auch die komplette Pflanze mit allen Teilen und nie ein „abstraktes", „isoliertes" Prinzip.

Der Ackerschachtelhalm wirkt in der Natur wie eine Art Niere: Er zieht die überschüssige Staunässe – die ansonsten ein gutes Milieu für Pilzbildung wäre – aus dem Boden. Oder anders gesagt: Er hat die Fähigkeit, den Boden so zu verändern, dass er für Pilze weniger geeignet ist. Zu dieser Fähigkeit gehört auch seine Eigenschaft, den generativen (feucht-dunklen) klar vom vegetativen (hellen und luftigen) Prozess zu trennen.

Außerdem entwickelt er in seinem vegetativen Wachstum auf ganz extreme Weise dasjenige, was empfindlichere Pflanzen zur Abwehr gegen Pilzkrankheiten zu wenig ausbilden und sie daher anfällig macht: die äußere Struktur, die verfestigte Epidermis. Man hat schließlich den Eindruck, dass der Blühprozess (Strukturierung und Vitalitätsabbau), der bei anderen Pflanzen mit der Bildung der Blüte das Ende des Wachstums einleitet, sich hier von Anfang an in der Gebärde des Formens, Zurückhaltens und Führens ausdrückt.

Im biodynamischen Weinbau wird der Ackerschachtelhalm präventiv gegen Pilzkrankheiten eingesetzt. Hierzu wird ein Sud hergestellt (man lässt die Pflanze bei schwacher Hitze mindestens 40 Minuten köcheln, um den Kiesel gut zu lösen). Im Frühjahr sprüht man z.B. die Flüssigkeit auf den Boden. Man kann diesen „Tee" aber auch zu den Schwefel- und Kupferbehandlungen während der Wachstumsphase hinzufügen. Durch die zusätzliche Gabe von Schachtelhalm- und Brennnesseltee reduziert sich der Kupferbedarf oft recht deutlich.[31]

Die Weiden

Der französische Berater für biodynamischen Landbau, François Bouchet, hat für die Bekämpfung von Pilzkrankheiten den Einsatz von Weidenrinde eingeführt. Das ist ein interessantes Beispiel dafür, wie man durch das Verstehen der Pilzkrankheit und eine gute Beobachtung der Pflanze unter biodynamischen Gesichtspunkten zu „Intuitionen" für die Entdeckung neuer natürlicher Behandlungsweisen kommen kann.[32]

Wir skizzieren hier nur ein allgemeines Bild, das notwendigerweise vereinfacht ist. Tatsächlich bedarf eine botanische Gesamtstudie einer viel genaueren Betrachtung schon allein deshalb, weil *Salix* eine komplexe Gattung mit zahlreichen Hybriden darstellt. Die anfänglichen Beschreibungen mögen dazu animieren, selbst weitere Studien zu betreiben.

Die Gattung *Salix* umfasst zwei verschiedene Artengruppen:

- Weiden mit breiten Blättern (wie *Salix caprea*): Strauchweiden mit grünlicher Farbe und abgerundeten Blättern, manchmal sogar verschrumpelt;
- Weiden mit schmalen Blättern (wie *Salix viminalis*): Bäume und Sträucher mit viel hellerer Farbe und viel weicheren Ästen.

Wie bereits gesagt, konzentrieren wir uns hier auf die Weiden mit schmalen Blättern, die seit langem wegen ihrer fiebersenkenden Eigenschaften als Heilpflanzen verwendet werden. Aspirin (Acetylsalicylsäure) ist wohl eines der bekanntesten synthetischen Derivate der ursprünglich natürlichen Weidenrinden-Substanzen.

Abb. 65 und 66
Salweide (*Salix caprea*) als Vertreterin der Gruppe von Weiden mit runden und dunkelgrünen Blättern[33]

Abb. 67–69
Korbweide (*Salix viminalis*; links und Mitte) und Silberweide (*Salix alba*; rechts) als Vertreter der Weidengruppe mit spitzen und länglichen Blättern[34]

Das Milieu der Weiden

Der erste Eindruck einer Kopfweide in einer dunklen Winterlandschaft ist von den zahlreichen neuen Trieben geprägt, die aus dem Stamm hervorschießen. Dieses Bild gleicht dem Blütenhaften, so leuchtend und lebendig ist die Farbe der jungen Rinde, die vom satten Gelb über Braun-Orange bis hin zum Purpur variieren kann. Weiden sind eigentlich Sträucher, denn sie treiben ständig neue Zweige hervor, während die alten Äste regelmäßig abgeworfen werden. Ältere Äste werden bald brüchig und fragil – das genaue Gegenbild der Eiche!

Zum Frühlingsbeginn bilden die Weiden helle, gelb-silberne Kätzchen. Die Triebe, dünn und biegsam, bilden sehr schmale Blätter (kaum ein anderer Baum hat solch schmale Blätter), oft silbrig auf der Unterseite und kräftig grün glänzend auf der Oberseite. Selbst die Augen, aus denen die Blätter hervortreten, sind vergleichsweise schmal. Wie anders ist doch das Bild der Erle, die oft am selben Standort zu finden ist, jedoch runde, breite Blätter bildet.

Die weiblichen Blütenstände der Weide bilden ziemlich früh im Jahr (mindestens von Mai bis Juni) sehr leichte und flauschige Samen, die vom Wind über den ganzen Boden verteilt eine leichte und feine Decke bilden können.

Pioniere

Weiden mit schmalen Blättern sind Pionierpflanzen an Flussufern; sie gehören zu der ersten Gruppe von Pflanzen, welche die noch sehr feuchte Erde bedecken. In dieses feuchte Milieu bringen sie ihre leuchtenden Farben ein. Sie wachsen oft mit ihren Wurzeln im offenen Wasser. Das Wasser wird dadurch gesäubert und aufgrund der hohen Verdunstungsrate der Weidenblätter an die Luft übergeben. Ja, der ganze Feuchtgebietsstandort wird gereinigt und der Boden stabilisiert.

Die Geste der Weide

Die schmalblättrigen Weiden besitzen viele Eigenschaften von Jungpflanzen:

- die Biegsamkeit der Triebe,
- weiches Holz, das sehr schnell verrottet (im Gegensatz zu Eichenholz, das sich sehr lange hält),

- ständiges Abstoßen von Holz, um damit Alterung und Sterben zu überwinden,
- schnelles und saisonal sehr begrenztes Keimen der Samen.

Sie zeigen auch eine innige Beziehung zu Licht und Luft, etwa durch die Art, wie die Blätter das Licht reflektieren und die Wintertriebe leuchten.

Versucht man die Geste der schmalblättrigen Weiden zusammenzufassen, so zeigen sie ein starkes Wachstum, das durch das feuchte Milieu noch gefördert wird. Sie treiben ständig aus und stoßen Material ab. Die Einfärbung der Rinde zeigt, dass der Blühprozess bis ins Mineralische hinein die Pflanze ergreift. Hierin offenbart sich auch ihr starker Bezug zu Luft und Licht.[35]

Das Salicin

Rinde und Blätter der Weide werden seit langem als Schmerzmittel und wegen ihrer fiebersenkenden Wirkung, insbesondere bei Malaria (Weidenrindenextrakt), eingesetzt. Hierin liegt unter anderem der Ursprung unseres heutigen Aspirins, die Salicylsäure. Auch im Kampf gegen Pilzkrankheiten, die – wie bei Malaria der Fall – gerne unter feucht-heißen Bedingungen entstehen, wird Salicylsäure eingesetzt. Die Inhaltsstoffe einer Pflanze sind Spiegel und Ergebnis der gesamten Pflanzenbiographie – und keinesfalls Produkt einer Chemiefabrik. Statt den Wirkstoff Salicylsäure zu extrahieren und gesondert anzuwenden oder sogar zu synthetisieren, nutzt man in der biodynamischen Methode den Tee aus der Rinde.

Diejenigen Weiden, welche das meiste Salicin in ihrer Rinde produzieren, sind: die Purpurweide (*Salix purpurea*) mit 3 bis 8,5 Prozent Salicin, die Silberweide (*Salix alba*) mit 0,5 bis 1 Prozent Salicin und die Korbweide (*Salix viminalis*) mit bis zu 1 Prozent Salicin.

Neueste Studien belegen, dass die Salicylsäure die systemische Resistenz der Pflanzen stärkt.[36] So wird, was durch die Beobachtung der Wuchs-Prozesse und ihrer Gesten herausgearbeitet wurde, durch aktuelle Forschungsergebnisse bestätigt.

Auch im biodynamischen Weinbau wird die Weide im Kampf gegen Pilzkrankheiten eingesetzt, insbesondere gegen Mehltau. Hierfür nimmt man die Rinde von jungen einjährigen Trieben, die man idealerweise im Frühling sammelt, und erhitzt sie in 80 Grad heißem Wasser (nicht kochen [!], das würde die Salicylsäure zerstören). Der Sud wird dann oft auch unter Zugabe von Schwefel und Kupfer angewendet.

Ackerschachtelhalm und Weide

Sowohl der Ackerschachtelhalm als auch die Weide werden bei Pilzkrankheiten eingesetzt. Beide Pflanzen wachsen in einem sehr feuchten Milieu und beide versuchen, sich auf verschiedenen Ebenen mit dem Licht und der trockenen Luft so intensiv wie möglich zu verbinden. Der Flüssigkeitsüberschuss muss reguliert werden, um ein überschießendes Wachstum zu verhindern. Was man so als Eigenschaften der Pflanzen in ihrer Umgebung erkannt hat, kann man als Wirkung von extrahierten Substanzen finden.

Die zweihäusige Brennnessel (*Urtica dioica*)

Im Spätsommer wird unser Blick von einem Brennnesselhorst an einer Mauer am Wegesrand angezogen. Die granatfarbenen Stängel richten sich glänzend in der Morgensonne auf, an denen in regelmäßigen Abständen horizontales Blattwerk in einem schönen frischen Grün wächst. Ein Bild von Struktur, Ordnung und Lebenskraft in einem heruntergekommenen, ungeordneten, auf den ersten Blick eher abstoßenden Umfeld.

Nähert man sich der Brennnessel auf Körperkontakt, so lässt sie einen nicht unberührt: Sie ist eine der seltenen Pflanzen, deren Substanz in uns eindringt, indem sie diese durch ihre feinen Nädelchen gleichsam injiziert. Dann brennt es, und unsere Haut reagiert darauf, indem sie sich rötet. Auf diese Weise werden wir uns der brennenden Seite der Pflanze bewusst.

Das Milieu der Brennnessel

Die Brennnessel ist eine weit verbreitete Pflanze, zumindest in wärmeren Zonen; oft reicht es schon, eine Runde ums Haus zu gehen oder eine Stelle zu suchen, an der Bauschutt, Schrott oder Steine herumliegen, und schon findet man einen schönen Brennnesselhorst, der die Abfälle bedeckt.

Vom Frühling bis spät in den Herbst hinein wächst die Brennnessel und scheint immer gleich grün zu sein – als wäre für sie immer Frühling. Sie wächst mit erhöhter Vitalität, sobald sie abgemäht wird. Vorwiegend findet man sie in Rainen, an Mauern im Halbschatten und an eher kühleren, fast schon feuchten Standorten. Sie taucht auf, sobald frische organische Masse entsteht: Mist, verlassener Kompost, Laubhaufen, aber auch Steine, Eisenteile und so weiter.

Die Brennnessel kommt immer in Form von dichten Fluren vor, die kaum Platz für andere Pflanzen lassen – sie nimmt das ganze Terrain ein. Ihre wenigen Begleiter sind – wie sie selbst – stickstoffanzeigende Pflanzen wie das Klettenlabkraut, der Ampfer, Brombeerranken, die Ackerwinde und so fort. Unter all diesen nur wenig strukturierten Pflanzen steht die Brennnessel wie ein Soldat mit ihren senkrechten Stängeln und ihren kreuzgegenständigen Blättern da.

Abb. 70
Der Blattstand der Brennnessel ist streng kreuzgegenständig[37]

Man kann also sagen, dass sie gerade diejenigen Stellen schätzt, an denen der Boden noch nicht homogen und von Leben durchdrungen ist, sondern das genaue Gegenteil darstellt, nämlich eine Ansammlung von ganz unterschiedlichen Stoffen.

Wenn man einen Brennnesseltrieb aus dem Boden zieht, dann findet man üppige gelbe Rhizome – also unterirdische Triebe, aus denen die vielen Stiele eines Horstes emporwachsen. Ausgehend von diesen Rhizomen durchwachsen zahlreiche feine Wurzeln intensiv die organische Masse bzw. den Schutt. Die Brennnessel dringt nicht tief in die Erde ein; sie bleibt in der Masse, die umgewandelt werden muss, und besitzt mit den unterirdischen Rhizomen, die unablässig oberirdische Stängel hervortreiben, eine enorme Fortpflanzungskraft.

Der Jahreslauf der Brennnessel

Früh im Jahr sprießen die jungen Triebe der Brennnessel aus der Erde und richten sich auf, ohne Rosetten zu bilden. Die Pflanze steht sofort aufrecht da. Die kantigen, geriffelten Stängel bilden von Beginn an die charakteristischen, herzförmigen und gezahnten Blätter aus. Gehalten durch das markante und ziemlich starre Blattgerippe, wird jedes Blatt in der Horizontalen recht bestimmt in den Raum gestellt. Mit sehr gleichmäßig ausgebildeten Internodien und der Kreuzgegenständigkeit der Blätter entsteht so insgesamt ein sehr strukturiertes und charakteristisches Bild.

Die Metamorphose der Blätter ist begrenzt: Die Zusammenziehungsphase beschränkt sich darauf, dass das Blatt sich mehr und mehr auf die Blattspitze hin reduziert.

Man beachte, wie wohlgeformt die Blätter sind. Die Form des Blattes zeigt eine schöne Ausgewogenheit zwischen substantiellen Kräften (die bei der Ausbildung großer, eher amorpher Blätter dominieren) und strukturellen Kräften (die bei fein gezahnten Blättern – etwa der Wilden Möhre – prägend sind).

Zunächst sehr biegsam, werden die Stängel nach der Blüte im Juni immer fester und faseriger.

Die Brennnessel ist zweihäusig, d. h. es gibt männliche oder weibliche Pflanzenstände. Die Blüten in den Blattachseln bleiben in beiden Fällen unscheinbar: Sie beschränken sich auf die Fortpflanzungsorgane und auf kurze grüne Kelchblätter – ganz ohne jegliche Blütenfarbe. Die Blütenstände, die an Haselkätzchen erinnern, wahren also eher einen vegetativen Charakter.

Wenn man aber einen Moment vor einer blühenden Brennnesselansammlung stehen bleibt, sieht man hie und da kleine gelbe Pollenwolken aufsteigen. Die geschlossenen (männlichen) Blütenkelche der Pflanzen öffnen sich kurz, um aktiv ihre Pollen in die Luft zu versprühen. Ein sehr überraschender Akt! Daher blüht die Brennnessel, wenn man so will, indem sie sich stofflich in ihre Umgebung versprüht – und nicht durch eine Blütenfarbe. Ein wenig ähnelt dieser Akt demjenigen der eingangs erwähnten Injektion der brennenden Substanz durch Brennhaare, welche Substanz in das Gewebe desjenigen spritzen, der ihnen zu nahe kommt.[39]

Abb. 71
Die Blattreihe der Brennnessel durchläuft nur eine begrenzte Formverwandlung[38]

Die Substanzen der Brennnessel

Man findet bei der Brennnessel eine interessante Polarität zwischen der Substanz ihrer Blätter, die einen hohen Stickstoffgehalt aufweisen (die Brennnessel ist eine der Pflanzen mit dem höchsten Gehalt an pflanzlichen Proteinen, was man am Aas-Geruch von falsch hergestellter Brennnesseljauche erkennt), und der Bildung von Fasern (Austrocknen) in den Stielen, die früher zur Herstellung von Seilen Verwendung fanden. Außerdem bildet sie in ihren Brennhaaren Substanzen, die Insektengiften ähneln (hoher Acetylcholin- und Histamingehalt etc.). Auch das Eisen spielt bei der Brennnessel, die eine besondere Affinität zu diesem Element besitzt, eine wesentliche Rolle. Sie ist die Heilpflanze mit dem höchsten Eisengehalt. Er schwankt jedoch stark im Jahreslauf (am höchsten ist er im Frühling und im Herbst) sowie je nach Standort.[40] Nach Rudolf Steiner kann die Brennnessel die Wirkung des Eisens im Boden regulieren.[41]

Die Geste der Brennnessel

Vor allem zeigt die Brennnessel durch ihre straffe fast militärische Struktur ihrer belaubten Triebe, wie sie Ordnung in eine total chaotische Gegend bringt. Diese Geste trägt sie mit ihren horizontalen Rhizomen auch in das Erdreich hinein, wo sie ordnende Lebensprozesse anstößt. Sie gehört zu den Pflanzen, die am schnellsten organisches Material in eine schwarze, humusähnliche Substanz verwandeln.[42] Ihre große vegetative Kraft zeigt sich daran, dass sie nahezu das ganze Jahr über wächst.

Zur Wuchsfreudigkeit der Brennnessel gehört die Dichte ihrer Horste und die dadurch ausgeprägte Fähigkeit der Blätter zur Fotosynthese. Nach dem Grünkohl, aber noch vor der Petersilie weist die Brennnessel den höchsten Gehalt an Chlorophyll auf.[43]

	Chlorophyll a	Chlorophyll b
Grünkohl	189 mg	41 mg
Große Brennnessel	185 mg	173 mg
Petersilie	157 mg	55 mg
Spinat	95 mg	20 mg
Broccoli	26 mg	6 mg
grüne Bohnen	12 mg	4 mg
grüne Erbsen	10 mg	2 mg
Gurke	6 mg	2 mg
Kiwis	1,7 mg	0,4 mg
Weißkohl	0,3–1 mg	0,1–0,2 mg

Der Chlorophyll-a- und -b-Gehalt von Gemüse und Obst je 100 g Frischsubstanz[44]

Der eigentliche Blühprozess findet sich in der Peripherie der Pflanze: im Auswurf der Pollen, in der fein gezahnten Struktur der Blätter mit sehr markanten Blattrippen sowie durch die Bildung der Brennhaare (die ein ganz brennnesselspezifisches Gift enthalten) auf der ganzen grünen Pflanze. Nicht zuletzt kann man selbst im auffälligen Gelb der Rhizome eine Art Blühen sehen, das Licht in die Erde bringt.

So kann man zusammenfassend sagen, dass die Brennnessel einen starken und aktiven vegetativen Wachstumsprozess darstellt (durch den hohen Eiweiß-, Stickstoff- und Chlorophyllgehalt erkennbar), der ihr einen stets „jugendlichen" Charakter bewahrt (hohe Vitalität und die Fähigkeit, viel pflanzliche Lebendmasse zu produzieren). Diesem vegetativen Prozess wird jedoch fortwährend von oben nach unten durch einen Spezifizierungsprozess entgegengesteuert (was sich z. B. durch die so gleichmäßige Zahnung der Blätter zeigt). Dieser Prozess schwächt aber nicht das Vegetative (was etwa der Fall wäre, wenn sich feste Stacheln bildeten oder eine Gilbung der Blätter einträte), vielmehr begleitet er das Wachstum.

Mit dieser knappen Zusammenfassung möge der Leser dazu angeregt sein, die beschriebenen Prozesse in sich zu erleben, um somit die „Geste“ der Brennnessel zu verinnerlichen und sie dadurch mit Bedacht nutzen zu können.

Abb. 72
Das Rhizom der Brennnessel bringt mit seiner gelben Tönung und seiner feinen Verwurzelung Licht-Qualität in den Erdboden[45]

Der Einsatz im Weinbau

Die Brennnessel gilt bei Rudolf Steiner als eine wesentliche Pflanze für den biodynamischen Anbau, die durch keine andere Pflanze in ihrer Wirkensweise ersetzt werden kann. Sie ist eine von sechs Pflanzen, die in Form von Präparaten dem Kompost zugefügt werden. Insbesondere im Weinbau wird sie in Form von Tee als Jauche etc. angewendet.

So, wie der Schachtelhalm eine typische Stängelpflanze ist, so ist die Brennnessel eine perfekte Blattpflanze. Durch die Beherrschung des Wachstumsprozesses, der nie überwuchert, aber immer sehr lebendig bleibt, bringt die Brennnessel wie eine Art Vorbild für das Blattwachstum in den Weinberg ein, das ja gerade beim Wein oft eher im Übermaß und wuchernd stattfindet. Gerade dadurch besitzt sie die besondere Fähigkeit, eisengebundene Prozesse in Boden und Pflanze zu regulieren. Daher wird sie immer dann eingesetzt, wenn es notwendig ist, die Fotosynthese zu steuern, d. h. das Pflanzenwachstum anzuregen oder eine Chlorose zu behandeln.

Vom Wesen des Schwefels

Marc Follmer

„Unsere Chemie spricht nur von den Leichnamen der Stoffe. Sie spricht nicht von den wirklichen Stoffen. Die muss man als empfindende, lebendige kennenlernen."
Rudolf Steiner[46]

Im sogenannten Landwirtschaftlichen Kurs von 1924, der die biologisch-dynamische Landwirtschaft begründete, sprach Rudolf Steiner auf eine neue, nie zuvor dagewesene Art und Weise über Stoffe und deren Salze. Er bezeichnete sie nicht nur als chemische Elemente, die durch ihre spezifischen Eigenschaften definiert sind, wie dies seit Lavoisier praktiziert wurde (und immer noch wird), sondern beleuchtete die Aktivität, die Prozesse, die Gesten der Stoffe – insbesondere dann, wenn es darum ging, ihre jeweilige Rolle in der lebendigen Welt zu charakterisieren. Eine neue Herangehensweise an die Welt der Stoffe war geboren.

Steiner beschrieb dabei die Tätigkeiten der Stoffe oft sehr bildhaft. Das ermöglicht eine einfachere und auch ganzheitliche Herangehensweise, die dadurch aber nicht weniger real ist. Die Geste, die jede Substanz auszeichnet, lässt gleichwohl ein vollkommenes Verständnis, ja sogar die Integration der rein chemischen Eigenschaften des jeweiligen Stoffes zu. Im Grunde stammt eine solche Herangehensweise an die Stoffe aus dem Mittelalter (und noch früher), als man die Pflanzen noch mit einheimischen Namen benannte und damit zugleich etwas von ihrem Wesen ausdrücken wollte (wie etwa in der Signaturenlehre der Homöopathie).

Die Ergebnisse der neuzeitlichen Wissenschaft stehen hierzu keineswegs im Widerspruch, sondern fügen sich problemlos in die von Rudolf Steiner vorgeschlagene Betrachtungsweise ein, die es erlaubt, die Eigenschaften der Stoffe nicht nur im Reagenzglas zu verstehen, sondern im Naturzusammenhang, im Boden, in den Pflanzen, den Tieren und Menschen. Man kann im Sinne der Betrachtungsweise Rudolf Steiners die Stoffe oder auch die chemischen Elemente als eine Art irdischen Anker für übersinnliche Naturprozesse auffassen, ohne die jegliches Leben auf der Erde unmöglich wäre. Studiert man die Aktivitäten und Eigenschaften der verschiedenen Stoffe, dann kann man nach und nach ihren wahren Charakter entdecken. Über die physischen und chemischen Eigenschaften hinausgehend, versteht man dadurch auch die Rolle des einzelnen Stoffes in der Welt und im Naturzusammenhang von Pflanze, Tier und Mensch.

Im Folgenden soll in dieser Art einmal der Schwefel betrachtet werden – ein Stoff, der ja durchaus intensiv im Wein-An- und -Ausbau Verwendung findet.

Schwefel als chemisches Element

Der Schwefel steht im Periodensystem in derselben Spalte wie der Sauerstoff, mit dem er manche Eigenschaften teilt. Er ist ein multivalentes Element, das in großen Mengen vorkommt. Im Wasser wie auch in den meisten polaren Lösungsmitteln ist er nicht löslich, wohl aber in unpolaren Lösungsmitteln. Seine

Dichte und Härte sind sehr niedrig und der Schmelzpunkt (114 °C) ist tief. Sein Siedepunkt indes liegt bei 444 °C.

Durch die spezifische gelbe Farbe seiner nativen Kristalle zeichnet er sich besonders aus. Die Hauptmerkmale des Schwefels weisen auf seine enge Beziehung zur Hitze hin. Zudem ist er als festes Element am wenigsten auf seinen Aggregatzustand festgelegt. Man muss nur wenig Energie aufwenden und schon verändert er seinen Zustand. So reicht es z. B. aus, den Schwefel nur leicht in einer offenen Flamme zu erhitzen, sodass er seine Form aufgibt und flüssig wird.

Diese Eigenschaften ändern sich leicht. So gibt es eine Menge verschiedener Arten molekularen Schwefels und – einzigartig in der Welt der Substanzen: der Schwefel ist sehr labil und bereitet einige Probleme, sich in eine definierte Form einzwängen zu lassen.

Die Chemie des Schwefels zeichnet sich dadurch aus, dass er mit allen anderen chemischen Elementen Verbindungen eingehen kann (außer den Edelgasen). Er bindet sich sogar mit sich selbst und verfügt über allotrope Formen,[47] sowohl im festen als auch im gasförmigen und flüssigen Zustand. Die stabilste Form im festen Zustand stellt der α-Schwefel mit der Formel S_8 dar.

Er verbindet sich leicht mit Sauerstoff: Über 30 Schwefelverbindungen wurden hierzu gefunden. Die häufigste Form ist Schwefeldioxid (SO_2), das durch Verbrennen an der Luft entsteht und im Wasser hoch löslich ist, wobei das Ion Sulfit entsteht (SO_3^{2-}).

Zusammen mit Wasserstoff entsteht ein Gas (H_2S), das in der Natur durch vulkanische Tätigkeit und unter Beteiligung von Bakterien gebildet wird. Schwefel-Kohlenstoff-Verbindungen findet man in Erdöl- und Erdgaseinlagerungen. Gebunden an den Sauerstoff verlässt er das Lebendige, um im Sulfatzustand durch die pflanzliche Welt wieder absorbiert zu werden, die ihn mit Hilfe von Sonnenenergie an den Wasserstoff bindet (ein weiteres Element, das an die Wärme gebunden ist) und so schwefelreiche Aminosäuren (Cysteine) synthetisiert.

Der Schwefel und das Leben …[48] Abbildung nach Otto Wolff: *Grundlagen der Biochemie*, Stuttgart 1988

Schwefel in der Natur

Schwefel ist allgegenwärtig: Man findet ihn in der Luft, im Meer, in den Schwefelquellen, in den Salzvorkommen (Natriumsulfat, Kaliumsulfat). In Verbindung mit Kalzium in Form von porösem Gips, der sich langsam auflöst und dabei wieder Schwefel freisetzt.

Schwefel geht die stabilsten Verbindungen mit Metallen in Form von festen Sulfiden und Sulfaten ein, die dann aber, sobald die Adern mit der Luft in Berührung kommen, merklich den Schwefel wieder freisetzen, der dann seinerseits durch Oxide und Carbonate ersetzt wird.

Im vulkanischen Zusammenhang zeigt der Schwefel sein wahres Gesicht, wenn er wieder in den gasförmigen Zustand versetzt wird: Im Vulkanismus wird die bestehende Ordnung gebrochen und ein gewaltiges Chaos entsteht.

Bei allen Lebewesen ist der Schwefel ebenfalls allgegenwärtig. Die Pflanzen nehmen die ionisierten Sulfide auf und sind die einzigen, die SO_4^{2-}-Ionen aus dem Boden in Sulfid-Verbindungen verwandeln können. Die Tiere wiederum ziehen aus den Pflanzen diese Schwefelverbindungen heraus, die sie für ihren Stoffwechsel benötigen.

Der Schwefel im Boden zeigt sich in Form von Sulfat-Ionen, die bei der Oxidierung von Eiweißen in organischen Abfällen von Lebewesen oder deren Kadaver entstanden, aber auch bei der Oxidierung von mineralischen Sulfiden durch Bakterien.

Pflanzen sind besonders reich an Schwefelverbindungen. Erwähnenswert sind hier die geschwefelten Heteroside der Kreuzblütler (Senf, Kohl). Auch die Zwiebelgewächse enthalten Schwefelverbindungen (Knoblauch, Zwiebel, Bärlauch). Diese Familien sind durch eine hohe Vitalität und einen reichen Saftgehalt gekennzeichnet; sie entziehen sich aber auch einer strengen Formgebung.

In der Welt der Tiere und Menschen spielt der Schwefel eine nicht zu ersetzende Rolle. Der Schwefel – ebenso wie Kohlenstoff, Wasserstoff, Sauerstoff, Stickstoff und Phosphor – ist in jeder lebenden Zelle enthalten und selbst in den kleinsten Zellteilchen (Zellkern, Protoplasma) findet man ihn. Der Schwefel gehört zu den Aufbaustoffen par excellence.

Die biologische Rolle des Schwefels ist hauptsächlich an die Zusammensetzung und Struktur der Eiweiße gebunden. Diese Verbindungen (wie eigentlich alle Schwefelverbindungen) sind schwach und können sehr leicht aufgelöst werden (z. B. durch Erhitzen), und zwar mit der Folge, dass sich schwefelige Zusammenschlüsse bilden. Bei der Zersetzung im fortgeschrittenen Stadium, wie z. B. beim Verwesen, entstehen Schwefel-Wasserstoff-Verbindungen (Geruch nach verfaulten Eiern).

Der Schwefel ist, wie der Phosphor, wie alle ätherischen Öle, aber auch die fetten Öle, ein Stoff, der eng mit der Wärme verbunden ist. Die Wärme ist das Element, das zwischen der geistigen und physischen Welt vermittelt, weshalb man sie auch in der Lebewelt (Pflanzen, Tiere, Menschen) wiederfindet. Beim Menschen ist die Wärme der Mittler zwischen Leib- und Seelenleben; man denke etwa an unsere Begeisterungsfähigkeit: Sie bedeutet für uns sowohl seelische als auch leibliche Wärme. In der Natur bringt die Wärme all das in Bewegung, was im Zustand der Ruhe weilt: Das Eis schmilzt, das Wasser verdampft – und schon sind die besten Bedingungen vorhanden, um pflanzliches Leben sich etablieren zu lassen.

So wie die Wärme, so wehrt sich auch der Schwefel gegen die Tendenz der irdischen Kräfte der Verfestigung und Begrenzung. Damit Geistiges wirksam werden kann, müssen die Formkräfte weichen, weswegen das Auftreten des Schwefels oft auch durch eine gewisse Chaotisierung gekennzeichnet ist.

In unserem Organismus finden wir den Schwefel insbesondere im Stoffwechsel-Gliedmaßen-Bereich. Vor allem hier entstehen und manifestieren sich die Eiweiße.

Seine feurige Natur wird im Weinbau z. B. zur Oidium-Bekämpfung genutzt und in der Önologie als Dioxid. Seinen Wirkkreis, seine Eigendynamik (sowohl physisch als auch im Prozess) zu verstehen, ist vor allem im biodynamischen Landbau wichtig. Man findet Schwefel auch in bestimmten Enzymen, die in allen lebenden Zellen vorhanden sind. Es ist interessant, dass manche Bakterien Schwefelwasserstoff (H_2S) wie Wasser (H_2O) in einem Prozess, der einer primitiven Fotosynthese gleicht, nutzen.

Schwefel und die Dreiteilung, die Prozessnatur des Schwefels

Die Alchemisten beschrieben die Welt der Stoffe mit Hilfe von drei dynamischen Prozessen: die Prinzipien Sal, Merkur und Sulfur. Das Prinzip Salz herrscht vorwiegend bei festen Stoffen ($NaCl$, KCl, SiO_2). Die kristalline Form überwiegt, die „unwägbaren" Elemente (Hitze, Licht) werden ausgegrenzt. Das Prinzip Sulfur herrscht vorwiegend bei Substanzen, die noch die unwägbaren Elemente wie Hitze oder Licht innehaben (Phosphor, Schwefel). Das Prinzip Merkur ist der Mediator, das ausgleichende Element zwischen den Prinzipien Salz und Sulfur; es herrscht vorwiegend bei den Metallen.

Unwägbares		Wägbares
Licht, Hitze Sich einen Weg bahnen Eine Beziehung, eine Bindung aufbauen	⟷	Messbare Qualitäten und begrenzte Dichte
Licht		Dunkelheit
kosmisch	⟷	*irdisch*

Prozess Hitze SULFUR	Prozess MERKUR	Kristallisierungsprozess SALZ
Schwefelbildung Verinnerlichung des Unwägbaren in den Stoffen, die sich den kosmischen Kräften öffnen	Übergang und Streben nach Gleichgewicht zwischen Lösung und Kondensierung Sich-lösen und Gerinnen Metamorphose der Tropfenform	Salzbildung Kristallisierung der wägbaren Materie, die sich den irdischen Kräften und der Schwerkraft öffnen Unwägbares wird ausgegrenzt
Form wird aufgegeben „Dunkelheit und Licht" bahnen sich den Weg	Atemrhythmus abwechselnd Festhalten und Loslassen Ständige Veränderung der Form	Bildung der Gestalt durch Kondensierung Trennung von „Licht" und „finsterer" Materie
Der Tag breitet sich auf der Erde aus	Morgen und Abend	Die Nacht breitet sich aus
Tropisch Die Erde verkörpert die kosmischen Einflüsse	Gemäßigte Zonen Spiel des Wassers zwischen Eis und Dampf	Polarzonen Die Erde glänzt über dem Eis
Sommer, sumpfige Niederungen	Frühling und Herbst	Hochgebirge, Winter
Blüteneindruck (insbesondere im Umfeld der Blütenwand)	Hautbildung (Bildung der Frucht)	Wurzel, Stamm, Samenbildung
Duft der Pflanze	Rhythmik der Pflanze entsteht	Geschmack Neigung zum Verholzen
Ätherische Öle	Saponine	z. B. alkalische Tannine

Schwefel
Die drei alchemistischen Prinzipien: Sal, Merkur, Sulfur[49]

Diese Dreiteilung findet man in allen Naturprozessen, sie durchzieht die gesamte Organisation der Stoffe, Pflanzen und Tiere sowie der menschlichen Struktur in ihrer Gesamtheit bis hin zur kleinsten Einheit der Zelle.

Wenn man die chemischen Elemente in ihrem Prozessaspekt betrachten möchte, dann ist das „tria principia" der alten Alchemisten unumgänglich. Es erlaubt uns, die Aktivitäten der Stoffe zu verstehen, vor allem wenn sie in der lebendigen Welt agieren. Natürlich wohnt jedem Stoff ein eigenes Zusammenspiel dieser drei Prinzipien inne. Es ist ein echter Schlüssel, der es uns ermöglicht, die Phänomene des Lebens zu verstehen.

Man hat dem Schwefel den Namen „Sulfur" oder „Solferus" gegeben, was so viel bedeutet wie: Träger der Sonne. Denn die Sonnentätigkeit verkörpert sich im Licht und in der Hitze. Das ist es, was den beiden Stoffen – Phosphor und Schwefel – innewohnt, noch genauer: das Licht dem Phosphor (er entzündet sich von selbst an der Luft) und die Hitze dem Schwefel. In der Welt der Stoffe werden diese beiden Tätigkeiten getrennt. Eine genauere Untersuchung dieser beiden Stoffe wird uns ihre Komplementarität verdeutlichen.

Hitzeeinwirkung führt beim Schwefel zur Auflösung, zu einer „Chaotisierung" und sogar zur Zerstörung konsolidierter Strukturen. Hierfür reicht es, den Blick auf den Vulkanismus oder auf die keratolytische Wirkung schwefelhaltiger Salben zu richten. Auch im Stoffwechselbereich des Menschen ist der Schwefel sehr präsent.

„Hepar Sulfur" ist ein durch Hahnemann entwickeltes Präparat, das Schwefel und Kalk durch Einwirkung von Hitze verbindet. Es wirkt sehr ähnlich wie die früheren spagyrischen Mittel: In niedrigen Potenzen kann es eine Entzündung hervorrufen, z. B. ein Furunkel; in höheren Potenzen aber kann es (D12) Entzündungen heilen.

Der Schwefel kennzeichnet sich also durch zwei essentielle Eigenschaften: Einerseits seine Verbindung mit der Wärme, die sich – wie bei keinem anderen Element – in seiner Fähigkeit der Verinnerlichung wiederfindet; andererseits in einer gewissen Chaotisierung durch das Auflösen der Strukturen vor allem im Naturkontext, oder beim Menschen als Bedingung für dessen Aktivität.

Man bedenke das Wunder, dass es eine Kraft gibt, die zwischen der geistigen und physischen Welt zu vermitteln weiß: die Wärme. Der Schwefel ist die Substanz, die eine solche Vermittlung im Bereich des Lebendigen (Pflanze, Tier, Mensch) zu bewerkstelligen weiß. „Die Materie ist nie ohne Geist und der Geist ist nie ohne Materie", besagt eine alte Lebensweisheit. In diesem Sinne ist der Schwefel Träger des Geistigen, wie Rudolf Steiner es in seinem Landwirtschaftlichen Kurs beschreibt.

Man kann nun vielleicht besser verstehen, was Rudolf Steiner über den Schwefel angedeutet hat: „Der Schwefel ist gerade dasjenige innerhalb des Eiweißes, was den Vermittler darstellt zwischen dem überall in der Welt ausgebreiteten Geistigen, zwischen der Gestaltungskraft des Geistigen und dem Physischen. Und man kann schon sagen, wer eigentlich in der materiellen Welt die Spuren verfolgen will, die der Geist zieht, der muss die Tätigkeit des Schwefels verfolgen. [...] Wenn auch diese Tätigkeit nicht so offen liegt, wie diejenige anderer Stoffe, so ist sie darum doch gewiss von der allergrößten Bedeutung, weil auf dem Wege des Schwefels der Geist in das Physische der Natur hereinwirkt, Schwefel ist geradezu der Träger des Geistigen. [...]

In Wirklichkeit ist der Sauerstoff der Träger des lebendigen Äthers, und dieser lebendige Äther bemächtigt sich des Sauerstoffs, beherrscht ihn, indem er das auf dem Umwege durch den Schwefel tut."[50]

Schwefel in der Önologie

Der Schwefel wird in der Önologie hauptsächlich in Form von Schwefeldioxid eingesetzt – wie es auch in der Lebensmittelindustrie praktiziert wird.

Schwefeldioxid kommt als Gas unter normalen Bedingungen (Temperatur und Druck) vor. Es wird durch Entzünden des nativen Schwefels an der Luft gebildet und ist löslich.

Das Schwefeldioxid (SO_2) ist ein durch Sauerstoff aktivierter Schwefel, der Hitze frei gibt. Er reizt und wirkt auf den Stoffwechsel. Wer empfänglich ist, wird beim Riechen von Schwefeldioxid einen schweren Kopf spüren, was auf eine übersteigerte Stoffwechselwirkung im Kopf hindeutet.

In der Natur ist Schwefeldioxid im Boden zu finden. In einem genügend durchlüfteten Boden wird die Verbrennung aus Schwefeloxid ausschließlich Schwefeldioxid generieren, was von der Pflanze als Sulfat aufgenommen wird. Der Sauerstoff, als Träger des Schwefels, bringt ihn in den Lebenskreislauf ein.

Schwefeldioxid ist ein Antioxidantium und eine Säure, die zur Stabilisierung von Wein eingesetzt wird. Es verfügt auch über antiseptische Eigenschaften, die eine Selektionierung der Mikroorganismen vor der Vergärung ermöglichen und eine ungewünschte Vermehrung der Mikroorganismen während der Konservierung stoppen. Bakterien reagieren schneller auf Schwefeldioxid als Hefen.

Als Antioxidantium verbindet es sich mit gelöstem Sauerstoff, was die Maderisierung des Weins verhindert und ihn vor einer zu starken Oxidation schützt, während gleichzeitig die gewünschten Aspekte der sensorischen Qualität des Weins erhalten bleiben. Der Gehalt an Schwefeldioxid variiert je nach Wein und Lesezeitpunkt. Der Gesamtgehalt an Schwefeldioxid ist bei Bio-Weinen geringer als bei herkömmlichen Weinen und bei biodynamischen Weinen nochmals geringer. Es gibt auch heutzutage Weine, die ganz ohne Schwefeldioxid-Zusatz hergestellt werden. – Gärhefen produzieren auf natürliche Weise bereits 5 bis 30 Gramm Sulfit.

Muss jedoch Schwefel zugegeben werden, so kann dessen Herkunft eine Rolle spielen. Momentan wird der Großteil des Schwefels aus sogenanntem Sedimentärschwefel gewonnen; dieser Schwefel wird auf industriellem Weg aus fossilen Brennstoffen (Erdöl, raffiniertes Gas) gewonnen und stellt einen großen Teil der Schwefelproduktion dar. Der Schwefel aus Vulkangestein ist ein Schwefel, der von der Natur direkt produziert wird; allerdings muss er vor seinem Einsatz meist noch gereinigt werden. Die Qualität eines Stoffes hängt immer auch vom „Weg" der Herstellung dieses Stoffes ab. Der Schwefel, der in der Medizin als Medikamentenstamm benutzt wird, ist vulkanischer Herkunft, das gilt insbesondere für die Laboratorien der Anthroposophischen Medizin.

Vom Wesen des Kupfers

Marc Follmer

Die Metalle – ihre Sonderstellung in der Natur

Die Metalle nehmen eine ganz besondere Stellung in der Welt der Stoffe ein. In der Natur haben wir einerseits Stoffe wie Kalium, Natrium, Calcium, Magnesium (die mehr zum Sal-Prozess – siehe vorhergehendes Kapitel – neigen) und auf der anderen Seite Stoffe wie Kiesel, Phosphor, Kohlenstoff, Schwefel (die mehr zum Sulfur-Prozess neigen). Dazwischen finden sich die merkuriellen Elemente, die wir als Metalle bezeichnen (siehe Tabelle 1 und Abbildung 73).

Metalle kommen überall in Spuren vor. Eisen und Kupfer findet man auch im Erdboden und in lebendigen Organismen – was bereits auf ihre biologische Bedeutung hinweist.

Die Erde birgt überall Gold, Silber, Kupfer, Eisen etc. In großen Mengen findet man sie nur an wenigen Stellen. Jedes Metall hat seine eigene spezifische Verbreitung auf der Erde. Von den Stoffen, die salartiger oder sulfurischer Natur sind, gibt es zwölf an der Zahl, die Metalle werden seit jeher in einer Gruppe von sieben dargestellt. So haben Blei, Zinn, Eisen, Gold, Kupfer, Quecksilber und Silber in vielen Traditionen eine Verbindung zu den sieben Planeten des Sonnensystems; man findet sie auch in der Namensgebung der Wochentage (im europäischen Sprachraum) wieder.

Die Metalle haben gewisse Eigenschaften gemeinsam wie elektrische und thermische Leitfähigkeit, Dehnbarkeit, Reflexion von Licht, metallischer Glanz – allerdings sind sie auch „schwer“, ihre Dichte ist im Vergleich zu Wasser mehr als doppelt, manchmal sogar mehr als siebenmal so hoch. Sie vereinigen somit eine eigenartige Mischung aus Besonderheiten, die gleichsam irdisch und „überirdisch“ sind (z.B. ihr Bezug zum Licht, ihr Klang). Diese Eigenschaften

Abb. 73
Ausgewählte chemische Elemente im irdischen Kontext[51]

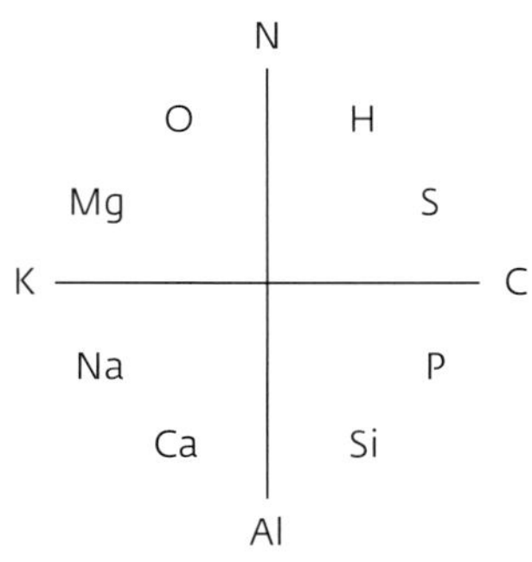

N das Atmosphäregas · H Gas, das mit dem außerirdischen Raum verwandt ist · S Begleiter des Vulkanismus · C Träger der lebendigen Substanz · P Träger vom Bild der Sterne · Si Gesteins-Kristallbildner · Al Gesteinsbildner, Ackerboden · Ca Meersalz, Kalkstein · Na Meersalz · Blut · K Meersalz · Pflanzensäfte · Mg Träger des Blattgrüns · Meersalz · O von der Sonne aktivierte Luft

haben von jeher die Menschheit fasziniert. Der Gebrauch von Metallen hat die Menschheitsentwicklung immer begleitet. Man spricht vom Kupferzeitalter, von der Bronzezeit oder der Eisenzeit. Jedes Metall besitzt eben auch ganz eigene Fähigkeiten und Eigenschaften.

Physikalische Eigenschaften des Kupfers

Kupfer wird als chemisches Element unter dem Kürzel Cu geführt. Kupfer gehört zu derselben Familie wie Silber (Ag) und Gold (Au). Wie alle sieben Hauptmetalle ist Kupfer naturgegeben in der Erdkruste vorhanden und für die Entwicklung des Lebens wesentlich.

Kupfer und seine zahlreichen Erze zeigen sich sehr farbintensiv. Kein anderes Metall entwickelt so viele verschiedene Farben: Das pure Metall hat einen orangeroten Ton, die Farben seiner Erze gehen vom Goldgelb (Chalkopyrit) über Blau (Azurit) bis hin zum Grün im Malachit. Kupfer zeigt durch seine Vielfarbigkeit eine Affinität zum Licht. Der Bezug zur Wärme wird durch seine hohe Wärmeleitfähigkeit klar; es ist der beste Wärmeleiter nach Silber und besitzt auch eine außerordentlich gute elektrische Leitfähigkeit.

Kupfer lässt sich durch seine formbare und weiche Beschaffenheit leicht verarbeiten. Es ist auch wasserlöslich. Seine innere Plastizität und seine Formbarkeit sind Eigenschaften eines Edelmetalls, wobei es durch seine Zugfestigkeit und Beständigkeit dem Eisen nahesteht.

Kupfer ist eines der Metalle, die der Mensch mit am längsten für seine Zwecke nutzt. Man hat Spuren von Kupferverarbeitung an Ausgrabungsorten aus dem fünften Jahrtausend vor Christus gefunden. Die Geschichte des Kupfers im Mittelmeerraum ist mit der Insel Zypern verbunden. Hier wird der Beginn des Kupferabbaus vermutet. In der römischen Epoche wurde das Kupfer Cyprium genannt (Metall aus Zypern, aus dem Griechischen Cyprium = Zypern).

Metall	Silber	Kupfer	Gold	Eisen	Zinn	Blei
Elektrische Leitfähigkeit	100	93	67	16	14	7,8
Thermische Leitfähigkeit	100	91	74	13	15	8
Zugfestigkeit	18	22	10	25	2	9

Tabelle 1: Eigenschaften der sieben Metalle[52]

Chemische Eigenschaften des Kupfers

Kupfer besitzt zahlreiche chemische Bindungen sowie bemerkenswerte Legierungsmöglichkeiten mit Zinn wird es zu Bronze, mit Zink wird es zu Messing. Letzteres war bereits bei den Griechen bekannt, und die Bronze war Grund einer technologischen Revolution („Bronzezeit“) 2300 Jahre vor unserer Zeitrechnung.

Seine vielseitigen Bindungsmöglichkeiten haben ihm den Namen „Metrix Metallonum“ durch die Alchemisten eingebracht. Diese empfindliche Reaktionsfähigkeit hat zur Anwendung als Kupfersulfat für die bildschaffende Methode der Kupferkristallisation bei organischen Stoffen geführt.

Abb. 74
Sandro Botticelli: Die Geburt der Venus, ca. 1485/1486, Uffizien, Florenz[53]

Durch seine so unterschiedlichen Eigenschaften, seine Verbindung zu den Farben (Licht), seinen Glanz, seine Wärme und seine Formbarkeit hat die Menschheit Kupfer von jeher mit der Göttin Aphrodite (Venus) in Verbindung gebracht. Die Insel Zypern wurde der Göttin Aphrodite geweiht. Das Gemälde „Die Geburt der Venus" von Botticelli zeigt perfekt diese vielen Aspekte des Kupfers.

Kupfer und die Welt des Lebendigen

Kupfer ist ein lebensnotwendiges Spurenelement – für Mikroorganismen, Pflanzen, Tiere und auch den Menschen.

Der menschliche Körper besitzt normalerweise 1,4 bis 2,1 Milligramm Kupfer pro Kilogramm. In seiner Eigenschaft als Spurenelement ist es in vielen Enzymen präsent.

Auf pflanzlicher Ebene ist Kupfer bei der Fotosynthese notwendig. Ein Kupfermangel bei den Pflanzen bedeutet Chlorophyllabbau, Blattsterben und einen Rückgang des Wachstums.

Alle niederen Pflanzen, Einzeller, die niederen Pilze sowie Algen werden allerdings durch Kupfer vergiftet.

Weichtiere, Muscheln atmen mit Hilfe eines Pigments, das nicht Eisen, sondern Kupfer enthält (Hämocyanine statt Hämoglobin). Diese Organismen leben im feuchten Element und sind von weicher Konsistenz und stoßen alles Mineralische, Strukturgebende aus.

Und schließlich hat Kupfer auch noch eine antibakterielle und fungizide Wirkung. Auch die Kupferlegierungen Messing und Bronze besitzen sterilisierende Eigenschaften.

Der Kupferprozess

Bereits anhand dieser wenigen Beispiele zu seiner subtilen Rolle in den Prozessen bei Natur und Mensch – es gibt noch viele andere (siehe die Literaturhinweise am Ende des Textes) – beginnt die Geste des Kupfers aufzuleuchten:

- Kupfer ist das Metall der Entspannung und Wärme.
- Im menschlichen Organismus wirkt Kupfer wie ein Katalysator im unbewussten Metabolismus des Wachstums.
- Blickt man auf den Menschen, so kann man seinen verschiedenen Charaktertypen auch verschiedene Metalle zuordnen: Der Kupfertyp zeigt sich durch Ergebenheit, Nächstenliebe und Anpassungsfähigkeit.
- In der Anthroposophischen Medizin wird Kupfer als krampflösendes Mittel in Kombination mit Pflanzen mit derselben Eigenschaft – Kamille, Melisse und Tabak (*Nicotiana tabacum*) – verabreicht.
- Die Niere und die Schilddrüse sind die Organe, die Ziel der Kupferwirkung im Organismus sind.
- Seine Farbvielfalt und -wandelbarkeit, seine Fähigkeit, Legierungen zu bilden, sind charakteristische Eigenschaften des Metalls Kupfer.
- Venus-Aphrodite als die Göttin des Frühlings, der Schönheit und der Liebe spendet Fröhlichkeit und Liebenswürdigkeit. Eisen begleitet die Mutigen; die Geistreichen folgen Merkur; Zinn gehört den Braven und Kupfer den Schönen.

Kupfer im Weinbau

Kupfersalze – vor allem Kupfersulfat –, aber auch Formen von Oxiden, Hydroxiden und Chloroxiden sind zusammen mit Schwefel einige der wenigen Fungizide, die in der biologischen und biodynamischen Landwirtschaft erlaubt sind. Es gibt nur wenige Alternativen auf diesem Gebiet. Die gebräuchlichste Form ist die Bordelaiser Brühe, die aus mit Kalk abgelöschtem Kupfersulfat besteht. Der Löschkalk neutralisiert den Säuregehalt, der durch die Kupfersulfatlösung entsteht. Das Kupfersulfat dient auch als Spurenelementlieferant bei Kupfermangel, sowohl bei Pflanzen als auch bei Tieren.

Wie jedes Metall ist auch Kupfer im Boden biologisch nicht abbaubar – sonst wäre es ja nicht „natürlich" als Bodenschatz vorhanden. Die Anreicherung von Kupfer in den obersten Bodenschichten wird kritisch gesehen.

Die *gesetzlichen* Grenzwerte haben sich im Laufe der Jahre folgendermaßen verändert:

- 8 kg/ha bis 2005
- 6 kg/ha bis 2014
- 4 kg/ha nach 2014

In Zukunft wäre eine Reduktion des Kupfereinsatzes anzustreben, Alternativen müssen gesucht und gefunden werden. Jedoch wären hierfür dann auch gesetzliche Grundlagen notwendig, sodass diese Alternativen auch angewendet werden könnten. Zudem ist es auch nötig, in der Zukunft Pflanzen zu züchten, die eine gesunde Widerstandsfähigkeit mit sich bringen. Die Anwendung von Pflanzentees (Brennnessel oder Schachtelhalm z. B.) ermöglicht es, die Kupfermengen stark zu reduzieren (siehe S. 160 f.).

Man kann jedoch durch ein Aufteilen der Gesamtdosis auf mehrere Spritzungen die toxische Wirkung des Kupfers abmildern. Zum Beispiel sollte ein Kupfereinsatz von vier Kilogramm pro Hektar, aufgeteilt auf acht Anwendungen, mit je einem halben Kilogramm pro Hektar, den Regenwurmbestand nicht allzu sehr gefährden. Derzeit laufen Untersuchungen zum Risiko einer Vergiftung der Biomasse in den Böden durch Kupfer, mit der Frage, wie stark die Kupfermenge ohne Verlust der fungiziden Wirkung gegen Oidien (Pilzsporen) im Weinberg reduziert werden kann. Erste Ergebnisse zeigen, dass der Erfolg bei der Behandlung mit Kupfer vor allem von einem gezielten Einsatz und einer Vielzahl von Anwendungen und nicht von der Menge Kupfer pro Anwendung abhängig ist.[54]

Literatur zum Thema

Wilhelm Pelikan: *Sieben Metalle, vom Wirken des Metallwesens in Kosmos, Erde und Mensch.* Dornach ⁷2011.

Frits H. Julius: *Grundlagen einer phänomenologischen Chemie, Teil II, Stoffeswelt und Menschenbildung.* Stuttgart 1965.

Stephan von Löwensprung: *Praxisforum Spezial Metalle, Les métaux.* Correspondances Médicales 2013/Nr. 31, Editions Médicales Anthroposophiques, Huningue.

Alla Selawry: *Types fonctionnels métalliques en psychologie et médecine.* Guy Trédaniel Editeur, Paris 1990.

Alla Selawry: *Metall-Funktionstypen in Psychologie und Medizin.* Stuttgart 1971.

Karin Lundsgaard, Veronika Prochazka, Nikolai Fuchs: *Kupfer ist mehr als ein Schwermetall.* Lebendige Erde Nr. 3/2004, S. 39 – 40.

Wesensgemäßer Rebschnitt

Hans-Christian Zehnter

Eine primär ertragsorientierte und die Arbeit technisierende und rationalisierende Ausrichtung hat den Weinbau in die Einseitigkeit der Monokultur geführt. Folge davon ist eine wachsende Beziehungslosigkeit des Winzers zu seinen Rebpflanzen. Das spiegelt sich auch in der Schnitt-Technik wider: Es muss zeiteffizient geschnitten werden. Dadurch schleicht sich – statt Achtsamkeit und Respekt – mehr und mehr Achtlosigkeit ein. Das zeigt sich bis in den Gesundheitszustand der Rebstöcke. Der allzu fahrlässige Schnitt schwächt die Rebe und macht sie anfällig für Krankheiten (insbesondere für die Holzkrankheiten).

Ein sanfter – oder auch wesensgemäßer – Rebschnitt setzt voraus, dass der Blick auf die Natur und die Bedürfnisse der Pflanze gelenkt wird und nicht primär auf die eigene, betriebsökonomische Ausrichtung. Diese Zuwendung kommt sekundär wieder der Betriebsbilanz zugute – nicht nur in wirtschaftlicher, sondern auch in sozialer Sicht: Ein sanfter Rebschnitt verlangt eine genaue und liebevolle Beobachtung – man kann und sollte beispielsweise versuchen, sich die Saftflüsse in der Rebe vorzustellen. So empfiehlt Rudolf Steiner für eine lebendige Erfassung der Bildekräfte in der Natur: „Eine besondere Hilfe leistet man sich in der Verfolgung dieses Zieles dadurch, dass man mit innigerem Gemütsanteil das Leben in der Natur betrachtet. Man sucht zum Beispiel eine Pflanze so anzuschauen, dass man nicht nur ihre Form in den Gedanken aufnimmt, sondern gewissermaßen mitfühlt das innere Leben, das sich in dem Stängel nach oben streckt, in den Blättern nach der Breite entfaltet, in der Blüte das Innere dem Äußeren öffnet und so weiter. In solchem Denken schwingt der Wille leise mit; und er ist da ein in Hingabe entwickelter Wille, der die Seele lenkt; der nicht aus ihr den Ursprung nimmt, sondern auf sie seine Wirkung richtet. Man wird naturgemäß zunächst glauben, dass er seinen Ursprung in der Seele habe. Im Erleben des Vorgangs selbst aber erkennt man, dass durch diese Umkehrung des Willens ein außerseelisches Geistiges von der Seele ergriffen wird."[55]

Derjenige, der den Schnitt ausführt, gewinnt dadurch eine wesentliche Beziehung zu „seinem" Weinstock, zu seiner Rebe. Er erlebt mehr und mehr Sinn in seiner Arbeit (und hat nicht nur das Ziel, Geld zu verdienen). Solche scheinbaren Nebeneffekte führen schließlich sogar dazu, dass sich das ganze Betriebsklima, die Ausstrahlung des Betriebs und somit auch die Qualität des Weins bis in die geschmackliche Wahrnehmbarkeit hinein verbessert. Das sind zentrale Erfahrungen, welche die beiden Hauptvertreter des sanften Rebschnitts, die mittlerweile nicht nur in ganz Europa, sondern auch in Übersee Winzer erfolgreich beraten, immer wieder von neuem machen dürfen. In Frankreich ist das vor allem

François Dal[56], der im folgenden Beitrag seinen Ansatz beschreibt, in Italien ist es das Team von Marco Simonit und Pierpaolo Sirch.[57]

Das Grundprinzip des wesensgemäßen Rebschnitts

Vornehmlich geht es um den Winterschnitt. Die Rebe hat ein akrotonisches Wachstum: Der Austrieb distaler Augen wird begünstigt, sodass sich ohne Schnitt der Wuchs rasch vom Rebstock entfernt. Vor allem zur Rationalisierung der Arbeit wird die Rebe immer wieder auf Stocknähe zurückgestutzt. Dieser Schnitt erfolgt im Winter. Aus der Sicht des sanften Rebschnitts gibt es zwei wichtige Aspekte.

Erstens: Es dürfen dem Rebstock dabei keine großen Wunden zugefügt werden. Das würde den Versorgungsfluss der Pflanze unnötig hemmen, indem ein großer Totholzkonus die Wunde nach innen hin verschließt. Das Totholz aber lädt Pilze ein, ihrer Aufgabe, und zwar dem Abbau von organischer Substanz, nachzukommen. Da in altem Holz Schnittwunden nicht mehr so gut verheilen, wird beim sanften Verfahren der Schnitt an ein- bis zweijährigen Trieben, also etwas entfernt vom Rebstock, durchgeführt.

Zweitens: Grundsätzlich sollte man so schneiden, dass alle Leitbahnen immer in Funktion bleiben. Denn ein unachtsamer Schnitt führt zu unnötigen Saftflussverengungen und -umwegen. Dann fließen die Pflanzensäfte in immer weniger Leitbahnen, und die „verwaisten" Leitbahnen bilden tote Stellen im Holz. Das alles zehrt an den Kräften, bis der Rebstock schließlich ganz verkümmert. Bei einem sorgfältigen Schnitt verlaufen die Versorgungswege geradlinig und durchgehend. Das Holz bleibt weitgehend unversehrt.

Schnitt-Techniken zur Vermeidung von Holzkrankheiten – sanfter Rebschnitt

François Dal[58]

Holzkrankheiten gehören zu den beunruhigendsten Herausforderungen der Winzer. So gut wie immer findet man Totholz im Inneren eines mehr als zehn Jahre alten Weinstocks, der von außen betrachtet aber noch für gesund erachtet wurde. Allerdings unterscheiden sich die Symptome und der Krankheitsbefall von Weinberg zu Weinberg bzw. von Winzer zu Winzer – oft sogar signifikant. Natürlich kommen hier mehrere Pflegepraktiken als Ursache in Frage, insbesondere scheint aber die Qualität des Rebschnitts einen starken Einfluss auf die Ausprägung der Symptome zu haben.

Die SICAVAC[59] betrachtet vor allem zwei Faktoren als die Ausbreitung der Holzkrankheiten begünstigend:

1. Ein Mangel an Reserven bei der Rebpflanze: Eine Pflanze mit ungenügenden Reserven ist weniger widerstandsfähig und damit weniger dazu in der Lage, Schädigungen standzuhalten (Verletzungen, Krankheitserreger etc.).
2. Störung des Saftflusses: Alles, was den Fluss des Saftes verlangsamt, macht die Pflanze anfälliger für Krankheitsbefall.[60]

Schnittnekrose

Nekrose aufgrund eines einseitigen Rebschnitts

Ab einem bestimmten Alter werden die Triebe auf einer Seite der Reben fast nur noch von den Gefäßen, die auf dieser Seite verlaufen, ernährt. Ein unausgewogener Rebstock mit allen Saftsenken auf derselben Seite ist damit auf der anderen Seite schlecht versorgt. Wenn der Rebstock an dieser schwachen Seite geschädigt wird (durch die Rebschere, durch Insekten oder durch das Eindringen von Mikroorganismen), kann er sich nicht genügend wehren und trocknet schließlich – in unterschiedlichem Ausmaß – aus. Vielleicht wird gerade dadurch sogar ein wichtiger Teil des Rebstocks funktionsunfähig gemacht.

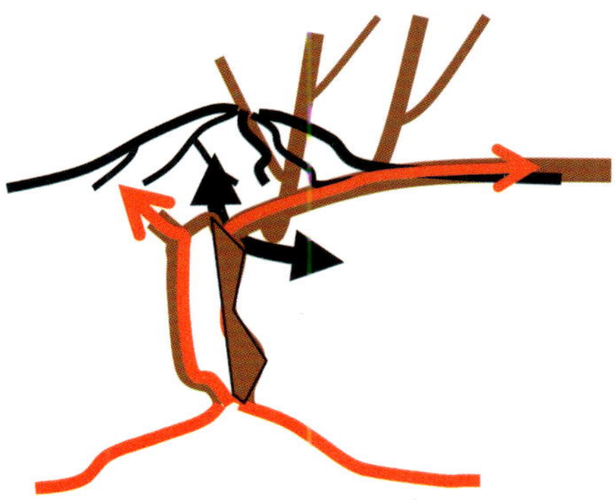

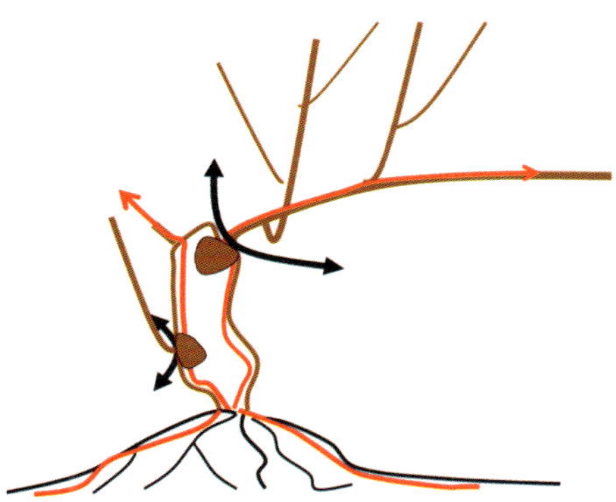

Abb. 75 und 76
Links: Der einseitige Schnitt führt zu einer einseitigen Versorgung des Rebstockes.
Rechts: Bei zu großer Schnittwunde kann sich die Rebe weniger vor Austrocknung schützen[61]

Nekrose aufgrund von Schnittwunden

Wenn beim Schneiden der Reben eine Wunde entsteht, formt der Rebstock eine Masse Totholz darum, den sogenannten Eintrocknungskegel, der die Pflanze vor Austrocknung schützt. Ist die Schnittwunde so groß, dass die Rebschere in die großen Gefäße des alten Holzes eingedrungen ist, wird auch der Konus größer, und daher ist die Rebe noch weniger in der Lage, sich vor Austrocknung zu schützen.

Am Ende können Ungleichgewicht und verschiedene Eintrocknungsnekrosen, Knoten und Verdickungen zum Tod eines Teils des Holzes führen, was natürlich zu einer allgemeinen Schwächung der Pflanze führt und somit einen fruchtbaren Boden für die Entwicklung von Pilzen schafft.

Abwehrmechanismen der Reben

Kompartimentierung, Modell CODIT

Wenn ein Gehölz geschädigt ist (durch mechanische Einwirkung oder durch unerwünschte Mikroorganismen), dann setzt das einen komplexen Abwehrmechanismus in Gang. Es wird ein Gewebe aus Lignin, Suberin und phenolischen Verbindungen produziert. Dieses bildet dann eine Schutzzone, die den beschädigten Teil von den gesunden Pflanzenteilen abtrennt. Man bezeichnet das Phänomen als „Abschottung". Von Alex Shigo wurde ein Modell entwickelt, das CODIT (Compartmentation of Decay in Trees), das diesen Mechanismus zu erklären versucht. Die Bildung der Gewebetrennwände ist wichtig, um den verletzten Bereich von der Umgebung zu schützen. Sie hat jedoch zwei wesentliche Nachteile:

1. Die Pflanze braucht viel Energie, um die Substanzen der Trennwand zu bilden.
2. Durch das Trenngewebe wird der Saftfluss unwiderruflich an einem Teil des Stammes/Astes unterbrochen.

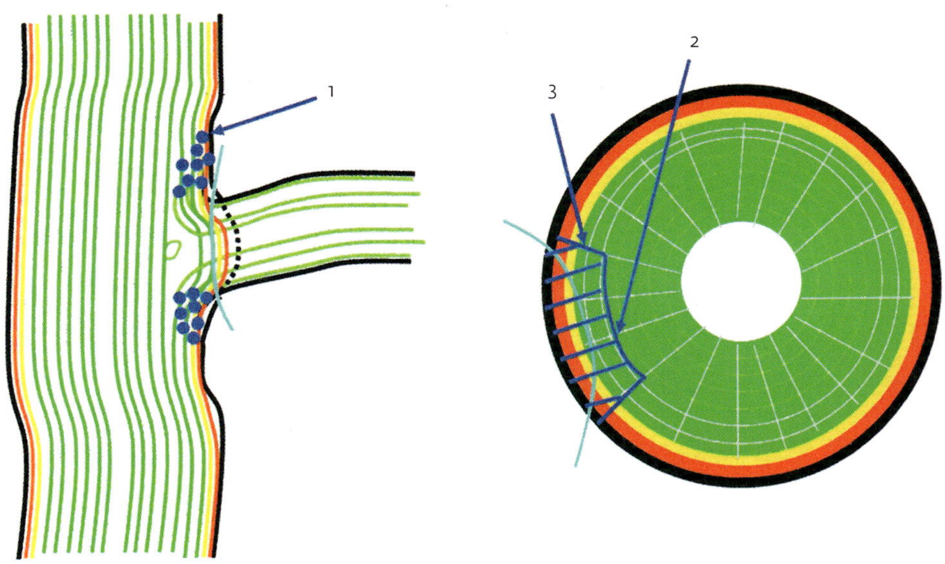

Abb. 77 und 78
Links: Die Trennwand 1 wird durch Verstopfung der Gefäße gebildet. Rechts: Die Trennwände 2 und 3 sind Gewebe, in denen die Stärke in verschiedene Substanzen verwandelt wird (Terpene, Suberin usw.) [62]

Kavitation und Embolien

Die Bildung von Totholz zerstört einige Gefäße der Pflanze. Der Fluss von Pflanzensaft wird in den verbleibenden Gefäßen ausgleichend erhöht. Wenn dieser Druck einen bestimmten Grenzwert überschreitet, bilden sich in den Gefäßen Luftbläschen. Dieses Phänomen wird als „Kavitation" bezeichnet. Die Luftbläschen können den Saftfluss blockieren und zu Embolien führen. Um dies zu verhindern, wandeln Pflanzen Stärke in Zucker um, um die Viskosität des Saftes zu erhöhen, da dies die Luftbläschenbildung vermindert. Dieser Mechanismus erfordert sehr viel Energie von der Pflanze.

Fazit

Verletzungen behindern den Saftfluss stark und fordern einen großen Einsatz der Energiereserven der Pflanze. Darum führen Verletzungen zu einer allgemeinen Schwächung der Rebe, die dadurch unfähig wird, sich gegen pathogene Pilze zu wehren.

Entgegen der landläufigen Meinung, dass pathogene Pilze in die Reben eindringen und dadurch Totholz entsteht, zeigt sich hier nur allzu deutlich, dass das Absterben des Holzes vor allem auf schlechte landwirtschaftliche Praktiken zurückzuführen ist. Die sogenannten „Krankheitserreger" kommen erst sekundär, um nämlich das bereits tote (oder schwache) Holz abzubauen.

Sind die Reben geschwächt und leiden unter Reservemangel, dann sind sie auch nicht in der Lage, eine ausreichend starke Trennwand aufzubauen. Einige besonders aggressive Pilze überwinden dann diese Trennwände, wodurch letztlich das Sterben des Rebstocks beschleunigt wird.

Vermeidung von Nekrosen durch einen respektvollen Schnitt

Die Erziehung der jungen Reben

Besondere Aufmerksamkeit und Sorgfalt muss den jungen Rebstöcken geschenkt werden. Schnittwunden, die in jungen Jahren entstehen, haben einen bislang stark unterschätzten Einfluss auf die Entwicklung der Reben. Um von Beginn an einen angemessenen Schnitt durchführen zu können, der den Saftfluss so wenig wie möglich behindert, ist es notwendig, die Wachstumsentwicklung der Reben vor Augen zu haben. Dafür kommen wir um einige neue Praktiken nicht herum: Wenn die Jungpflanzen an den Draht gebunden werden, dann sollte ein längerer Zapfen angeschnitten und dieser in diejenige Richtung gebogen und angebunden werden, die es erlaubt, dass die austreibenden Augen möglichst in Richtung des Drahtrahmens wachsen.

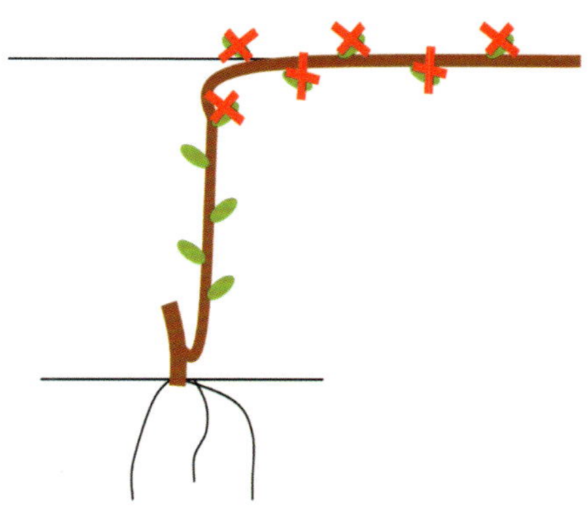

Abb. 79 [63]

Im folgenden Jahr können bereits zwei kurze Fruchtruten stehen gelassen werden. Beide werden am Bindedraht befestigt, auch wenn die Triebe, die später als Zapfen oder Fruchtrute verwendet werden, nicht in Richtung des Drahtrahmens wachsen.

Abb. 80 [64]

Ziel dabei ist, den Rebstock von Beginn an in seiner natürlichen Wuchsform zu belassen. Dafür ist es notwendig, von Anfang an vorgreifend zu überlegen, wie man diese Form erhalten kann. Und nach dem bereits Gesagten sollte es klar sein, dass großflächige Schnittwunden und die Entstehung von Einseitigkeiten zu vermeiden sind.

Der Schnitt nach Guyot Poussard

Einige Schnittmethoden führen zu sehr zufriedenstellenden Ergebnissen. Beispielhaft seien hier die „Gobeleterziehung“, der „cordon double“ und der Schnitt nach Guyot Poussard erwähnt. Bei allen diesen Techniken sind die weiter oben genannten Kriterien allerdings nicht aus dem Auge zu verlieren, insbesondere ist es wichtig, nicht zu dicht zu schneiden (immer einen kleinen Zapfen stehen

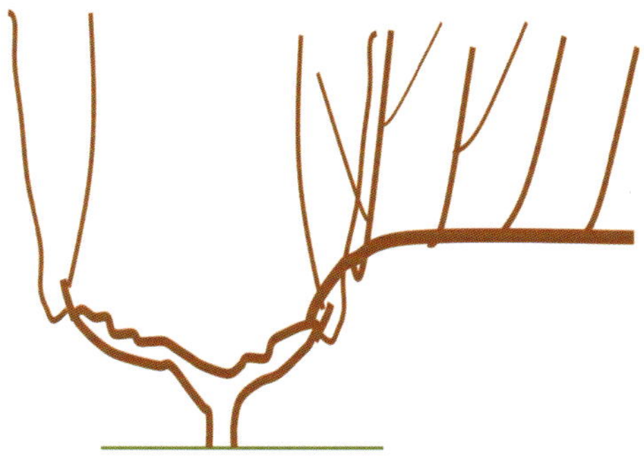

Abb. 81
Der Schnitt nach
Guyot Poussard [65]

zu lassen, der dann eintrocknen kann). Die Beachtung dieser Schnitt-Techniken führt dazu, dass der Saftfluss nicht gestört wird. Es ist immer ratsam, lieber etwas länger anzuschneiden und auch besser mal das eine oder andere Auge zu überspringen, als den Schnitt zu dicht anzusetzen.

Andere Faktoren, welche die Reservestoffverlagerung oder den Saftfluss verhindern

Gut bekannte und erprobte Faktoren, die den Aufbau von Reserven und den Saftfluss unterstützen, sind:

- ausgewogene Ernteleistung (nicht zu viel),
- ausgewogene Vitalität (weder zu viel noch zu wenig),

– ein lebendiger, sich in Gleichgewicht befindender Boden. Durch Düngung können bestehende Nährstoffmängel ausgeglichen und die Vitalität optimiert werden. Eine Bodenbegrünung hat viele Vorteile für das Bodenleben und trägt (über den Aufbau von Reserven) zur Gesundheit der Rebe bei. Auch hilft die Begrünung, die Vitalität zu stärken, sodass sie gerade zwischen dem Treiben der Knospen und der Blüten in rechter Weise zur Verfügung steht.

Der Saftfluss kann durch einen mutilierenden Schnitt gestört werden. Es gibt jedoch einen weiteren Faktor, der den Saftfluss wesentlich beeinträchtigen kann. Es handelt sich um die Qualität der Verbindungsstelle des Pfropfreises mit dem Wurzelstock. Bereits 1895 schrieb B. Drouhalt: „Die Vitalität und Langlebigkeit einer gepfropften Rebe hängt hauptsächlich von der Qualität der Kallusbildung ab. Eine schlecht verheilte Pfropfstelle kann vielleicht in den ersten Jahren kräftige Rebstöcke hervorbringen, aber im Laufe der Zeit kränkelt der Rebstock und stirbt bald ab. Man sucht alle möglichen Ursachen, um dieses Sterben der Rebstöcke zu erklären, aber im Grunde liegt das Problem am schlechten Zusammenwachsen der Pfropfstelle."[66]

Wenn jeder Weinberg so angelegt ist, dass die Rebpflanzen maximale Reserven aufbauen können und der Saftfluss der Rebstöcke nicht behindert wird, dann sollte die Sterblichkeit der Reben aufgrund von Holzkrankheiten signifikant sinken.

Ein in diesem Sinne respektvolles Management kann auch einen positiven Einfluss auf andere Krankheiten der Rebe haben (etwa Mangelerscheinungen o. Ä.). Des Weiteren leiden Rebstöcke, die besser ernährt werden und bessere Reserven haben – deren Saftfluss also gesund verlaufen kann –, weniger unter abnormalen Wetterbedingungen und benötigen weniger Dünger.

Es mag so sein, dass all diese Maßnahmen zusätzliche Arbeit verursachen. Diese Mehrarbeit wird jedoch bald durch bessere, ausgewogenere Reben ausgeglichen – und so fällt schließlich weniger Arbeit in Bezug auf eine Krankheitsbehandlung an.

Die Rebschule – Den züchterischen Blick wieder lernen

Jean-Michel Florin

Winzerworte

„Ich habe meine Anbaumethode komplett umgestellt.
Wir pflanzen die Unterlagen, Rupestris du lot, und dann werden sie nach zwei bis drei Jahren vor Ort mit dem Pfropfreis aus unserer eigenen Massenselektion gepfropft. Die Stöcke sind widerstandsfähiger und der Saft fließt besser."
Domäne Le sang des cailloux, Vaqueyras, Frankreich

Wie in vielen anderen Gebieten der Landwirtschaft – etwa im Getreideanbau – wurde auch im Weinbau im letzten Jahrhundert die Züchtungsarbeit den Landwirten aus der Hand genommen. Die Züchtung neuer Weinsorten übernahmen darauf spezialisierte Rebschulen. Die Phylloxera-Krise am Ende des 19. Jahrhunderts beschleunigte diesen Prozess, weil es plötzlich notwendig wurde, gepfropfte amerikanische Unterlagen zu kaufen. Man kann sich durchaus fragen, inwieweit der Phylloxera-Befall nicht sogar instrumentalisiert wurde, um die Vermehrungsarbeit den Winzern aus der Hand zu nehmen. Lucien Daniel beispielsweise wies darauf hin, dass die Lösung der Reblausproblematik durch das Pfropfen auf amerikanische Unterlagen für viele Menschen einen neuen Markt eröffnete: Unterlagenverkäufer, Zuckerproduzenten usw.[67] Denn: Man muss sich schon fragen, weshalb die einzige, gesetzlich erlaubte Lösung das Pfropfen auf amerikanische Unterlagen ist. Man hätte sicher auch resistente europäische Rebpflanzen (*Vitis vinifera*) entdecken bzw. züchten können. Wie auch immer: Sicher ist, dass diese Lösung den Winzern die Züchtung und Vermehrung der Reben genommen hat.

Früher vermehrte jeder Winzer seine Reben selbst – meist aus Ablegern vor Ort. Brachte diese vegetative Vermehrungsmethode auch keine so große Diversität hervor wie die generative Vermehrung über den Samen, so machte das dennoch im Laufe der Zeit eine Anpassung an den jeweiligen Standort möglich. Auf diese Weise wurden in jeder Region spezifisch standortbezogene Pflanzen der verschiedenen Rebsorten entwickelt.

Die neue Art der Vermehrung und das zusätzliche Pfropfen (der europäischen Sorten auf amerikanische Unterlagen) wurden von den meisten Rebschulen sehr stark industrialisiert – hauptsächlich, um Kosten zu senken. Die Unterlagen werden in den meisten Fällen konventionell und mit viel Kunstdünger und Spritzmittel angebaut, um das Wachstum zu fördern. Oft wachsen sie direkt auf nacktem Boden ohne Stütze, wodurch das Milieu eher zu feucht und schattig ist. Dies wiederum macht die

Abb. 82
Pfropfmethoden von links nach rechts: Omega-Methode; englische Methode, V-Methode[68]

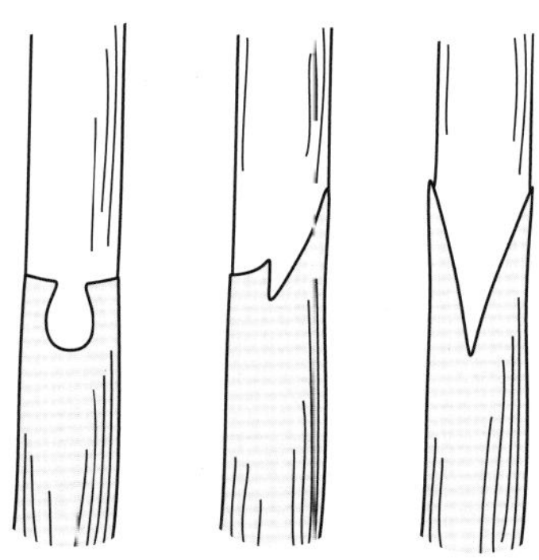

Pflanzen für Fäulniskrankheiten wie Botrytis empfänglich. Deshalb wird häufig ein Fungizid gegen Botrytis gespritzt. Darüber hinaus werden die Unterlagen oft aus Unachtsamkeit durch Tritt verletzt oder sogar vom Traktor bis ins Holz hinein verwundet, was wiederum zu einer erhöhten Anfälligkeit für Krankheiten führt. Oftmals sind diese Unterlagen auch schwach; das Holz ist nicht sehr fest, enthält viel Mark und ist anfälliger für Holzkrankheiten. Meistens bilden diese Pflanzen wegen der Fungizid-Anwendungen auch keine Mykorrhizen um ihre Wurzeln herum aus.

Die Unterlagen von nur wenigen amerikanischen Arten (es gibt gerade einmal 30 bis 40 Klone in der ganzen Welt), die zudem immer weiter geklont werden, sind nicht an den jeweiligen Standort angepasst. Ebenso werden die Pfropfreiser geklont – dies nur deshalb, um eine möglichst große Einheitlichkeit zu erzielen.

Die stark mechanisierte Pfropftechnik der Omega-Methode wird vielfach nicht sehr sorgfältig durchgeführt – einfach um schneller (und damit nur vordergründig ökonomischer) zu arbeiten. Mit der Omega-Methode ist man bis zu dreißig Mal schneller als mit der englischen Pfropfmethode. (Eine Studie von Florian Bassini hat gezeigt, dass Omegapflanzen anfälliger gegen Holzkrankheiten sind – siehe Kasten, S. 152 f.) Weiterhin werden die Unterlagen nach dem Pfropfen ein erstes Mal in Paraffin getaucht und dann in Pflanzenhormone; danach noch einmal in Paraffin, bevor sie in die Rebschule oder in Töpfe verpflanzt werden.

Vor dem Hintergrund dieser Tatsachen versuchen einige Winzer und Rebschulen andere Wege zu gehen.

Der Winzer Guy Bossard bei Nantes in Frankreich führt seit über 50 Jahren eine Rebschule. Mittlerweile züchtet er seine eigenen Reben und seit 1997 arbeitet er mit der biodynamischen Methode. Nach einer vorhergehenden massalen Selektion (sélection massale) nimmt er nur Pfropfreiser von gesunden Reben mit einer mittelmäßigen Produktion, mit lockeren Trauben und gutem Widerstand gegen Verrieselung. Er schneidet die Pfropfreiser bei aufsteigendem Mond aus gut verholzten Trieben, die kurz vorm Austreiben stehen. Die Auswahl muss groß genug sein, um eine Abnahme der Diversität zu vermeiden. Dass man in den letzten 40 Jahren nur auf Ertrag hin züchtete, war für die Qualität der Weine wenig för-

Abb. 83 und 84
Winzer wie Lilian Bérillon in Südfrankreich gehen ihre eigenen Wege: Sie wenden biodynamische Präparate an, betreiben Massenselektion, um eine Vielfalt für die europäischen Pfropfreiser zu behalten und ziehen selbst die amerikanischen Unterlagen hoch[69]

derlich, zumal man bei der Vermehrung dann gerade noch die vom großen Ertrag geschwächten Stöcke aussuchte. Guy Bossard hingegen pfropft mit der englischen Methode. Statt Paraffin nimmt er Bienenwachs, um die Wunde zu schließen, und statt in Pflanzenhormone werden die Wurzeln der gepfropften Pflanzen in das biodynamische Hornmist-Präparat getaucht. „Wir pfropfen mit den Pfropfreisern aus unserer eigenen Selektion. Wir pfropfen mit der englischen Methode. Sicher geht das nicht so schnell wie in den industriellen Rebschulen, aber es ist effizient und wird gewissenhaft durchgeführt. Die Ergebnisse sind sehr gut – sehr wenig Ausfall. – Und wir behalten unsere Autonomie!", so Guy Bossard.

Ein erster Schritt dahin gehend, dass die Winzer die Züchtung ihrer Reben wieder selbst in die Hand nehmen, wäre eine engere Kooperation zwischen Rebschulen und Winzern, was hier und da bereits im Gange ist. Ein weiterer Schritt wäre es jedoch, die Rebschulen wieder auf die Betriebe zu nehmen, so, wie das etwa bei der biodynamischen Getreidezüchtung der Fall ist, die zum großen Teil direkt auf biodynamischen Betrieben durchgeführt wird.

Das Pfropfen[70]

Durch das Pfropfen werden zwei unterschiedliche Pflanzen miteinander verbunden, die anschließend gemeinsam wachsen. Es ist keine banale Tätigkeit und sollte gewissenhaft ausgeführt werden.

Heute ist die bei weitem am häufigsten angewendete Pfropftechnik das Omega-Pfropfen. Man kann sie sehr leicht mechanisieren, wodurch sie sich auch sehr schnell durchführen lässt. Dennoch wird sie hinterfragt: Sie steht im Ruf, die Entwicklung von Holzkrankheiten zu fördern. Der Fluss des Pflanzensaftes zwischen Pfropfreis und Unterlage ist nicht optimal, wodurch sich viele Nekrosen bilden können.

Die vermehrte Zunahme von Holzkrankheiten und das frühe Absterben der Rebstöcke verstärkte die Suche nach neuen Pfropfmethoden, die den Saftfluss besser unterstützen, wie die englische oder auch die V-Methode. Diese Methode wurde früher öfter angewendet, ist jedoch in Vergessenheit geraten, weil sie sich nicht so schnell durchführen lässt.

Im folgenden Beitrag erläutert François Dal im Detail, in welchen Schritten und mit welcher Methode man das Pfropfen wieder in die Arbeit auf dem eigenen Weinberg integrieren kann.

Die Erneuerungspfropfung

François Dal

Oft haben Rebstöcke, die von Esca befallen sind, einen gesunden Wurzelstock. In diesen Fällen ist es möglich, die Rebstöcke durch Pfropfung zu erhalten bzw. zu erneuern.

Es existieren verschiedene Pfropfungstechniken. Die beiden, welche bei Reben angewendet werden, sind die „Platten" (T-bud)- und die „Chip-bud"-Veredelung. Beide Verfahren bringen ein schlafendes Auge so auf den Wurzelstock auf, dass es in direkten Kontakt mit dem Kambium gebracht wird.

Wie gesagt, diese beiden Pfropfungsmethoden haben sich bewährt, allerdings scheinen sie nur schwer auf Reben mit Holzkrankheiten anwendbar zu sein. Auf jeden Fall bedürfen neu gepfropfte befallene Rebstöcke unserer besonderen Aufmerksamkeit und einer guten Versorgung (Bewässerung, Knospenentfernung usw.). Es scheint am besten, die obere Pflanze ganz zu entfernen und nur den alten Wurzelstock zu behalten. Die Wiederaufpfropfung mit der Spalttechnik scheint am besten geeignet für die Regeneration der Bestände mit Holzkrankheiten.

Die Wiederaufpfropfung mit der Spalttechnik muss dann durchgeführt werden, wenn der Saft gerade gut – aber auch nicht zu stark – fließt. Die ideale Zeit dafür scheint im Frühjahr zu sein, kurz nach dem Austrieb. In mehr nördlichen Gegenden haben Versuche zwischen Mitte März und Anfang Juni zufriedenstellende Ergebnisse erbracht. Es wäre aber auch möglich, die Pfropfung im Herbst vorzunehmen. Muss die Pfropfung kurz vor der Blüte ausgeführt werden, so scheint es günstig, den Saft erst ein paar Tage abtropfen zu lassen. Man muss hier ein gutes Maß finden: Pfropft man zu früh, dann riskiert man, dass die ganze Pfropfstelle im Saftfluss ertrinkt; pfropft man zu spät, kann die Pflanze unter Umständen ihre ganze Vitalkraft bereits verloren haben.

Abb. 85 und 86
Klassische Schnitt-Techniken beim Veredeln: links: Chip-bud, rechts: T-bud[71]

Abb. 85

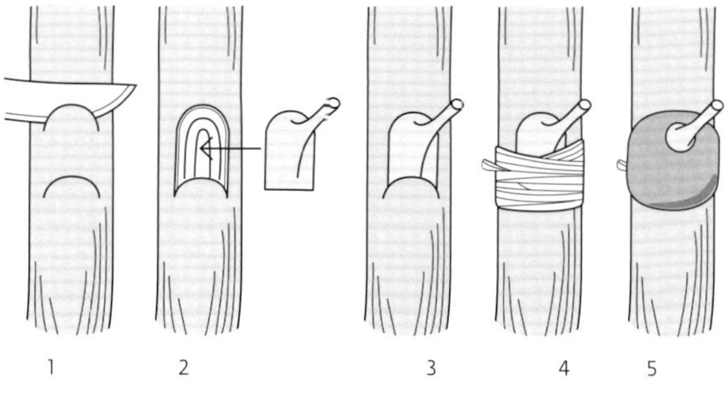

Abb. 86

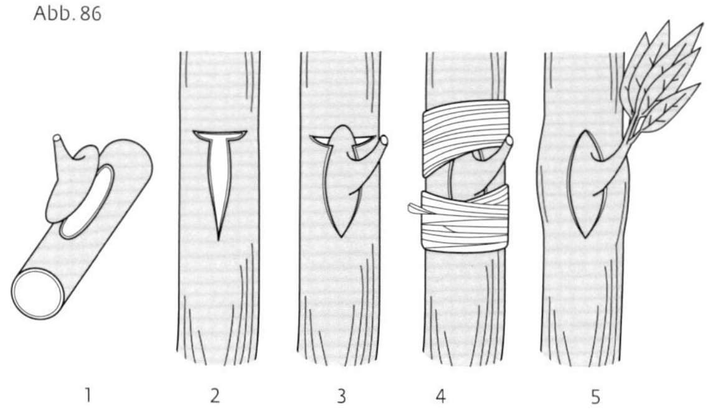

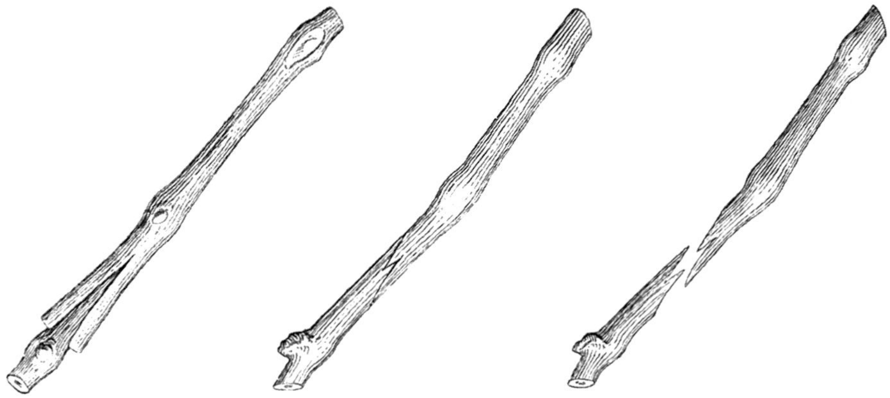

Abb. 87 bis 89
Für die Weinrebe empfehlenswerte Veredelungsschnitte: links: Spaltschnitt; Mitte und rechts: Englischer Schnitt[72]

Ernte und Konservierung der Pfropfreiser

Die Ernte und Konservierung der Pfropfreiser ist ein äußerst wichtiger Schritt, der aber nur dann erforderlich wird, wenn die Wiederaufpfropfung nach dem Austrieb erfolgt. Für eine Wiederaufpfropfung Ende März/Anfang April ist es möglich, die Pfropfreiser von noch nicht beschnittenen Rebstöcken zu nehmen. Zum Zeitpunkt der Pfropfung müssen die Pfropfreiser in einwandfreiem Zustand sein und noch nicht ausgetrieben haben. Daher muss die Ernte von Ende Februar bis Anfang März stattfinden, also vor der Zeit des intensiven Saftflusses. Es sollte an einem Tag geerntet werden, an dem es nicht regnet, sodass das Holz trocken ist. Die Knospen dürfen nicht austrocknen oder schimmeln oder austreiben.

Die geschnittenen Reiser werden gebündelt, in Plastiktüten verpackt, die mit genügend Löchern versehen sind, und anschließend an einem kühlen (3 bis 5 Grad Celsius) Ort (in einem kühlen Keller oder auch einem Kühlschrank) aufbewahrt. Die Zweige sollten nicht zu dick sein (6 bis 8 mm Durchmesser), idealerweise mit wenig Ranken und ohne Geiztrieb. Vorzugsweise sollten Pfropfreiser von jungen Weinstöcken (4 bis 6 Jahre alt) genommen werden, um den Virenbefall zu begrenzen. Der Zustand der Reiser sollte mindestens alle 15 Tage überprüft werden.

Ein bis zwei Tage vor der Pfropfung werden die Bündel zur Wiederbewässerung in einen Eimer Wasser gestellt (wie Blumen in eine Vase). Die Raumtemperatur sollte zwischen 12 bis 15 Grad Celsius betragen. Durch einen Prüfschnitt kann bei einigen Reisern die Qualität des Holzes und der Knospen geprüft werden: Die Anschnitte sollten eine schöne grüne Farbe besitzen. Ist das Holz jedoch blassgrün oder grau, so ist es zu trocken und kann nicht mehr verwendet werden. Wenn die Knospen braun sind, dann besitzen sie eine schlechte Qualität: diese Reiser müssen entsorgt werden. Nach etwa 24 Stunden im Wasser sollten die Knospen zu schwellen beginnen. Diejenigen Reiser, deren Knospen nicht anschwellen, sollten nicht verwendet werden.

Pfropftechnik

1. SCHRITT: *Abschneiden der Krone*

Die Erde rund um den Wurzelstock muss entfernt werden. Der Weinstock wird unter dem Pfropfungswulst und mindestens vier bis fünf Zentimeter über einem

Knoten der Unterlage geschnitten. Es sollte nur mit einem Werkzeug, das einen sauberen Schnitt ermöglicht (etwa eine Handsäge), gearbeitet werden. Wenn der Schnitt nicht sauber durchgeführt wurde, dann sollte er mit einer Sichel oder einem scharfen Messer gut geglättet werden, insbesondere dort, wo die Erneuerungsknospen eingeführt werden sollen. Im Falle, dass die Pfropfstelle nicht vollkommen gesund ist, kann auch tiefer angesetzt werden. Es ist kein Problem, auch drei bis fünf Zentimeter unter der Erde zu pfropfen.

Der Schnitt kann mehrere Wochen vor der Pfropfung durchgeführt werden. In diesem Fall muss der Schnitt vor der Pfropfung jedoch noch einmal aufgefrischt werden.

2. SCHRITT: *Einen Spalt in den Wurzelstock einfügen*

Der Wurzelstock wird mit Hilfe eines dünnen und widerstandsfähigen Werkzeugs gespalten. Man kann dafür z.B. ein Messer und einen Hammer nehmen. Der Spalt sollte tief genug (ca. 3 bis 4 cm) sein, um das Pfropfreis gut hineinstecken zu können. Der Spalt muss in der Mitte des Wurzelstocks, eben dort, wo der Durchmesser der Unterlage am größten ist, durchgeführt werden. Dabei sollte Holz am Spalt idealerweise nicht aufspringen.

3. SCHRITT: *Vorbereitung der Pfropfreiser*

Die Vorbereitung der Pfropfreiser ist die heikelste Phase und der Quell vieler Fehler, vor allem, wenn der Schrägschnitt an den Reisern nicht richtig ausgeführt wird. Denn für das Pfropfen ist es enorm wichtig, einen sauberen Schnitt zu haben. Die Pfropfreiser müssen zugespitzt zugeschnitten werden. Die Einschnitte sollten beidseitig unterhalb eines Auges beginnen. Der Schnitt muss jeweils ganz präzise und in einem Zug durchgeführt werden. Wird der Schnitt jedoch mehrmals korrigiert, so kann es leicht passieren, dass die Oberfläche nicht glatt wird, was zu einem schlechten Kontakt mit der Unterlage führt.

Die beiden Seiten der Abschrägung sollten gerade und nicht gekrümmt geschnitten sein. Um das zu erreichen, muss das Pfropfreis so gehalten werden, dass das Handgelenk beim Schneiden nicht gedreht zu werden braucht, nur der Ellbogen bewegt sich. Es ist am besten, den Daumen entlang der Schräge auf der dem Schnitt gegenüberliegenden Seite zu halten. Der Daumen folgt dann der Schneidebewegung. Auf diese Art kann man das Holz sicher schneiden.

Das Pfropfreis muss nicht unbedingt in einer Triebspitze enden. Die Dicke des verbleibenden Holzes muss auf der Seite des Auges größer als auf der gegenüberliegenden Seite sein, um den bestmöglichen Kontakt zwischen Unterlage und Auge zu erreichen. Die Pfropfreiser sollten eine Länge von über zehn Zentimetern haben, sodass zwei bis drei Knospen im Internodienabstand Platz haben.

Die Pfropfreiser können bereits am Morgen für den ganzen Tag vorbereitet werden. In diesem Fall sollten sie beispielsweise in einem Eimer mit einem feuchten Tuch aufbewahrt werden, um sie vor Austrocknung zu schützen.

Es gibt zwar auch Maschinen, mit Hilfe derer die Pfropfreiser schnell hergestellt werden können; sie gewährleisten den richtigen Winkel der Abschrägung. Allerdings lassen sich ihre Messer nur sehr schwer schärfen – und letztlich geht nichts über eine gute Handarbeit.

4. SCHRITT: *Pfropfreiser in den Wurzelstock einfügen*

Es ist sehr wichtig, das Kambium des Pfropfreises mit dem Kambium des Wurzelstocks in guten Kontakt zu bringen. Je größer die Kontaktfläche, desto größer ist die Chance, dass die Pfropfung erfolgreich wird. Da das Kambium direkt unter der Rinde liegt, müssen das Pfropfreis und der Wurzelstock dicht an dicht, Rinde an Rinde anliegen. Im Idealfall gehen Wurzelstock und Pfropfreis so ineinander über, dass man höchstens beim Darüberfahren mit der Hand noch spürt, wo die Einfügung vorgenommen wurde. Es ist sehr empfehlenswert, zwei Pfropfreiser – eines auf jeder Seite des Wurzelstocks – einzusetzen, da dies die Erfolgsrate erhöht.

Das erste Auge jedes Pfropfreises sollte an der Außenseite des Wurzelstocks liegen. Die Knospen produzieren Hormone, welche die Verbindung der beiden Kambien fördern. Das erste Auge befindet sich näher an der Schweißstelle. Um die Einführung von Pfropfreisern zu erleichtern, empfiehlt es sich, den Spalt beim Einfügen mit einem Werkzeug (z. B. Schraubenzieher) offen zu halten.

Nachdem das Pfropfreis eingefügt wurde, ist es wichtig, die Qualität des Kontakts des Reises mit der Unterlage zu überprüfen. Dazu muss man sich niederbeugen, um die Schnittstelle wirklich genau betrachten zu können. Wenn die Schräge nicht korrekt oder das Pfropfreis nicht richtig positioniert ist, dann sind die Erfolgschancen sehr gering.

5. SCHRITT: *Schutz der Pfropfreiser*

Die erfolgreichste Schutzmaßnahme für das Pfropfreis besteht aus einer Schutzhülle, die mit Erde oder Sand gefüllt wird. Dieser Schutz hat drei wichtige Funktionen:

- Schutz vor Austrocknung: Das Pfropfreis ist sehr empfindlich gegen Austrocknung. Der Sand oder die Erde halten das Pfropfreis feucht.
- Die Temperatur um das Pfropfreis wird gemindert und ist stabiler; dies verlangsamt den Austrieb, sodass eine perfekte Schweißnaht vor dem Ausschlag der Knospen entstehen kann.
- Schutz gegen mechanische Verletzungen.

Idealerweise muss ein Pflanzstab angebracht werden (zwei, wenn der Boden in der Nähe des Wurzelstocks mechanisch bearbeitet wird) und eine Schutzhülle von mindestens 10 cm Durchmesser. Sie ist nützlich für den Schutz vor Kaninchen und Herbiziden und hilft auch, die Pfropfreiser in ein aufrechtes Wachstum zu bringen. Die Schutzhülle wird mit Erde oder einem Material, das Feuchtigkeit speichert (Sand, Holzspäne, Vermiculit usw.), bis zum zweiten Auge (oder 10 cm hoch) aufgefüllt. Wenn der zum Auffüllen verwendete Boden sehr tonhaltig ist, dann sollte das zweite Auge nicht bedeckt werden. Andernfalls kann die Bedeckung 1 oder 2 cm hoch sein. Abschließend sollte die Erde in der Schutzhülle leicht angedrückt werden.

Man kann den Spalt im Wurzelstock abdecken, um zu verhindern, dass Erde hineingerät. Dazu benutzt man einen Wundverschlussbalsam (mit zusätzlichem Anti-Trocknungs-Effekt) oder man nimmt einfach nur ein paar Blätter saugfähiges Papier, das auf den Spalt gelegt wird, bevor man die Schutzhülle mit Erde auffüllt.

Bildet sich die Pfropfstelle in guter Weise aus, so können sich zwei oder drei Zweige entwickeln, die im ersten Jahr sogar um eineinhalb bis zwei Meter wachsen können.

Vor- und Nachteile der Veredelung

Dank dieser Technik können Rebstöcke, die mit Esca befallen sind, bereits nach einem Jahr wieder einen halben Ertrag hervorbringen. Das normale Produktionsmaß stellt sich bereits nach zwei Jahren wieder ein. Im Vergleich dazu bringt ein neu gepflanzter Rebstock frühestens nach vier bis fünf Jahren die halbe Ernte und selten vor sechs Jahren wieder den normalen Ertrag. Die veredelte Rebpflanze behält den Wurzelstock und damit das Alter der ursprünglichen Rebe.

So ergibt sich ein Nettogewinn in der Qualität, denn schließlich ist die Zeit, die für die Veredelung gebraucht wird, geringer als der Zeitaufwand, um neue Reben zu setzen – ganz zu schweigen von dem erhöhten Kostenaufwand bei deren Neukauf.

Je nach Genauigkeit der Arbeit und den Wetterbedingungen im Frühjahr kann die Erfolgsquote zwischen 80 und 90 Prozent liegen.

Der größte Nachteil dieser Technik besteht darin, dass die günstigste Zeit das Frühjahr ist – also gerade diejenige Zeit, die der Aufbindung, Knospenentfernung etc. vorbehalten sein sollte. In dieser Zeit zu veredeln, erfordert also eine gute Organisation der Arbeit. Ein weiterer kleiner Nachteil: Obwohl diese Technik einfach ist, erfordert ihre Ausführung große Sorgfalt und nicht jeder kann sie mit demselben Erfolg durchführen.

Pflege der aufgepfropften Reben

Die Rebstöcke, an denen das Pfropfreis gut anwächst, können im ersten Jahr eineinhalb bis zwei Meter wachsen. Es ist am besten, diese Triebe anzubinden. Normalerweise bildet das Pfropfreis im ersten Jahr Wurzeln aus. Diese müssen, wenn die Triebe 40 bis 50 Zentimeter lang sind (Anfang Juli), zusammen mit der Abnahme der Schutzhülle entfernt werden. Es ist aber anzuraten, die Schutzhülle (jetzt aber ohne Erdfüllung) wieder anzubringen. Wenn es nicht möglich ist, diese Arbeit im Juli durchzuführen, dann können die Wurzeln auch im Winter entfernt werden.

Beim Schnitt ist es am besten, nur einen der ausgetriebenen Pfropfreiser zu behalten. Ansonsten kann es passieren, dass sich die beiden Pfropfreiser beim Wachsen gegenseitig behindern. Je nach Kraft, sollte das Pfropfreis auf vier bis acht Augen zurückgeschnitten werden. Es dürfen auch mehr Augen sein, denn die Pfropfreispflanze besitzt ja das Wurzelsystem eines erwachsenen Rebstocks.

Das „Wickeln“

Jean-Michel Florin

Wie wir bereits sahen (siehe den Beitrag von Jean-Michel Florin, S. 42 ff.), ist der Vegetationspunkt (oder der Apex jedes Triebes) der Rebe ein sehr wichtiges Organ. Er ist gleichzeitig ein Regulator und auch eine Art Wahrnehmungsorgan für sie, mit dem sie in Beziehung zu ihrer Umgebung tritt, wodurch sie sich auch gegen äußere Einwirkungen schützen kann. Meistens werden diese Spitzen im Sommer geschnitten, was auch das Wachstum der Achselknospen fördert.

Daniel Thulièvre, Biologe und Önologe, der seit 15 Jahren biodynamisch arbeitet, erklärte in der biodynamischen Weinbautagung in Fontevraud-F in 2015, weshalb dieses Entspitzen der Triebe problematisch sei und welche Alternativen er ausprobiert hat.

Wenn man also die Triebspitzen schneidet, schwächt man die Rebe und lässt sie sogar während einiger Tage ohne Abwehr gegen pathogenen Befall. Die Rebe wird regelrecht traumatisiert.

Vom Austreiben der Knospen bis zur Blüte wächst der Wein präformiert, wachsen die Triebe sozusagen aus der Erinnerung an das letzte Jahr. Nach acht Knoten wachsen wieder neue Organe. Mit diesen öffnet sich der Vegetationspunkt der aktuellen Situation (Klima, Schädlinge, Krankheiten usw.). Jeder Trieb besitzt eine Art Autonomie, und der Apex gibt eine adäquate Antwort auf die aktuellen Wuchsbedingungen. Wenn man den Apex schneidet, verliert der Trieb die Möglichkeit, die Informationen über den Jahreslauf aufzunehmen. Darüber hinaus ist auch das Wurzelwachstum eng mit dem Triebwachstum gekoppelt. Wenn man die Spitze schneidet, dann wird auch das Wurzelwachstum beeinträchtigt.

Man kann dieses Entspitzen der Triebe auf verschiedene Weise ersetzen. Zum einen, indem man die Spalierhöhe erhöht. Zum anderen kann man die Triebe „wickeln“, indem man zwei Gruppen von je fünf Trieben nimmt und einen einfachen Knoten mit ihnen macht; so geformt werden die Triebe auf den höchsten Draht des Spaliers eingerollt. Nach zwei Stunden haben die Ranken ihre Arbeit erledigt und die Knoten sind fest. Dieser Vorgang wird nur einmal im Jahr durchgeführt, in West-Frankreich ca. Mitte Juli (Anjou).

Die Ergebnisse scheinen zufriedenstellend: Weniger Krankheiten und Schädlinge, weil die Reihen nicht so dicht stehen und die Reben mehr Luft und Licht bekommen.

Anmerkungen
Kapitel 4

1 Siehe GA 327, 10.6.1924
2 Der Forscher Edwin Scheller prägte diesen Begriff der aktiven Nährstoffmobilisierung durch die Pflanzenwurzeln. Siehe Edwin Scheller: *Grundzüge einer Pflanzenernährung des ökologischen Landbaus, ein Fragment*. Darmstadt 2013
3 Siehe Anm. 1
4 Jochen Bockemühl: *Vom Leben des Komposthaufens*. Dornach 1979
5 Jochen Bockemühl, Kari Järvinen: *Auf den Spuren der Präparatepflanzen*. Dornach 2005
6 Siehe GA 327, 13.6.1924
7 Siehe GA 327
8 H. Spieß, C. Matthes, M. Hacker: *Einfluss des Schafgarbenpräparates auf Kaliumentzug und Blattwachstum*. Lebendige Erde Nr. 1/2000, S. 34 – 36
9 Siehe Anm. 6
10 Dies wird beispielhaft in dem Buch von Jochen Bockemühl und Kari Järvinen: *Auf den Spuren der Präparatepflanzen*, Dornach 2005, ausgeführt
11 Man findet eine sehr schöne Beschreibung zum Wesen der Kuh in dem Buch *Agrikultur für die Zukunft* (Kapitel von Anet Spengler-Neff), Dornach 2014
12 Anet Spengler-Neff (FiBL), Beatrice Hurni und Ricco Streiff: *Die Bedeutung der Hörner für die Kuh*. FiBL, Demeter, Bioland, IBLA, 2015, Merkblatt, ISBN 978-3-03736-272-3
13 Für eine nähere Beschreibung der Anwendung der biodynamischen Präparate siehe das Buch von Pierre Masson: *Landwirtschaft, Garten- und Weinbau – biodynamisch*. Aarau und München 2013
14 Paul Mäder, Andreas Fließbach, David Dubois, Lucie Gunst, Padruot Fried, Urs Niggli: *Soil Fertility and Biodiversity in Organic Farming*. Science Nr. 296/2002, S. 1694 – 1697
15 Zusammenfassung der Abschlussarbeit von Florian Bassini, ENITA de Clermont Ferrand, 2004. Artikel in Biodynamis Nr. 50/2005
16 Vgl. https://de.wikipedia.org/wiki/Esca
17 Henri Marès: *Mémoire sur les maladies de la vigne en 1856*
18 Francis Chaboussou: *Physiologie et résistance de la plante*. Document Nature et Progrès, Nr. 16/1975, S. 5 – 7
19 Siehe Anm. 18
20 Claude-Charles Mathon, Lucien Daniel: *Inventeur du greffage créateur*, Supplément au Nr. 119. Revue France-URSS, Paris 1955
21 Ferguson, B. A., et al.: *Coarsescale population structure of pathogenic Armillaria species in a mixed-conifer forest in the Blue Mountains of northeast Oregon*. Canadian Journal of forest research, Bd. 33, Nr. 4/2003, S. 612 – 623
22 Foto: Tom Maack
23 Johann Wolfgang von Goethe (1790): *Die Metamorphose der Pflanzen*
24 Fotos: Jean-Michel Florin
25 http://supranormale/~anglais/Fossiles-epoques/Carbonifere.html
26 Vgl.: Jochen Bockemühl, Kari Järvinen: *Auf den Spuren der Präparatepflanzen*. Dornach 2005, und Jochen Bockemühl: *Ein Leitfaden zur Heilpflanzenerkenntnis*. Band II. Dornach 2000
27 Siehe GA 327, 11.6.1924
28 Hans-Joachim Strüh: *Equisetum und Kiesel*. Tycho de Brahe-Jahrbuch für Goetheanismus 1989, S. 167 ff.
29 GA 327, 14.6.1924
30 Aus Jochen Bockemühl: *Ein Leitfaden zur Heilpflanzenerkenntnis*. Band II, Dornach 2000
31 http://www.opaba.org/bioenalsace/wp-content/uploads/2011/07/Efficacite-tisanes-en-viticulture.pdf; sowie Pierre Masson: *Landwirtschaft, Garten- und Weinbau – biodynamisch*. Aarau, München 2013
32 Zahlreiche Winzer und andere Landwirte tun es ihm gleich, indem sie die Pflanzen mit der hier geschilderten goetheanistischen Methode anschauen
33 Fotos: Links: www.baumschule-horstmann.de; rechts: https://commons.wikimedia.org
34 Fotos: Links: www.selbstsorger.de; rechts: www.aphotoflora.com
35 Vgl. Jan-Albert Rispens: *Weiden – Bäume am Wasser*. In: Der Merkurstab Nr. 5/2007, S. 421 – 435
36 Siehe: http://biologie.univmrs.fr/upload/p189/SARISR2010.pdf
37 Foto: Jean-Michel Florin
38 Foto: Jean-Michel Florin
39 Jochen Bockemühl: *Ein Leitfaden zur Heilpflanzenerkenntnis*. Band II, Dornach 2003
40 Zum Beispiel von 182 Milligramm im Weleda-Garten in Arlesheim (CH) und bis 1055 Milligramm neben Straßenbahnschienen (auch in Arlesheim); siehe hierzu: W. Daems: Korrespondenzblätter für Ärzte Nr. 50/1963, S. 7 – 13
41 Siehe Anm. 6
42 Siehe Jochen Bockemühl: *Entwicklungsbilder zur Charakterisierung von Löwenzahn und Brennnessel*. Elemente der Naturwissenschaft Nr. 12/1970, S. 1 – 14
43 http://de.wikipedia.org/wiki/Chlorophylle
44 Aus Gerhard G. Habermehl, Peter E. Hammann, Hans C. Krebs, W. Ternes: *Naturstoffchemie. Eine Einführung*. Berlin [3]2008, S. 530

45 Foto: Jean-Michel Florin
46 Siehe GA 327, Vortrag vom 11. Juni 1924
47 „Allotrop" sind chemische Elemente, die im selben Aggregatzustand in zwei oder mehr Strukturformen auftreten, welche sich physikalisch und in ihrer chemischen Reaktionsbereitschaft voneinander unterscheiden. Allotropien werden in Chemie, Mineralogie und Materialwissenschaft auch als Modifikationen eines chemischen Elements bezeichnet (vgl. https://de.wikipedia.org/wiki/Allotropie)
48 Abbildungen nach Otto Wolff: *Grundlagen der Biochemie. Stuttgart 1988*
49 Auszug aus: *„Vademecum Anthroposophische Arzneimittel"* – 1. Aufl. 2008
50 Siehe GA 327, 11.6.1924
51 Aus Frits H. Julius: *Grundlagen einer phänomenologischen Chemie.* Teil II, Stoffeswelt und Menschenbildung, Stuttgart 1965
52 Aus Wilhelm Pelikan: *Sieben Metalle, vom Wirken des Metallwesens in Kosmos, Erde und Mensch.* Dornach [7]2011
53 http://commons.wikimedia.org/wiki
54 www.vignevinlr.com/fileadmin/users/ifvlr/Recherche_et_Experimentation_hrt/Actualites/TechBio/T_B_LR_2012_RA_c_duction_doses.PDF: Titre: T&B_LR_2012_Réduction_doses; Auteur: chevriec34r; Création 03/07/2012; Mise à jour 25/10/2012: „Réduction des doses de cuivre en Viticulture Bio / ITAB – Institut Technique de l'Agriculture Biologique", Etienne Laveau/Côme Isambert
55 Siehe GA 20
56 SICAVAC Laboratoire Oenologique
57 http://simonitesirch.com
58 Siehe vor allem François Dal: *Manuel des pratiques viticoles contre les maladies du bois.* Sancerre, Anger 2013. Fotos und Zeichnungen: François Dal
59 Service Interprofessionnel de Conseil Agronomique, de Vinification et d'Analyses du Centre
60 Marco und Pierpaolo Simonit führten in Südtirol und Italien den sanften Rebschnitt ein und verbreiteten ihn von dort aus erfolgreich auch über Europa hinaus (http://simonitesirch.com)
61 Siehe vor allem François Dal: *Manuel des pratiques viticoles contre les maladies du bois.* Sancerre, Angers 2013
62 Siehe Anm. 61
63 Siehe Anm. 61
64 Siehe Anm. 61
65 Siehe Anm. 61
66 B. Drouhault: *Greffage de la vigne en écusson.* Revue de Viticulture, 2e année, tome 4, n°81 du 6 juillet 1895, p. 11
67 Claude-Charles Mathon, Lucien Daniel: *Inventeur du greffage créateur, fondateur de l'horticulture scientifique.* Association Française des Amis de Mitchourine, 1955
68 Schema aus François Dal (SICVAC, BIVC): *Manuel des pratiques viticoles contre les maladies du bois. Angers 2013*
69 Foto: Lilian Bérillon
70 Quelle: Fiche technique: *Dépérissement et pistes de régénération.* MABD réalisée par F. Brouillard
71 Quelle: Fiche technique des MABD
72 Quelle: Lilian Bérillon

AMERICAN

5

Bedeutung und Aufgabe der Rebe und des Weins

Das Gold des Weins

Hans-Christian Zehnter

In diesem Kapitel soll es darum gehen, von der Heilwirkung der Rebe ausgehend, den Blick für etwaige Perspektiven im Weinanbau zu öffnen, welche über die vorherrschende Nutzung der Rebe zur Herstellung des alkoholischen Produktes Wein hinausgehen.

In den vorangehenden Texten wurde mehrfach geäußert, dass „Wein" weit mehr als der bloße Rebstock sei. Auch das Stichwort „Terroir" fiel schon einige Male in diesem Zusammenhang. „Terroir" meint den Charakter, die spezielle Eigenheit, den Wert einer Gegend und bezieht diese Faktoren auf deren landwirtschaftliche Erzeugnisse, insbesondere den Wein. Der Blick wird dabei von der bloßen Fokussierung auf ein dinghaftes Objekt auf den Gesamtzusammenhang erweitert. Damit verbunden ist die Suche nach der Natur der Rebe und des Weins. Was macht eigentlich ihr Wesen aus? Oder auch: Was ist der Geist oder das „Gold" des Weines? „Gold", insofern sich sein Wesen gleichsam auf der Seite des Schweigens befindet: „Reden ist Silber, Schweigen ist Gold", so sagt der Volksmund. Und Johann Wolfgang von Goethe schrieb: „Vergebens bemühen wir uns, den Charakter eines Menschen zu schildern; man stelle dagegen seine Handlungen, seine Taten zusammen, und ein Bild des Charakters wird uns entgegentreten."[1] Mit dem „Terroir" eines Weines ist also etwas gemeint, was als Ursache, als Urgrund, als Wesen über dem Gesamtzusammenhang Wein – von seinem Standort bis zu seinem Abfüllen in Flaschen – schwebt. „Man muss vielmehr zugestehen, dass alle sinnlichen Verhältnisse an einem lebenden Wesen nicht als Folge von andern sinnlich-wahrnehmbaren Verhältnissen erscheinen [...]. Alle sinnlichen Qualitäten erscheinen hier [...] als Folge eines solchen, welches nicht mehr sinnlich wahrnehmbar ist. Sie erscheinen als Folge einer über den sinnlichen Vorgängen schwebenden höheren Einheit"[2], so schrieb Rudolf Steiner mit Bezug auf Goethes methodischen Ansatz der Naturbetrachtung.

Das Gemälde „Dorflandschaft mit blühendem Baum" von Cuno Amiet zeigt wunderbar, dass der blühende Baum über das ganze Dorf hinweg ausstrahlt: über die Häuser, das Getreidefeld, den Himmel, ja sogar über die Jahreszeit. Der blühende Baum ist eigentlich diese ganze Situation, der gesamte Zusammenhang. Er löst sich gewissermaßen aus dem Gegenstand Baum heraus in die Stimmung oder Atmosphäre der ihn umgebenden Landschaft – wenn man so will: in sein Terroir.

Eine Linde ist im Sommer allerdings anders als im Winter. Im Winter ist sie vor allem von Erwartung umgeben; von der Erwartung, dass sie im Sommer, wenn sie blühen wird, wieder in die ganze irdisch-sinnliche Umgebung aus-

Abb. 90
Cuno Amiet: Dorflandschaft mit blühendem Baum, 1905, Kunstmuseum Solothurn

strahlen kann. Im Winter hat sie sich weitgehend aus diesem sinnlichen Umfeld zurückgezogen und ist in einen seelisch-geistigen Zustand übergegangen.

Übertragen wir das Gesagte auf einen Weinberg: Im Winter liegt er vor uns, entlaubt; seine grauen, knorrigen Rebstöcke wirken wie tot. Nur die Erinnerung lässt noch auf ein nächstes Auswachsen, Blühen und Fruchten hoffen. Im Verlaufe des Frühjahrs wandelt sich das Hoffen in Erwartung. Ringsherum grünt und sprosst die Natur. Umso mehr verdichtet sich die Stimmung über dem noch immer kargen Weinberg, bis sich schließlich auch hier das Leben – spätestens mit dem ersten Blattaustrieb – sinnlich zeigt. Dasjenige, was zuvor weit weg in der Erinnerung verborgen lag, legt sich jetzt mehr und mehr über diesen Ort, hält wieder Einzug, um schließlich in seiner unbändigen Fülle den Weinberg üppig zu beranken.

Was der Wein im Herbst als Frucht hervorbringt, das verduftet, vergeht nicht gleich wieder in die Luft, in die Atmosphäre über dem Weinberg, sondern wird vom Menschen geerntet und in Fässer eingeschlossen – und fängt dort an zu gären. Gerade in dieser „Eingefangenschaft" entwickelt der Wein seine ortsspezifische Note. Was als „Genius Loci" über dem Weinberg anwesend war, steht jetzt in Geruch und Geschmack der Einverleibung durch den Menschen zur Verfügung. Was zuvor wässriger Saft war, wurde zu einem „begeisternden" Trunk. – So gesehen fängt der Winzer die übersinnliche Natur des Weins ein, um sie dem Menschen als Tinktur zur Verfügung zu stellen; was als Atmosphäre und Stimmung prägend war, ist jetzt Substanz.

Diese einleitenden Betrachtungen mögen die Nähe des Weinkelterns zur Alchemie und Pharmazie andeuten, um damit den Blick auf die medizinische

Wirksamkeit der Weinrebe und des Weins selbst zu lenken. Gerade auch in diesem Kontext leuchtet viel vom Gold des Weines – und damit vielleicht auch seiner Zukunft – auf.

Die Rebe wird in den unterschiedlichsten medizinischen Präparaten eingesetzt. Die auf den Grundlagen der Anthroposophischen Medizin arbeitende, für ihre pharmazeutischen und Körperpflege-Produkte bekannte Weleda beispielsweise verwendet die Weinrebe und den Wein in ausgesprochen vielen ihrer „Substanzen":

Weinblätter	Hepatodoron, Vitis comp.
Weißer Wein	Kalium aceticum comp.
Weingeist	Kalium aceticum comp. Renodoron Lösungs- und Extraktionsmittel
Weinstein	Tartarus stibiatus Solutio alkalina Solutio Ferri Solutio Sacchari comp. Kalium carbonicum Kalium phosphoricum Kalium sulfuricum Kalium aceticum comp. Kalium chloratum comp. Kalium sulfuricum comp. Alkali comp. Stibium sulfuratum aurantiacum Causticum Hahnemanni Silicea Solutio Ferri comp. Solutio Sacchari comp. Solutio Siliceae comp.
Weinessig	Cuprum aceticum Plumbum aceticum Plumbum aceticum/Mel comp. Ferrum hydroxydatum Kalium aceticum comp. Silex-Lapis cancri solutus Vulnodoron
Weinsubstanzen	Anagallis malachit comp.

Eine zentrale Substanzen-Komposition ist das Kalium aceticum. Durch ein spezifisches Herstellungsverfahren, das im folgenden Text von Wolfram Engel näher beschrieben wird, entsteht eine Art Modell für ein geordnetes und gereinigtes Zusammenspiel der vier Leibesglieder des Menschen (physischer Leib, Ätherleib, Astralleib, Ich). Kalium aceticum kommt vor allem dort zum Einsatz (z. B. in der Jugendpsychiatrie), wo dieses Gefüge aus dem Lot geraten ist.

Eines der bekannteren Wein-Medikamente ist das Hepatodoron. Es besteht aus getrockneten Erdbeer- und Weinblättern und wird vor allem zur Stärkung der Leberprozesse eingesetzt. Seine Komposition, seine Wirkweise und auch seine Ratio werden im ebenfalls folgenden Text von Hans-Christoph Vahle beschrieben.[3]

Wollen wir diesem Gold des Weines sowohl in Anbau und Zucht als auch in der Vermarktung gerecht werden, so bedarf es auch hier neuer, wesensgemäßer Konzepte. In diese Richtung lenken die beiden abschließenden Texte von Nikolaus Bolliger und Jean-Pierre Frick den Blick.

Die Rebe als Heilpflanze[4]

Wolfram Engel

In sehr frühen Epochen der Menschheitsentwicklung hatte der Wein eine bedeutende kulturelle Aufgabe, was über Jahrhunderte hinweg auch vielfach in Kunst und Mythologie zum Ausdruck kam. Daneben begegnet uns Wein im Verzehren von frischen und getrockneten Trauben sowie unvergorenem und vergorenem Saft, außerdem im kultischen Zusammenhang und nicht zuletzt vielfach in der Medizin bzw. Pharmazie. Allein durch eine sensorische Prüfung können Weinexperten nicht nur die Rebsorte, sondern auch das Herkunftsgebiet (Boden, Gestein) und evtl. sogar die genauere Lage und den Jahrgang (Witterungseinflüsse) eines Weines identifizieren. Diese charakteristische Ausprägung, auch „Terroir" genannt, erhält der Wein erst infolge der Gärung und nur mit den ursprünglichen Hefestämmen seines jeweiligen Anbaugebietes.

Der Wein wurzelt tief in der Erde, nimmt die Elemente der Mineralwelt auf, verlebendigt sie und bildet mit Hilfe der Erdenmaterie seinen Organismus. Getragen von der Vitalität des Weinstocks findet eine Verbindung der Erdenkräfte mit den Umkreiskräften und kosmischen Einflüssen statt, die nach der Fruchtentwicklung am Weinstock in einer noch weitergehenden „Reifung" – während der alkoholischen Gärung – eine für das Pflanzenreich zunächst nicht erklärbare Individualisierungstendenz erkennen lässt.

Wein im Lichte der Tria Principia: Sal – Merkur – Sulfur

Was die Weinpflanze bei guter Pflege als Frucht hervorbringt, wird im weiteren Verlauf in Wein verwandelt. Dabei differenziert er sich zunächst „von alleine" durch fortschreitende, mikrobiologische Folgereaktionen und wird dann im Labor gezielt durch verschiedene Prozessschritte zu den drei Substanzen: *Spiritus Vini, Acetum Vini destillatum* und *Kalium carbonicum* (Weinsteinsalz) aufbereitet. Hierin können ganz markante Vertreter der sulfurischen, merkuriellen und salinischen Qualität des Weines gesehen werden.

Der *Weingeist (Spiritus Vini)* ist der *„Sulfur des Weines"*. In ihm erkennen wir die verinnerlichte Sonnenkraft, die über den Zuckerprozess und die alkoholische Gärung zuerst feuriges Ethanol und dann aufkonzentriert wird. Der Weingeist ist sehr reich an Imponderabilien (ca. 90 % Alkohol, Aromastoffe), leicht flüchtig und verdunstet rückstandsfrei. Er ist spitz im Geruch und scharf im Geschmack, dabei ist er lipophil, sehr leicht entflammbar und verbrennt ohne Rückstände (d. h. ohne sichtbare Asche). Am Alkohol fasziniert schon seit jeher die Kombination zweier Eigenschaften: Als Flüssigkeit ist Alkohol dem Element Wasser, aufgrund seiner Brennbarkeit jedoch dem Feuerelement zugeordnet („Feuerwasser"); Feuer und Wasser gelten aber grundsätzlich als unvereinbar.

Der *Weinstein* (Tartarus) ist für sich betrachtet durchaus das Ergebnis einer Salbildung des Weines, von seinen chemischen Eigenschaften her jedoch kein typisches „Salz", weil er schlecht wasserlöslich, unrein und außerdem von organischer Natur ist. Durch die Verbrennung zu Asche werden alle Imponderabilien abgesondert; alle Unreinheiten – und damit auch die Farbe – gehen verloren. Durch Auslaugen und Kristallisieren wird *Kalium carbonicum* (Weinsteinsalz) als echtes Salz mit sehr guter Löslichkeit gewonnen. Deshalb können wir vom *„Sal des Weines"* sprechen.

Die *merkuriellen* Eigenschaften der Essigsäure begegnen uns mit größter Evidenz in den Stoffwechselprozessen jedes lebendigen Organismus. Dort spielt sie, energiereich an das Coenzym-A gebunden, eine entscheidende Rolle. Die so genannte „aktivierte Essigsäure" (Acetyl-CoA) ist ein Intermediat bei einer ganzen Reihe von Auf- und Abbauvorgängen.

Der während der Gärung gebildete Alkohol verleiht dem Wein seinen feurigen Charakter. Unterzieht man Wein einer einfachen Destillation, so erhält man einen farblosen Branntwein (*Vinum ustum*), dessen Ethanolgehalt bei max. 40 – 45 Vol.-% liegt. Führt man die Destillation jeweils mit dem Destillat mehrfach hintereinander durch bzw. verwendet man eine Fraktionierkolonne, welche die Bestandteile des Weins noch effektiver nach deren Flüchtigkeit auftrennen kann, erhält man Weingeist (*Spiritus Vini* oder *Spiritus e Vino*).

Bereits während der Gärung, dann aber auch fortgesetzt bei der Reifung des Weins, bildet sich ein kristalliner Bodenkörper, der die Innenwand des Fasses als harte Kruste überzieht. Dieser rohe Weinstein (*Tartarus crudus*) ist ein unreines Gemisch aus Kalium- und untergeordnet auch Calciumsalzen der Weinsäure und anderen organischen Säuren (Hauptbestandteil: Kaliumhydrogentartrat = *Kalium bitartaricum*), aus Hefe sowie Farbstoffen des Weins.

Die Tatsache, dass aus dem Gesamtgebilde Wein, der als Bild für das Blutgeschehen beim Menschen angesehen werden kann, während der Zubereitung und Lagerung etwas in die Unlöslichkeit entgleitet, also den Anschluss an den Zusammenhang verliert und somit für das Ganze verloren geht, klingt in dem Wort Tartarus an. Der Tartaros (oder Tartarus) ist der Ort (und teilweise auch die Person) der Bestrafung in der Unterwelt, wohin z. B. viele Gestalten der griechischen Mythologie zu ewigen Qualen und Leiden verurteilt wurden.

Bei Paracelsus steht der Begriff „Tartarus" an herausragender Stelle seiner Lehre von der Krankheitsentstehung. Er versteht darunter zunächst allgemein feste Ausscheidungen aus Flüssigkeiten (abgeleitet vom Bild der Weinsteinbildung). Alle Krankheiten, die zu Konkretionen (Steinbildungen) führen oder im weiteren Sinne mit Ablagerungen und Verhärtungstendenzen einhergehen, werden von ihm hierunter subsumiert.

Die Substanz Tartarus (Weinstein) ist in der anthroposophischen Pharmazie ein besonderer Ausgangsstoff für viele Arznei-

Abb. 91
Weinstein in einem Weinfass: Tartarus crudus[5]

Abb. 92
Kalium carbcnicum[6]

mittelherstellungen, da an und mit ihm umfassende Verwandlungsschritte vollzogen werden können, wodurch – um im Bild der Mythologie zu bleiben – wieder ein „Aufstieg" mit erneuter Integration in den Gesamtzusammenhang ermöglicht wird.

Eine wesentlich weitergehende Verarbeitung des Weinsteins wird durch die Verbrennung eingeleitet. Die daraus resultierende *Cinis Tartari* ist hellgrau, sehr porös und wirkt inhomogen. Durch das Auflösen der Weinsteinasche in Wasser, das Abfiltrieren unlöslicher Bestandteile und die anschließende Kristallisation erhält man das leuchtend weiße *Kalium carbonicum* (Sal Tartari, Weinsteinsalz, Pottasche).

Lässt man Wein bei gewöhnlicher Temperatur auch nur eine kleine Weile offen stehen, so wird er durch Oxidation des Ethanols sauer und zu Essigsäure. Lässt man diesen Prozess weiterlaufen, bis der Alkohol komplett abgebaut ist, so erhält man Weinessig (*Acetum Vini*: Essig des Weines oder *Vinum acidum* = saurer Wein). Der Prozess der Essigbildung erfordert unbedingt den Zutritt von Sauerstoff (aerobe Bedingungen) und steht damit im Gegensatz zur anaeroben Gärung des Weines. Für die Herstellung vieler Ausgangsstoffe zur Medikamentenherstellung muss dieser zunächst destilliert werden. Auf diesem Weg entsteht aus *Acetum Vini* das farblose, saure, nach Essig riechende Destillat „*Acetum Vini destillatum*", eine Flüssigkeit, die von allen nicht flüchtigen Essigbegleitstoffen (Salze, Farbstoffe usw.) befreit ist.

Spezifische Arzneimittel aus der Rebe

Liest man in alten Arzneibüchern oder „chymischen" Werken des 16. bis 19. Jahrhunderts, so stößt man ständig auf die Verwendung von Wein in seinen verschiedensten Formen. Als Spur dieses alten Wissens verblieb in den offiziellen Arzneibüchern nur noch die Verwendung als Menstrum bzw. Träger von verschiedenen Essenzen (z. B. Pepsinwein).

Wir verdanken Rudolf Steiner wichtige Hinweise zur Ausbildung eines tieferen Verständnisses der Rebe als Heilpflanze. Eine wichtige Stelle diesbezüglich finden wir im Vortrag vom 20. März 1913: „Denn wenn wir die Pflanze betrachten, so bringt sie es in ihrer Organisation bis zu einem gewissen Punkt – mit Ausnahme der Weinrebe, die es über diesen Punkt hinausbringt. Was die übrigen Pflanzen sich einzig und allein aufsparen für den jungen Keim, alle die Triebkraft, die sonst nur für den jungen Keim aufgespart wird und nicht in das Übrige der Pflanze sich ergießt, das ergießt sich bei der Weinrebe auch in einer gewissen Weise in das Fruchtfleisch; so dass durch die so genannte Gärung, durch die Verwandlung dessen, was sich da in die Weintraube hinein ergießt, was in der Traube selbst zur höchsten Spannung gebracht worden ist, etwas erzeugt wird, was in der Tat innerhalb der Pflanze eine Gewalt hat, welche nur verglichen werden kann okkultistisch mit der Gewalt, die das Ich des Menschen über das Blut hat. Was also bei der Weinerzeugung entsteht, was bei der Alkoholerzeugung sich

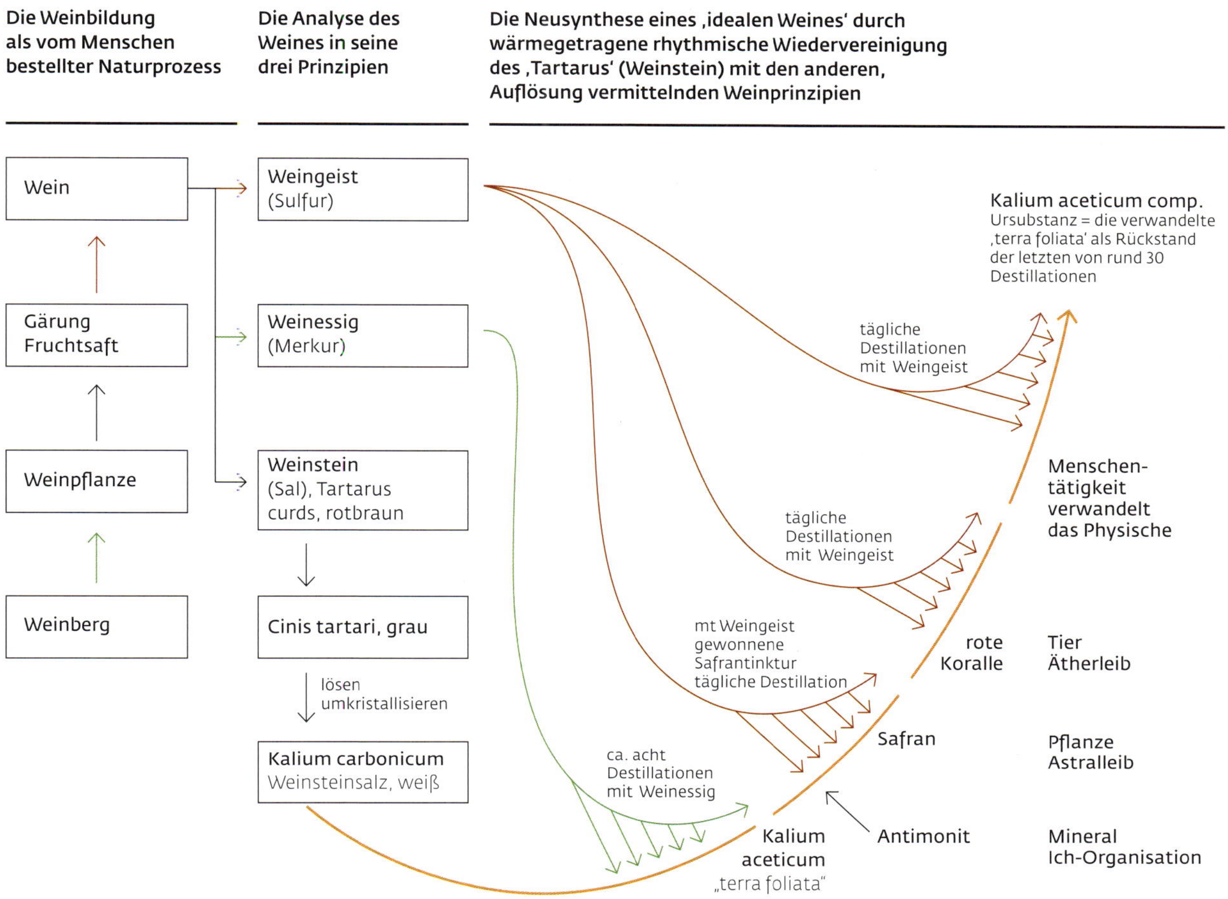

Synopse der pharmazeutischen Herstellung von *Kalium aceticum comp.* (L. Simon 2005/2009)

immer bildet, ist, dass in einem anderen Naturreich dasjenige erzeugt wird, was der Mensch erzeugen muss, wenn er von seinem Ich aus auf das Blut wirkt."[7]

Während für die Herstellung etlicher Ausgangsstoffe der Weleda-Arzneimittel eine der beschriebenen Komponenten bzw. Prinzipien des Weins verwendet wird, ist es beim *Kalium aceticum comp.* einmalig und deshalb sehr bemerkenswert, dass Kalium carbonicum, *Acetum Vini destillatum* und *Spiritus Vini* zum Einsatz kommen. In einem aufwendigen Laborprozess werden die drei Substanzen entsprechend den Angaben Rudolf Steiners im Stile einer echten Komposition zusammengefügt. Die Wirkrichtung von *Kalium aceticum comp.* zielt auf Vorgänge des Blutes und der Blutbildung im weitesten Sinne.

Abb. 93
Schema zum Herstellungsweg von *Kalium aceticum comp.*

Hepatodoron

Hans-Christoph Vahle

Wie können so „einfache Dinge" wie Wein- und Erdbeerblätter eine so bedeutende therapeutische Wirkung auf die Leber haben? Hierüber wurde schon viel nachgedacht und publiziert. Der Weg, der in der vorliegenden Darstellung beschritten werden soll, basiert auf einer ziemlich unbekannten Wissenschaftsrichtung, der Pflanzensoziologie. Sie erforscht und beschreibt, welche Pflanzen mit welchen Gesetzmäßigkeiten zusammen wachsen und Pflanzengesellschaften bilden. Und sie erforscht, wo in der Landschaft diese verschiedenen Pflanzengesellschaften anzutreffen sind und unter welchen Umständen.[8] Aus diesem Blickwinkel sollen hier der Wein und die Walderdbeere betrachtet werden. Zuvor soll aber kurz die besondere Funktion der menschlichen Leber zusammengefasst werden; wir gehen also vom Ort der Wirkung des Hepatodoron-Präparates aus.

Die Leber und das Pflanzenblatt

Die Leber ist das Aufbauorgan des Menschen. Hier werden die körpereigenen Substanzen synthetisiert, und zwar aus einfachsten Bruchstücken aus der verdauten Nahrung, die aus dem Darm über die Pfortader der Leber zugeführt werden. Insofern bezeichnet man die Leber auch als das „Tor zur Außenwelt", da hier Fremdstoffe eingeschleust werden, aus denen die Leber dann körperindividuelle, hochkomplexe Substanzen bildet. Eine zentrale Rolle spielt hierbei der Zuckerstoffwechsel. Aus einfachen Monosachariden synthetisiert die Leber die körpereigene Glucose sowie die tierische bzw. menschliche Stärke, das Glycogen: Die Leber ist somit das Zuckerorgan.

Abb. 94 und 95
Erdbeer- (links) und Weinblatt (rechts) bilden die Grundbestandteile des Hepatodoron[9]

Des Weiteren zeichnet sich die Leber durch eine ungeheure Reproduktionskraft aus, die im Körper – von den Sexualorganen abgesehen – einmalig ist. Die Leberzellen werden immer wieder erneuert, sodass die physische Substanz dieses Organs etwa innerhalb eines Jahres komplett ausgetauscht wird. Auch eine operative Entnahme von Lebergewebe regt das Organ zur Neubildung an, sodass die entnommene Substanz – beim Menschen bis zu vier Fünftel! – wieder völlig ersetzt wird. Man spricht bei der Leber deshalb auch von „embryonalem Gewebe", da sie bis ins hohe Alter diese Verjüngungsfähigkeit besitzt und fehlende Organteile „nachwachsen" lässt.

Die Leber unterliegt einem deutlichen Tag-Nacht-Rhythmus, der sich in eine halbtägige Aufbau- und eine halbtägige Abbauphase gliedert. Der Aufbau geht mit einer Gewichtszunahme von bis zu 20 Prozent des Lebergewichtes einher und erreicht nachts zwischen zwei und drei Uhr seinen Höhepunkt. Von da an geht es in die Abbauphase, die genau 12 Stunden später, um 14 bis 15 Uhr, ihren Tiefpunkt hat. Dieser Prozess unterliegt der Außensteuerung durch das Sonnenlicht.

Führt man sich die genannten Leber-Eigenschaften deutlich vor Augen, so kann man bemerken, dass es sich um sehr pflanzenverwandte Prozesse handelt. Der Tag-Nacht-Rhythmus mit seiner täglichen Aufbauphase, in der Zucker gebildet wird, ist auch und gerade für die grünen Pflanzen charakteristisch. Hier ist es die Fotosynthese, die aus einer „Verdichtung" von Sonnenlicht und Gas (Kohlendioxid) Zucker synthetisiert. Weiterhin ist die starke vegetative Wachstums- und Regenerationskraft ein typisch pflanzliches Merkmal – kann man doch aus bestimmten Pflanzenteilen – aus Spross, Blättern oder Wurzeln – wieder komplette neue Pflanzen generieren. „Schlafende Augen" in den Achseln von Blättern und Zweigen behalten zeitlebens ihr embryonales Gewebe, aus dem vollständige Pflanzen wachsen können. Also eine stark „nachwachsende" Potenz. Diese Pflanzenverwandtschaft, die sich in der Leber zeigt, kannten auch

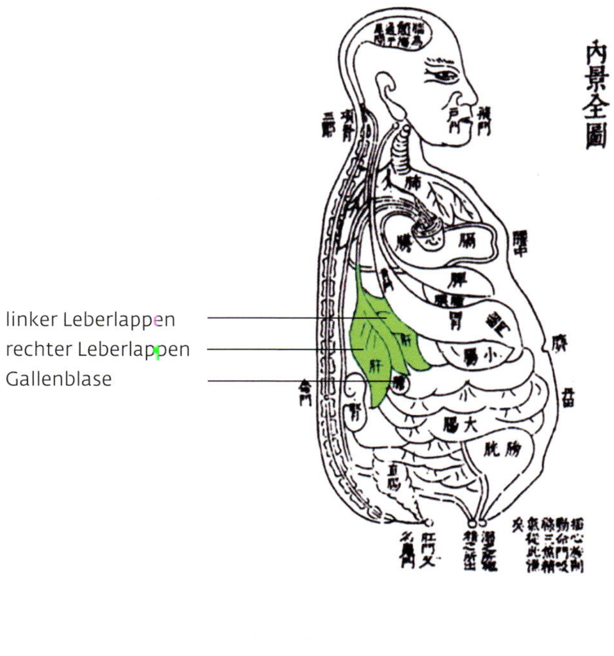

Abb. 96
Die Leber wird in der Traditionellen Chinesischen Medizin oft als grünes Blatt dargestellt[10]

schon die alten chinesischen Mediziner. Entsprechend wurde in den Zeichnungen der chinesischen Medizin die Leber als „Blattorgan" dargestellt – in farbigen Zeichnungen sogar in Grün.

Nun sei der Leberprozess hier noch einmal in Zusammenhang mit den benachbarten Organen betrachtet. Im Darm werden die Nahrungsstoffe zu kleinsten „Bausteinen" zerlegt, die dann die Darmwand passieren und durch das relativ kühle Pfortaderblut in die Leber transportiert werden. Hier findet die oben beschriebene Synthese in körpereigene Substanzen statt, und von der Leber aus gelangen diese in den Organismus.

Was ist es aber, was diese Synthese steuert und den neu gebildeten Substanzen den individuellen Stempel aufdrückt? Was ist die „oberste" Organisation im Menschen? Es ist das Ich. Die Ich-Organisation wirkt über die Wärme-Organisation bis hinunter in die Leber, wo sie ihr physisches Organ findet. Der Zucker, der hier gebildet wird, ist sozusagen die substantielle Seite der Ich-Einwirkung. Überall dort, wo in der Natur und im Menschen intensive Zuckerprozesse ablaufen, ist im Hintergrund eine starke Ich-Wirkung zu vermuten. So treffen sich in der Leber zwei Prozess-Strömungen: eine von „unten" kommende und die Nahrungsgrundlage bereitende (im Pflanzenvergleich zeigt sich hier Wurzel-Verwandtschaft) und eine von „oben" kommende und die Substanzbildung steuernde, verbunden mit intensiver Zucker-Synthese (das Sonnenlicht-Verwandte bei der Pflanze).

Stellt man dem einmal den pflanzlichen „Nahrungsprozess" gegenüber, so findet man auch hier Parallelen: So wie die feinen Verästelungen der Pfortader die Nährstoffe aus dem Darm aufnehmen, so nimmt die Pflanzenwurzel ihre Nährstoffe aus dem Boden auf. Von dort werden sie zu den Blättern geleitet, wo die Fotosynthese stattfindet, in der Zucker und Stärke gebildet werden. Und von hier aus gehen die Substanzen in Richtung des „krönenden Abschlusses" der Pflanze: Blüte und Frucht. Beide sind nicht (oder höchstens dann, wenn sie grüne Teile besitzen) zur Fotosynthese fähig und deshalb völlig abhängig vom aufbauenden Blattorgan. Entsprechend ist auch der menschliche Organismus ganz und gar von der Aufbauleistung der Leber abhängig.

So wird vielleicht verständlich, dass gerade das Blatt eine besondere Beziehung zum Leberprozess hat und deshalb eben auch Blätter zur Herstellung von *Hepatodoron* verwendet werden. Aber – weshalb ausgerechnet Wein und Walderdbeere?

Wein und Walderdbeere – Warum?

Was ist das Besondere an diesen beiden Pflanzen? Liegt bei ihnen ein besonderer Leberbezug vor? Der Weintraube wird nachgesagt, dass sie die süßeste Frucht sei, und von daher ist ihre Beziehung zum Zuckerprozess der Leber naheliegend. Die Erdbeere ist eher „gefühlt süß", sie enthält nicht so viel Zucker wie die Weintraube, scheint aber dennoch ganz besonders süß zu sein und gilt deshalb ja auch als „Kinderfrucht". Die „gefühlte" Süße der Erdbeere hängt vielmehr mit ihrem besonderen Aroma zusammen, was wiederum aus erdbeertypischen Eisenprozessen herrührt.

Nun geht es beim *Hepatodoron* jedoch nicht um die süßen Früchte von Erdbeere und Wein, sondern um deren Blätter. Aber auch hier das Merkwürdige: Sie sind sehr zuckerreich. Der Zuckeranteil erreicht im Weinblatt zwei Prozent, was für ein grünes Blatt sehr viel ist. Damit bildet sich auf jeden Fall bei Erdbeere und Wein der für die Leber kennzeichnende Zuckerprozess bereits in den Blättern ab, also in den Leber-verwandten Pflanzenorganen.

Und eine weitere „lebertypische" Eigenschaft findet sich bei Wein und Erdbeere: Beide neigen stark zum Wuchern. Ihre vegetative Wachstumspotenz ist also stark ausgebildet. Die Erdbeere bildet „Ausläufer" am Boden, mit denen sie zahlreiche Tochterpflanzen bildet. Dies ist eigentlich eine „Unkraut"-Eigenschaft und mit ihr kann die Erdbeere zum „Bodendecker" werden und offene Bodenstellen schnell mit einem grünen Blätterteppich überziehen. Während die Erdbeere in die Waagerechte wuchert, macht es der Wein in die Senkrechte: Als kletternde Liane mit Haftorganen kann er schnell ganze Hauswände begrünen.

So liegen mit dem enormen vegetativen Wachstum einerseits und der starken Zuckerbildung andererseits zwar Prozesse vor, die Erdbeere und Wein in die Nähe der Leberfunktion stellen, jedoch bleibt der Befund bis hierher noch immer etwas unbefriedigend und allgemein.

Die Leberfunktion im Mikrokosmos Mensch – und im Makrokosmos Landschaft

Um noch etwas tiefer in die Leberprozesse einsteigen zu können, sei das Forschungsgebiet herangezogen, von dem zu Anfang kurz die Rede war: die Pflanzensoziologie bzw. die Vegetationskunde. Wir erreichen dieses Forschungsgebiet über zwei verschiedene, unser Thema betreffende Fragestellungen: Zum einen können die Lebensräume näher betrachtet werden, in denen Walderdbeeren und Wein wachsen. Zum anderen kann man auch von der Leberfunktion ausgehen und fragen: Gibt es vielleicht in der Landschaft draußen einen Biotop, eine Pflanzengesellschaft, in der sich die Charakteristika der Leberfunktion – wenn auch in einem anderen Erscheinungskontext – wiederfinden? Gibt es so etwas wie eine „landschaftliche" Leber?

Wonach müssen wir dann suchen, was sind die Kriterien und Eigenschaften eines solchen Lebensraumes? Wo finden wir starke Stoffwechseltätigkeit, intensive Lebensprozesse und wucherndes Wachstum in gesteigerter Form? Wir finden es in tropischen Regenwäldern, den wohl „blattreichsten" Ökosystemen der Erde mit den intensivsten Stoffwechselprozessen.

Aus Reiseberichten europäischer Tropenreisender[11] können wir entnehmen, dass nach einer gewissen Aufenthaltszeit im „Dschungel" die Orientierung nachlässt, sich der Wille ablähmt und das wache Bewusstsein abstumpft. Man fällt gewissermaßen selbst in eine Art dämmerndes Pflanzendasein, da diese vegetativen Kräfte übermächtig sind. Interessant ist die Parallele zur Leber: Auch hier kann das Bewusstsein nicht recht eindringen, weil die Leber nicht von Nerven (den Organen des Bewusstseins) durchzogen wird.

Im Kleinen, in etwas abgeschwächter Form, finden wir den tropischen Regenwald auch in Mitteleuropa. Die Auenwälder der großen Flüsse und Ströme sind im Sommer den Regenwäldern verblüffend ähnlich – von der brütenden feuchten Wärme über die Fiebermücke bis hin zu den Lianen finden wir viele gemeinsame Elemente. Auch das Gestaltbild des Waldes hat Ähnlichkeiten, sodass man bei Fotos nicht unmittelbar erkennt, ob es sich um einen „echten" Regenwald oder um einen europäischen Auenwald handelt.

Der Auenwald als „Leberorganisation" der europäischen Landschaften – und ausgerechnet hier hat die Wildform unseres Weines (*Vitis vinifera ssp. sylvestris*) seine ursprüngliche Heimat! Das kann kaum ein Zufall sein. Er wächst an etwas aufgelichteten Stellen und klettert als Liane bis zu 30 Meter hoch in die Bäume hinauf. Dort oben breitet er seine Blätter aus und bildet seine süßen saftigen Trauben in den durchsonnten Baumkronen.

Die Verbreitungskarte der Pflanzen Deutschlands zeigt für den Wilden Wein allerdings nur ein sehr kleines Areal: am Oberrhein zwischen Karlsruhe und Mannheim. Das liegt daran, dass die echten mitteleuropäischen Auenwälder weitgehend vernichtet wurden und damit auch die Lebensräume des Wilden Weins verschwanden. Es hat aber auch klimatische Gründe: Die allgemeine Abkühlung des Gesamtklimas in Europa seit dem Mittelalter schwächte die Lebenskräfte des wärmeliebenden Weines und trug ihren Anteil zum Rückgang bei.

Nun geht es im Hepatodoron-Präparat jedoch nicht um Wilden Wein, sondern Kulturwein (*Vitis vinifera ssp. vinifera*). Er wächst nicht in feucht-halbschattigen Auenwäldern, sondern auf sonnigen, warmen und trockenen Hängen. Ein Fluss oder ein Gewässer am Fuße des Hanges erinnert noch schwach an die Herkunft des Kulturweins aus den Auensituationen. Die Weinreben des Weinberges wurden aus diesem Lebensraum „hinweg kultiviert". Sie können ihre Trauben jetzt in der Sonnenwärme des trockenen Weinbergs ausreifen, was durch die trocken-warme, stark durchlichtete Situation enorm gefördert wird.

Die intensive Fruchtbildung im sonnigen Weinberg produziert die süßen Trauben. Weintrauben haben etwas Besonderes an sich, was für die weitere Betrachtung eine Rolle spielt. Das ist die hohe natürliche Gärungspotenz. Auf der Außenhaut der Weintrauben leben Hefepilze, die nur darauf warten, dass irgendwo in der Oberfläche eine kleine Verletzung entsteht – und schon wachsen die Hefen in das Fruchtfleisch und setzen eine intensive Gärung in Gang. Die alkoholische Gärung, also die Weinbildung, ist bei der Traube bereits natürlich veranlagt und gehört zu ihrem Wesen dazu. Die Weinherstellung durch den Menschen greift diesen Prozess eigentlich nur auf und intensiviert ihn.

Was dann als Wein aus diesem Prozess entsteht, hat eine große menschheitliche Bedeutung. In früheren Kulturepochen hatte der Wein eine bestimmte Aufgabe, nämlich mitzuhelfen, die Verbindung zur geistigen Welt mehr und mehr zu unterbrechen, damit die Menschen ganz im Irdischen arbeiten konnten.[12] Er wurde deshalb auch „Trank des Vergessens" genannt. Diese Wirkung auf die geistige Verfassung des Menschen ist inzwischen nicht mehr nötig, da die unmittelbare Verbindung zur Götterwelt mittlerweile abgebrochen ist und wir uns ganz den irdischen Aufgaben zuwenden konnten.

Damit bekam der Wein jedoch seine nächste große Aufgabe: Denn durch die absolute Hinwendung zum Irdischen bestand eben die Gefahr, sich ganz im materiellen Dasein zu verlieren. Deshalb kam derjenige zur Erde, der von sich sagte: „Ich bin der wahre Weinstock" (Joh. 15,1), und den Menschen die Verbindung zum Göttlichen wiedergeben wollte. Seit dieser Zeit ist der Wein im christlichen Kultus ein sakrales Getränk zur Stärkung des Ich. Das ist die neue Mission des Weins.

Neben dieser Licht-Seite gibt es natürlich auch eine Schattenseite: Die Reduzierung des Weins auf seine Alkoholwirkung und das Herausfallen aus der heiligen Handlung kann in Alkoholismus führen und dann zur Ich-Zerstörung.

Auf jeden Fall finden wir im Wein diese intensive Beziehung zum Ich des Menschen, sowohl in seiner Licht- als auch in seiner Schattenseite.

Betrachten wir rückblickend noch einmal den Weg des Weins aus seiner Wildform im feuchten Auenwald über den sonnigen Weinberg bis hin zu den süßen Trauben und seinem sakralen Charakter des Weines sowie zum Ich-Bezug! Wir gingen aus vom Auenwald als der „landschaftlichen" Leber und endeten in der Ich-Beziehung. Wir erinnern uns an die Leberfunktionsprozesse im ersten Kapitel dieser Darstellung: Auch hier gibt es innerhalb der Leberfunktion einen Strom, der von „oben" kommt und der die Leber in die Beziehung zum Ich stellt. Und eben das finden wir auseinandergelegt in dem eben skizzierten „Weg des Weins" von dem Leber-Biotop „Auenwald" bis zum sakralen Getränk mit Auswirkung auf das Ich.

Welche Rolle spielt aber nun die Erdbeere in diesem Zusammenhang? Ihr Lebensraum sind gerade nicht die Auenwälder, sondern eher etwas trockene, sonnige bis halbschattige Lichtungen in Wäldern, Ränder von Waldwegen usw. Auch ist sie eine häufige Pflanze, die nur in Moorgebieten fehlt. Denn Torf und auch dickere Humusschichten liebt sie nicht. Im Gegenteil – sie bevorzugt eher solche Stellen, an denen der mineralische Boden an die Oberfläche dringt, gerne auch gestörte Böden, die durch Baumfällen, Wegebau usw. verletzt wurden. An solchen Stellen kann sie kleine Kolonien bilden und je nach dem ihr zur Verfügung stehenden Platz mit ihren Ausläufern den offenen Boden rasch bedecken.

Sie ist ganz am Boden orientiert, wächst dort entlang und bildet kaum richtige, aufrechte Stängel aus; die zunächst senkrechten Blütentriebe legen sich auf die Seite, sobald die Früchte reif werden.

Damit stellt sich heraus, dass Erdbeere und Wein, zunächst beide insgesamt als leberverwandt erkannt, doch in vielen Merkmalen verschieden, wenn nicht gar entgegengesetzt sind. Im Folgenden soll dieser Gegensätzlichkeit weiter nachgespürt werden.

Polaritäten: Erdbeere und Wein

Wie wir soeben sahen, wächst und wuchert die Erdbeere in die Waagerechte. Sie ist erdverbunden und nimmt die Kräfte der Erde auf – sie heißt nicht umsonst *Erd*beere! Dem entgegen wächst und wuchert der Wein in die Senkrechte, wobei er die Verbindung zum Kosmos sucht: in der Sonnenwärme und im Sonnenlicht.

Dies wird intensiv in Zucker umgesetzt, der sich sowohl im Blatt als auch in der Traube in höchstem Maße anreichert.

Eine weitere Polarität zeigt sich in der Fruchtbildung. In dem stark wässrigen, beinahe geleeartigen Innern der Frucht der Weintraube sind die Kerne fast wie schwimmend angeordnet, sie haben ihre Verbindung zum Stiel mehr oder weniger aufgegeben, sich also von der irdischen Seite der Pflanze stark abgenabelt. Ganz anders die Erdbeere! Eine „Frucht" ist sie eigentlich gar nicht und eine Beere erst recht nicht; die eigentlichen Früchtchen sind die kleinen harten Kernchen („Nüsschen") auf der Oberfläche der Erd-„Beere". Das, was wir als „Frucht" verzehren, ist der aufgestülpte Blütenboden, also quasi das aufgeblähte Ende des Stängels. Auch hier finden wir etwas Gegensätzliches: Bei der Erdbeere essen wir etwas, was unterhalb der Frucht liegt und sich von unten, vom Boden her durch den Stiel wie nach oben stülpt und zum Blütenboden wird. Beim Wein essen wir tatsächlich die Frucht, und zwar eine Frucht, welche die Keimkraft-Potenz des Samens in sich trägt und sogar über die Frucht „nach oben" hinausweist.

Interessant ist auch, dass sich die Pathologien, die in beiden Früchten latent veranlagt sind, gegensätzlich zueinander verhalten. Weil die Erdbeere keine eigentliche Frucht, sondern ein Blütenboden ist, enthält sie Eiweißsubstanzen – und die wiederum können zu Allergien führen. Was ist eine Allergie? Bei der Allergie wirken Substanzen aus der Umgebung, aus der Natur, auf den Menschen so, dass krankhafte Zustände entstehen können. Es liegt also eine Auseinandersetzung des Organismus mit der substantiellen Umwelt vor. Auch der Wein enthält mit seiner starken Gärungspotenz in Richtung Alkohol für den Menschen ein Erkrankungspotential – hier jedoch in erster Linie einer Krankheit des Geistes, des Ich.

Verbindung der Gegensätze durch den Menschen

Wir haben die Polarität von Erdbeere und Wein nun auf verschiedenen Ebenen verfolgen können. Natürlicherweise werden Walderdbeere und Wilder Wein in der Natur kaum aufeinander treffen, da sie verschiedene Lebensräume bewohnen: der eine die feuchten Auenwälder, die andere Lichtungen in eher trockenen Wäldern. Aber dennoch besteht eine gewisse Annäherung zueinander, und das geschieht durch die Kulturtätigkeit des Menschen. Denn die Walderdbeere wächst nicht nur in Lichtungen innerhalb von Wäldern, sondern auch außen am Waldrand, wo man sie in trocken-warmen und sonnigen Krautsäumen findet. Säume können aber auch getrennt von Wäldern vorkommen: auf der Grenze zwischen Wiese und Hecke, am Fuß von Mauern, zwischen Weg und Buschwerk. Und die Erdbeere geht hier mit. Insofern findet man sie auch – im Weinberg! Nämlich am Rande der Rebenparzellen in den krautigen Säumen. Der Mensch schafft in der Kulturlandschaft solche Grenz- und Übergangsbiotope, die der Erdbeere zusagen.

Das, was in der Kulturlandschaft des Weinbergs durch den Menschen geschieht, findet seine Parallele in der Herstellung des *Hepatodoron*. Auch hier werden durch den Menschen bewusst zwei ganz unterschiedliche Substanzen zusammengebracht: die getrockneten Wein- und Erdbeerblätter.

Allerdings werden sie nicht einfach „zusammengemixt"! In der Art und Weise, wie die pulverisierten Blätter zusammengebracht werden, zeigt sich im Kleinen noch einmal deutlich der gegensätzliche Charakter beider Pflanzen. Zuerst wird das Erdbeerblatt-Pulver auf einer waagerechten Fläche ausgebracht. Danach wird das Weinblatt-Pulver senkrecht von oben darauf gestreut und mit dem Erdbeerblatt-Pulver verrieben. Auch hier wird der Waagerechten der Erdbeere und der Senkrechten des Weins Rechnung getragen.

Aber auch die Reihenfolge, in der die beiden Pulverarten zusammengebracht werden, ist wohl kein Zufall. Zum besseren Verständnis kann uns noch einmal der Blick auf die Prozesse in und um die Leber helfen. Zuerst handelt es sich um den Transport der Nahrungsstoffe aus dem Darm über die Pfortader zur Leber, wo sie synthetisiert werden: Hier liegt ein Prozess vor, der die Leber mit dem „unteren" Prozess verbindet, mit der Nahrungsaufnahme und allem Irdischen. Und dann betrachten wir einmal die synthetische Arbeit der Leber selbst, die sich vor allem in der Zucker- und Glycogenbildung zeigt und von „oben", vom Ich aus, gesteuert wird. Zeigen sich hier nicht auch die beiden Charakteristika von Erdbeere und Wein – einmal das nach unten, zur Erde hin Orientierte der Erdbeere – und zum anderen das kosmische, nach oben hin Orientierte des Weins? Daher könnte man die beiden Strömungen, die sich in der Leber durchdringen, vielleicht sogar als „Erdbeer-" und „Weinprozess" bezeichnen.

Und bei alldem muss immer im Bewusstsein bleiben, dass es sich jeweils nicht um die Frucht dieser beiden Pflanzen handelt, also um diejenigen Teile, in denen die Prozesse bereits zu Substanz geronnen sind , sondern es geht im *Hepatodoron* immer um die Blätter, also um diejenigen Organe, in denen die Besonderheit beider Pflanzen noch im statu nascendi vorliegen, noch ganz Kraft sind. Und diese vegetative, ätherische Kraft teilt sich der Leber mit.

Abb. 97
Weinernte bei dem
Champagne Piollot[13]

Neues aus der Apfelzüchtung – eine Perspektive für den Wein?

Nikolaus Bolliger

Äpfel sind weitgehend Fremdbefruchter. Die Nachkommen eines Apfels ergeben daher nur selten wieder dieselbe Apfelsorte. Will man eine bestimmte Sorte wegen ihrer speziellen Eigenschaften konstant über Generationen hinweg erhalten und produzieren, so bleibt nur der Weg über die vegetative Vermehrung, die Pfropfung. Hierbei wird jedoch das für eine Pflanze so wichtige Samenchaos übergangen, durch das ihr neue Lebenskräfte zukommen. (Siehe hierzu u. a. den Beitrag von Jean-Michel Florin, S. 26.)

Diese vegetative Vermehrung und Züchtung führte zu einem zunehmend variantenärmeren Anbau. Golden Delicious ist heute die Stammsorte der meisten Züchtungen. Dass aber gerade diese Apfelsorte auf einen Zufallssämling aus der Zeit reicher Variabilität aus dem Jahr 1890 zurückgeht, ist nahezu in Vergessenheit geraten. Auch Weltsorten wie Granny Smith und Braeburn sind Zufallssämlinge.

Man sieht also: Wird eine Pflanze über Generationen rein vegetativ vermehrt, so gehen ihr zwei Quellen der Regeneration verloren: die Variabilität und der Durchgang durch den Samenzustand. Soll jedoch ein Anbau auf die Dauer kraftvolle Pflanzen erhalten, so bedarf es als Grundlage einer Züchtung, welche diese beiden Regenerationsquellen wieder berücksichtigt. Nur so können neue Sorten entwickelt werden, die auf der einen Seite den heutigen hohen Qualitätsansprüchen genügen, die auf der anderen Seite dank guter Vitalität jedoch nur einen geringen Aufwand an direkten Pflanzenschutzmaßnahmen benötigen.

Genau dieser Befund lässt sich auf den Rebenanbau übertragen. Auch die Rebe wird seit Urzeiten vegetativ vermehrt. (Siehe hierzu auch den Beitrag von Georg Meißner, S. 90 ff.) Es gab nur wenige Ausnahmen, die Rebensamen aussäten (z. B. einige Mönche in Burgund), um dann die besten Stöcke auszulesen und vegetativ durch Zweige zu vermehren.[14] Seit der Reblausplage im 19. Jahrhundert wurde ihre Vielfalt noch stärker auf nur wenige Klone reduziert (eine neue Ausnahme davon sind einige der sogenannten „Piwi"-Sorten).[15]

Neue Perspektiven in der Apfelzüchtung können daher auch für den Weinanbau von Interesse sein.

Klassisches Züchtungsverfahren

Schätzungen zufolge soll es auf der Erde gegen 500 000 Pflanzenarten geben.[16] Davon sind im Laufe der Zeit vergleichsweise nur sehr wenige Arten vom Menschen in Kultur genommen worden. Die Entwicklung der Kulturpflanzen ist so eng mit dem Menschen verbunden, dass ihr Fortbestehen ohne die Pflege des Menschen nicht gesichert ist. Kulturpflanzen verschwinden, wenn wir sie nicht mehr anbauen, *kultivieren* würden. Neben dem Getreide als wichtigstes Grundnahrungsmittel gehört die Rebe zu den ältesten Kulturpflanzen Eurasiens. Seit rund zehntausend Jahren ist sie mit dem Menschen eng verbunden. So fand sie Verbreitung in allen klimatisch geeigneten Regionen, in denen sich im Laufe der Zeit viele lokale Sorten entwickelten.

Aus der Kultivierung von Wildpflanzen sind in einem ko-evolutiven Prozess über Jahrtausende Kulturpflanzen entstanden. Aus dieser Beziehung von Mensch und Apfel sind tausende so genannter Landsorten entstanden. Man spricht meist von der Zeit der *unbewussten* Züchtung. Ich möchte sie eigentlich *Züchtung mit Herz und Hand* nennen, denn das Prägende war die liebende Pflege. Dass Kulturpflanzen und die daraus bereiteten Speisen nicht allein den leiblichen Hunger stillen, sondern als Teile eines weltumfassenden Ganzen wahrgenommen werden können, erlebten die Menschen aller Kulturen in den Ritualen zum Erntedank. Dies schwingt auch im christlichen Kultus der Eucharistie mit der Symbolik von Brot und Wein mit.

Erst seit rund 150 bis 200 Jahren werden Apfelsorten bewusst gezüchtet. Dazu werden Apfelkerne ausgesät, um aus deren Nachkommen diejenigen mit den gewünschten Eigenschaften auszulesen. Sollen die Eigenschaften zweier Sorten kombiniert werden, so lässt man die Blüten nicht frei abblühen. Auf die Blüte der Muttersorte werden dann mittels Pinsel gezielt Pollen von den Blüten der Vatersorte übertragen. Nach der Befruchtung dauert es mehrere Jahre, bis die Jungbäume so weit gewachsen sind, dass sie ihrerseits wieder Früchte tragen. Bis daraus eine Sorte selektioniert und geprüft ist, dauert es nochmals mehrere Jahre. Wenn einmal eine geeignete Sorte gefunden ist, dann wird diese benannt und von da an vegetativ, d.h. über Pfropfung und dergleichen, weitervermehrt.

Gentechnische Verfahren

Es ist typisch für die Zeit des 19. Jahrhunderts, dass alle Lebensbereiche vermehrt analytisch, gedanklich durchdrungen werden. So fließen in den Bereich der Landwirtschaft erste Erkenntnisse der Wissenschaft ein und verändern traditionelle Methoden. Die Züchtung verliert ihren „unbewussten" Charakter. Wissenschaftlich orientierte Pflanzenzüchter beginnen mit klaren Zuchtzielen zu kreuzen und zu selektionieren. Der Verstand wird in der Züchtung mehr und mehr dominierend. In konsequenter Fortsetzung führt diese Entwicklung schließlich zum molekulargenetischen Ansatz der modernen Pflanzenzüchtung. Die uniformen Superpflanzen, die heute in den Kulturwüsten der industriellen Landwirtschaft wachsen, sind zwar in Bezug auf Ertrag den alten Landsorten weit überlegen, doch stellen sie einen Endpunkt der Entwicklung dar. „Kulturpflanzen", deren Fruchtbarkeit durch Terminatorgene verhindert wird, sind kein Horrorszenario aus einem Science-Fiction-Roman, sondern das reale Ergebnis einer lieblosen Beziehung des Homo oeconomicus zu den Pflanzen.

Weltweit verspricht man sich heute durch den Einsatz von Gentechnologie (z.T. auch Biotechnologie genannt) auch in der Apfelzüchtung effizienter und kostengünstiger zum Ziel zu kommen als mit der klassischen Züchtung.

So werden zum Beispiel Apfelpflanzen durch das Einfügen eines fremden Gens dazu gebracht, dass sie bereits wenige Monate nach ihrer Aussaat blühen und fruchten. Damit kann die Generationenfolge extrem beschleunigt werden. Später wird das aktive Gen dann wieder ausgekreuzt.

Viele Verfechter der Biotechnologie vertreten zwar heute die Meinung, dass gentechnologische Züchtungsverfahren, bei denen nur mit Genen derselben Art gearbeitet wird (Cis-Genetik), unproblematisch seien und deshalb zugelassen werden sollten. Die Bio-Züchtung lehnt jedoch eindeutig alle Züchtungsverfahren ab, die Erbgut auf anderem Weg als über den natürlichen Blüh- und Samenbildungsprozess verändern. Dies unabhängig davon, ob es sich bei den besagten Genen um artfremde (Trans-Genetik) oder arteigene (Cis-Genetik) handelt.

Gesondert zu betrachten ist die „Marker-gestützte Selektion", mit der mittels DNS-Analyse das Vorhandensein bestimmter Gene nachgewiesen wird, um nachher eine gezielte Auslese auf Pflanzen mit diesen Genen vorzunehmen. Diese Methode arbeitet nur diagnostisch. Es resultieren daraus keine gentechnischen Veränderungen der Erbsubstanz. Sie kann unter Umständen für gewisse Selektionen hilfreich und eventuell auch kostensparend sein.

Biologisch-dynamische Apfelzüchtung

Vor diesem Hintergrund müssen wir uns die Frage stellen: Wie gestalten wir unsere Beziehung zu den Kulturpflanzen so, dass der Jahrtausende alte ko-evolutive Prozess wieder Zukunft hat? Kann der Züchter auch heute wieder in einen persönlichen und evolutiven Bezug zu seinen Pflanzen kommen?[17]

Die biologisch-dynamische Apfelzüchtung basiert auf den klassischen Züchtungsmethoden. Sie geht von der Anschauung aus, dass nicht die Gene die Ursache des Lebens seien, sondern die stoffliche Grundlage für die Lebensprozesse abgeben. Der Lebensstrom, der aus der Vergangenheit in die Zukunft fließt, hinterlässt im Erbgut Spuren seiner Tätigkeit. Die Vorgänge, die in der Blüte nach der Befruchtung stattfinden und ihren Abschluss in der Samenbildung und -keimung finden, stellen gewissermaßen einen Chaosprozess dar, in dem sich die stofflichen Strukturen des Erbgutes zunächst auflösen, um schließlich zu einer neuen Ordnung zu kommen. Für das Pflanzenwesen bedeutet dieser Prozess eine Neuorientierung, aus der sich vielfältige neue Möglichkeiten für die zukünftige Entwicklung ergeben. Nicht nur die unmittelbare Umgebung wirkt in dieses Geschehen hinein, sondern auch kosmische Gesetzmäßigkeiten. Um diesen Vorgängen Rechnung zu tragen, ist es von Bedeutung, dass Pflanzenzüchtung in einem gut gepflegten, natürlichen Lebenszusammenhang stattfindet. Ein biologisch-dynamischer Hof-Organismus stellt deshalb den idealen Ort für die Weiterentwicklung von Kulturpflanzen dar.

Wie der Tageslauf geprägt ist von der Tag/Nacht-Polarität, so findet sich auch im Pflanzenleben eine Phase des Wachsens und Fruchtens gefolgt von der Phase der Samenruhe. Mit der Keimung des Samens beginnt ein neuer Zyklus, der schließlich wieder mit der Samenbildung endet. In der Wachstumsphase breitet sich das Pflanzenwesen im Raum aus, indem es mit seinen Lebensprozessen die toten Stoffe ergreift und verlebendigt und so als physische Gestalt in Erscheinung tritt. Aus dem Boden werden die verschiedenen Salze in Wasser gelöst und im Saftstrom nach oben transportiert. Mit Licht- und Wärmekräften verdichtet die Pflanze das unsichtbare Kohlendioxid der Luft und führt es im absteigenden Saftstrom bis in ihre Wurzeln. Nach der Blüte beginnt die Pflanze in den Reifeprozessen ihre Kräfte im Samen zu konzentrieren. Viele Pflanzen vollziehen diesen Prozess so intensiv, dass sie nur einmal Samen bilden und dabei absterben. Auf die extrovertierte Wachstumsphase folgt nun eine Zeit der kürzeren oder längeren Samenruhe ohne äußerlich sichtbare Lebensprozesse – bis die Keimung den nächsten Zyklus einleitet.

Im Landwirtschaftlichen Kurs weist Rudolf Steiner darauf hin, dass diese äußerlich sichtbaren Lebensprozesse im Zusammenhang mit geistigen Wesen und den Kräften des gesamten Kosmos stehen.[18]

Die Kräfte der obersonnigen Planeten, Saturn, Jupiter und Mars, wirken, gespiegelt von den Kieselsubstanzen der Erde, von unten in die Pflanze hinauf und bewirken an deren Peripherie die Zucker- und Aromabildung. Andererseits werden die untersonnigen Planetenkräfte von Venus, Merkur und Mond von den Kalksubstanzen im Boden angezogen. Sie strahlen durch die Pflanze von oben nach unten. Ihnen steigt nun der wässrig-salzhaltige Strom entgegen. Wachstums- und Reifeprozesse können als Zusammenspiel der obersonnigen und untersonnigen Planetenkräfte verstanden werden. Mit Hornmist- (Wachstum, untersonnig, vermittelt durch Kalk) und Kieselpräparat (Reifung, obersonnig, Kiesel) kann lenkend, ausgleichend und verstärkend eingegriffen werden.

Im Samenprozess erlebt das Pflanzenleben gleichsam einen Stillstand, äußerlich sichtbar passiert nichts. Gemeinhin nehmen wir an, dass das Leben nun in der eiweißartigen Erbsubstanz „gespeichert" sei. Rudolf Steiner erweitert diese Sichtweise, indem er darauf hinweist, dass die Erbsubstanz zwar sicherstelle, dass aus dem Samen wieder die entsprechende Pflanzenart entstehe, sie sich jedoch in einem Chaosprozess gleichsam auflöse und – geprägt von den Kräften des gesamten Kosmos – neu ordne: „Jedesmal baut sich in dem Samenchaos aus dem ganzen Weltall heraus der neue Organismus auf."[19]

Aus dieser Betrachtung heraus wird deutlich, wie wichtig die Samenbildung für die Pflanzen ist, weil damit jedes Mal eine kosmische Neuorientierung geschieht. Bei Kulturpflanzen, die vegetativ vermehrt werden und damit keinen Samenprozess mehr durchlaufen, stellt sich natürlich die Frage: Sollten auch sie vielleicht von Zeit zu Zeit durch den Samenchaosprozess geführt werden, um sich dadurch wieder neu orientieren zu können? Verlieren sie vielleicht mit der Zeit ihren Bezug zu den kosmischen Kräften und damit ihre Vitalität, ihre Abwehrkräfte?

Die Besonderheit der Rebe

Bei kaum einer anderen Kulturpflanze ist der Einfluss der Sorte so entscheidend für den Charakter des daraus verarbeiteten Produkts wie bei der Rebe. Es ist schlicht undenkbar, bekannte Traditionsweine aus anderen als der seit je dafür verwendeten Sorte zu keltern. Dies spricht dafür, die klassischen Sorten in Ehren zu halten. Es stellt sich somit für diese Sorten die Frage, ob eine Vitalisierung und Neuorientierung im Sinne des Samenprozesses auch durch andere Maßnahmen möglich wäre. (Siehe hierzu auch den Beitrag von Jean-Michel Florin, S. 63 f.)

Doch ist es auch bei der Rebe durchaus sinnvoll, sie durch Kreuzungszüchtung durch den Samenprozess zu führen, um zu neuen, angepassten Sorten zu kommen. Wenn die Umgebung sich wesentlich verändert, sei es weil eine Sorte in einem Gebiet mit härterem Winter angebaut werden soll, sei es wegen eingeschleppter Krankheiten, dann können die auftauchenden Probleme durch züchterische Maßnahmen am nachhaltigsten behoben werden. Dass bei vegetativ vermehrten Kulturpflanzen wie den Reben dadurch die typischen Sorteneigenschaften verloren gehen, ist leider unausweichlich. Doch aus der Vielfalt der Nachkommenschaft kann der Mensch diejenigen Individuen herausselektionieren, die einen Entwicklungsschritt weiter sind, vitaler, gesünder, besser angepasst. So entsteht Neues, und mit neuen Rebsorten kann sich auch degustatorisch ein interessantes Spektrum eröffnen.

Zeit neu denken – soziale und kulturelle Aspekte zum Weinbau

Jean-Pierre Frick

Wenn wir als Winzer Wein produzieren, dann stellen wir etwas her, was auf Reisen gehen, probiert werden wird, dessen Geschmack sich verändert, etwas, das einen bestimmten Glanz nach außen hat und so weiter. Und was passiert mit uns selbst, wenn wir unsere Arbeit als Winzer machen? Was ist die spezifische Mission unserer Arbeit? Welchen Einfluss hat unsere Arbeit für die Erde? Was tun wir überhaupt auf der Erde?

Wir kommen auf die Erde, um uns als Menschen zu entwickeln. Gerade auch unser Beruf hilft uns in diesem Vorhaben. Erfüllen wir aber dieses Vorhaben, indem wir unseren Beruf nur nach rein ökonomischen Gesichtspunkten ausführen? Wo bleibt dann unsere Freiheit, wenn uns das „Geld-Verdienen-Müssen" zur Arbeit „zwingt"!? Gibt es wirklich keine Alternative zu dem bestehenden Wirtschaftssystem – das ja unweigerlich das Leben auf dem Planeten zerstört? Was ist unser Freiraum, in dem wir so handeln können, dass wir uns selbst treu bleiben?[20]

Mensch statt Maschine

Im Weinbau ist das meiste gesetzlich geregelt; vieles wird zum Zweck wirtschaftlicher Optimierung und aus dem Druck, auf dem Markt wirtschaftlich bestehen zu können, zur Notwendigkeit. Zum Beispiel ist das Ernten mit Maschinen vier Mal billiger als das Ernten von Hand. Daher gibt es dafür Ausnahme-Regelungen: Zum Beispiel ist es im Elsass nicht erlaubt, den Cremant maschinell zu ernten. Aber viele Menschen sind begeistert vom Ernten mit Hilfe von Maschinen. Man kann einfach dann mit dem Ernten beginnen, wenn es einem gerade am besten passt. Wie viel aufwendiger ist es doch im Vergleich dazu, die Termine mit den Erntehelfern zu vereinbaren!

Geht durch ein solches Vorgehen aber nicht etwas Wichtiges verloren, wenn wir mehr und mehr Tage, ja vielleicht sogar Wochen, alleine (also ohne andere Menschen) in unserem Weinberg arbeiten? Es ist doch ein eigenartiger Widerspruch: Zwar wollen wir, dass viele Menschen unseren Wein schätzen (oft motiviert aus ökonomischen Beweggründen), gleichwohl möchten wir uns aber nicht dazu bequemen, mit vielen anderen Menschen in unserem Weinberg zu arbeiten – lieber benutzen wir die Maschine und machen einfach das nur, was wir wollen. Der Mensch wird immer mehr durch die Maschine ersetzt. Wenn ich die Erntemaschine benutze, komme ich jungen Menschen, Arbeitslosen und denen mit geringem Einkommen, die gerne bei der Ernte mitarbeiten würden, nicht entgegen. Der ganze Betrieb verliert ein soziales Element. Für mich wäre es wirklich bedauerlich, diesen Menschen nicht begegnen zu können. Oftmals kommen Menschen mit besonderen Schwierigkeiten, um bei der Ernte zu helfen. Dann arbeiten wir alle zusammen, essen zusammen, erleben zusammen, dass es heiß oder kalt ist. Am Abend probieren wir gemeinsam einen alten Wein. Die Menschen fühlen sich gestärkt durch die Gemeinsamkeit und dadurch, dass sie wertgeschätzte Arbeit leisten konnten.

Stellen wir jedoch die Maschinen in den Vordergrund, dann fangen wir an, in unserem Denken den Maschinen zu dienen. Wenn wir aber an die Menschen denken und ihnen eine menschliche Arbeit anbieten, dann üben wir uns in menschlichem Denken.

Der soziale Organismus

Eine weitere Entwicklung der sozialen Entfremdung wird im Weinbau dadurch bemerkbar, dass viele Weine nur noch anonym über große Supermarktketten in den Handel kommen. 40 Prozent des elsässischen Weins wird über Billig-Supermarktketten verkauft. Vom Entstehungszusammenhang dieser Weine weiß der Verbraucher nichts: weder weiß er, wer der Winzer ist, noch in welchem Dorf der Wein angebaut wurde. Die Preise sind dabei oft so niedrig, dass sie dem Winzer die Produktionskosten kaum noch entgelten können. Das wiederum treibt zur „Ökonomisierung" der Arbeit durch Maschinen und so fort.

Daher müssen wir, wenn wir mit Menschen und nicht mit Maschinen ernten wollen, auch eine Vermarktungskette aufbauen, die unsere Weine – also auch deren Entstehungszusammenhänge – schätzt und es uns ermöglicht, die teurere Erntemethode, die von den Händen vieler Menschen ausgeführt wird, anzuwenden. Jeder Wein schmeckt auch nach dem sozialen Umfeld, das wir um ihn herum aufbauen können. Je besser die Beziehungen zwischen den Arbeitern und den Verbrauchern ist, umso geschmackvoller wird der Wein und wir müssen auch weniger trinken. Denn dann trinken wir den Wein als ein Souvenir, als eine Erinnerung an Menschen und Orte, die wir wertschätzen – also nicht, um uns etwas vergessen zu lassen!

Zeit ist Qualität

In den 1960er Jahren kamen viele Einflüsse aus den USA – unter anderem auch der Gedanke „Zeit ist Geld". Wir Winzer müssten Manager werden, wurde damals propagiert. Fast alle nahmen solche Ideen als fortschrittlich auf. Heute wird es jedoch immer deutlicher, dass es notwendig ist, solche Konzepte neu zu überdenken. „Zeit" wird heute wie ein Bankkonto betrachtet. Als Winzer müssen wir aber dem Wein Zeit geben, in seinem eigenen Rhythmus fermentieren zu können. Wir müssen warten können, wenn wir einen reinen Wein in guter Qualität haben möchten. Hier leben wir in unseren Weinkellern bereits eine ganz andere Zeit.

Wenn wir die Ernte und die Weinfermentation nach ökonomischen und damit – in der heutigen Ökonomie – auch nach egoistischen Bedürfnissen beschleunigen möchten, dienen wir dem Wein und der Rebe nicht. Durch solche Erwägungen wird die sich uns Winzern heute stellende Frage immer deutlicher: Liegt der Sinn unseres Berufs darin, die Rebe und den Wein für unsere Zwecke und zum Geldverdienen zu benutzen – oder wollen wir zu deren Pflege und Entwicklung beitragen?

Die Zeit muss unser Verbündeter sein. Die ständige Hetze ist nicht notwendig. Die Industrialisierung hat uns in die Situation geführt, schnell und viel produzieren zu müssen. Diesem Zwang können und müssen wir Widerstand leisten, zum Beispiel, indem wir uns freiwillig wieder in eine Einfachheit und Überschaubarkeit hinein begeben. Diese Einfachheit ist mit weniger Maschinen, jedoch mehr Menschen, also mit mehr Menschlichkeit, verbunden. Auch der Entstehungszusammenhang des Weines wird transparenter – und je durchsichtiger dieser ist, je einfacher und auch selbstloser die Umstände sind, desto lebendiger wird auch der Wein.

Die Zukunft des Weins – Ausblick aus einem kreativen Spannungsfeld

Jean-Michel Florin

Der biologisch-dynamische Weinbau lebt in einem vielseitigen Spannungsfeld, das in besonders akzentuierter Weise die darin arbeitenden Menschen dazu herausfordert, einen eigenständigen Weg zu finden:

- Zwischen einer industrialisierten und globalen Intensiv-Monokultur (die damit gleichzeitig auch am weitesten vom Ideal des landwirtschaftlichen Organismus entfernt ist) und einer Pflanze, die dazu prädestiniert ist, die Individualität ihres Standorts zum Ausdruck zu bringen.
- Zwischen einem Spezialbereich der biologisch-dynamischen Landwirtschaft, der sehr viel zur gesellschaftlichen Publizität und Akzeptanz dieser Methode beiträgt, und einem Produkt, das eigentlich mehr ein Genussmittel, denn ein Nahrungsmittel ist.
- Zwischen einer Anbaumethode, die im Einklang mit Natur, Kosmos und Mensch arbeitet, und der Gefahr, dass sich das Biologisch-Dynamische in zunehmendem Maße zu einer Elite-Marke vereinseitigt.
- Zwischen einer Pflanze, die einerseits sehr empfänglich für die biologisch-dynamischen (Spritz-)Präparate ist und deren Vitalität andererseits stark geschwächt ist.
- Zwischen einer Verköstigungskultur, die – vom „Terroir" bis hin zu einer lebendigen Finesse des Aufmerksamkeits- und Ausdrucksvermögens – Vorbildfunktion für andere landwirtschaftliche Bereiche haben kann, und einer weit vorgeschrittenen Unkenntnis über Biologie und Wesen der eigenen „Milchkuh", der Rebe.

Die Rebe fordert bzw. fördert so gesehen das Individuelle, sowohl im einzelnen Menschen als auch in seiner Landschaft. Vielleicht hat das etwas mit der von Rudolf Steiner beschriebenen Wirkung der Weinrebe auf das Ich zu tun? „Die Atmosphäre der Weinrebe wirkt auch in einer gewissen Weise ausgleichend. Der Lindenblütenduft, das wissen Sie ja, ist ein sehr starker Duft, der Walnussbaum hat auch einen sehr starken Duft; das wirkt auf den astralischen Leib wieder mehr belebend. Und die Atmosphäre der Weinrebe wirkt wieder mehr belebend auf das Ich. So dass Sie da schon auch auf die höheren Leiber des Menschen eine sehr starke Einwirkung haben".[21]

Man beachte, dass Rudolf Steiner von der Rebe und nicht von dem alkoholischen Getränk Wein spricht. Gerade der Alkohol hemmt eher die Ich-Entwicklung. Er half in früheren, vorchristlichen Zeiten dem Menschen, wirklich Erdenmensch zu werden. Für die nun jedoch anstehende geistige Entwicklung des Menschen ist der Alkohol keineswegs mehr so hilfreich. Das heißt nicht, dass die Rebe nicht auch in Zukunft Aufgaben haben wird, ja beziehungsweise bereits hat (etwa als Nahrungsmittel oder beispielsweise gibt es bereits viele Heilmittel aus den unterschiedlichsten Organen der Rebe: Blätter, Trauben, Traubensaft, Kerne, auch der Wein selbst wird pharmazeutisch verwendet). Die Rebe ist eine Pflanze mit einer enormen Vitalität – und es ist gut vorstellbar, dass sie gerade dadurch noch weitere wichtige Bedeutung gewinnen wird. Sie hat ein enormes Potential. Ihre Zukunftsaufgaben zu entdecken, sollte einer biodynamischen Weinbaukultur und -forschung zentrales Anliegen sein.

Anmerkungen
Kapitel 5

1 Johann Wolfgang von Goethe: *Farbenlehre*, Didaktischer Teil, Vorwort
2 Siehe GA 1, Kap. IV
3 Siehe hierzu u. a.: Volker Fintelmann: *Hepatodoron*. Der Merkurstab Nr. 6/1990: S. 410–411. Frank Meyer: *Hepatodoron – ein vielseitiges „Typenmittel" der Anthroposophischen Medizin*. Der Merkurstab Nr. 3/2007: S. 244–248. *Vademecum Anthroposophische Arzneimittel*. ³2013, S. 700–705. Zur Verwendung der roten Weinblätter als Heilmittel siehe z. B. Ernst Schneider: *Rotes Weinlaub – Geschichte der Verwendung in der Medizin*. Schweizerische Zeitschrift für Ganzheits-Medizin, Nr. 21/2009: S. 333–339
4 Gekürzte Fassung von Wolfram Engel: *Kalium aceticum comp.* – Die Vielfalt des Weines im pharmazeutischen Herstellungsprozess, Der Merkurstab Nr. 63 (2)/2010: S. 112–122. Mit freundlicher Genehmigung der Merkurstab-Redaktion
5 Foto: Claus Ableiter
6 Foto: Walkerma
7 Siehe GA 145, 20.3.1913
8 Siehe hierzu z. B. auch Hans-Christoph Vahle: *Die Pflanzendecke unserer Landschaften. Eine Vegetationskunde*. Stuttgart 2007
9 Foto Erdbeere: Jörg Hempel; Foto Wein: Jean-Michel Florin
10 Entnommen aus: Frank Meyer: *Hepatodoron – ein vielseitiges „Typenmittel" der Anthroposophischen Medizin*. Der Merkurstab Nr. 3/2007, S. 244–248
11 Siehe z. B. die Bücher von Andreas Suchantke über Südamerika: *Der Kontinent der Kolibris. Landschaften und Lebensformen in den Tropen Südamerikas*. Stuttgart 1981, und über Afrika: *Sonnensavannen und Nebelwälder. Pflanzen, Tiere und Menschen in Ostafrika*. Stuttgart ²1992
12 Siehe GA 94, 31.5.1906
13 Foto: Jeanne Piollot
14 Philippe Pacalet: *L'homme qui veut semer des pépins de raisin*. Le Monde, 26. August 2013. www.philippe-pacalet.com
15 Pierre Basler, Robert Scherz: *PIWI-Rebsorten*. Wädenswill 2011
16 Etwa 380 000 Pflanzenarten gibt es auf der Welt, schätzt die International Union for Conservation of Nature and Natural Resources. Der *Strasburger*, das „Lehrbuch der Botanik an Hochschulen", spricht sogar von einer halben Million beschriebener Pflanzenarten und geht von einer großen Zahl nicht erfasster Arten aus (http://www.pflanzenforschung.de/de/journal/journalbeitrage/der-wert-der-vielfalt-ein-ueberblick-1045)
17 Siehe hierzu u. a. Martin Timmermann: *Der Züchterblick. Erfahrung, Wissen und Entscheidung in der Getreidezüchtung*. Aachen 2009
18 Siehe GA 327
19 Siehe GA 327, 10.6.1924
20 Siehe hierzu z. B. das anregende Buch von Uwe Burka: *Eine zukunftsfähige Geld- und Wirtschaftsordnung für Mensch und Natur. Jeder kann die Zukunft mitgestalten*. Mit einem Vorwort von Udo Hermannstorfer. Puidoux 2015, www.aktivZUKUNFTsichern.com. Das Buch wird vom Autor auf Anfrage als Geschenk zugeschickt
21 Siehe GA 353, 1.3.1924

Danksagung

Die Idee für dieses Buch entstand nach der ersten internationalen Rebenbautagung in Colmar-Dornach 2012. Aus diesem anfänglichen Impuls wurde ein größeres Projekt entwickelt, dem weitere französische Weinbautagungen in den Jahren 2013 bis 2016 des Mouvement de l'Agriculture Bio-Dynamique folgten (daher wird dieses Buch auch in französischer Sprache erscheinen). So danken wir allen Autoren und Beitragenden dieser Weinbautagungen, die uns wertvolle Informationen lieferten und ebenso die Erlaubnis gaben, ihre Beiträge zu verwenden.

Auch danken wir Ron Dunselman, Wolfram Engel und Hans-Christoph Vahle, die uns ihre Texte zur Verfügung stellten, sowie Anette Jorry von Demeter International, die einige französische Texte ins Deutsche übersetzte.

Ein weiterer Dank geht an Georg Meißner und Werner Michlits für die Beratung und die Unterstützung dieses Projekts.

Für die Bereitstellung ihrer Fotos möchte ich besonders Jean-Paul Zusslin, Jean Baltenweck sowie vielen Winzer und anderen Freunden danken.

Dank gebührt auch Ambra Sedlmayer und besonders Hans-Christian Zehnter für ihre Geduld und Ausdauer bei der Organisation und der Redaktionsarbeit.

Ein solches Projekt benötigt auch finanzielle Unterstützung. So möchten wir sehr herzlich der Hamasil-Stiftung danken, die uns schon zu Beginn des Projekts unterstützte, sowie allen biodynamischen Winzern, die uns ebenfalls finanzielle Hilfe leisteten: Lalou Bize-Leroy, Domaine Leroy und Domaine d'Auvenay, Werner Michlits, Domäne Meinklang, Marie-Thérèse Chappaz, Jean-Pierre Fleury, Domaine Fleury, und Gérard Bertrand.

Empfehlenswerte Literatur

Basler, Pierre & Robert Scherz: *Piwi-Rebsorten*. Wädenswill 2011

Bockemühl, Jochen: *Ein Leitfaden zur Heilpflanzenerkenntnis Bd. I, II, III*. Dornach 1996 bis 2003

Bockemühl, Jochen & Kari Järvinen: *Auf den Spuren der biologisch-dynamischen Präparatepflanzen*. Dornach 2005

Colqhoun, Margaret & Axel Ewald: *New Eyes for Plants*. Stroud 1996

Demeter e.V.: *Handbuch Biologisch-Dynamischer Weinbau*. Darmstadt 2014

Florin, J.-M., Escriva, C.: *Rencontrer les plantes*. Ed. Amyris 2011

Forschungsring für Biologisch-Dynamische Wirtschaftsweise (Hg.): *Lebendige Erde* Nr. 5/2009 und Nr. 6/2013

Fournioux, Jean-Claude & Marielle Adrian: *Morphologie et anatomie de la vigne*. Bordeaux 2011

Fuchs, Nikolai: *Evolutive Agrarkultur. Landwirtschaft nach dem Bildeprinzip des Menschen. Eine Skizze*. Darmstadt 2014

Hallé, Francis: *Plaidoyer pour l'arbre*. Arles 2005

Harlan, Volker: *Das Bild der Pflanze in Wissenschaft und Kunst*. Stuttgart 2002

Hofmann, Uwe: *Biologischer Weinbau*. Stuttgart 2014

Holdrege, Craig: *Thinking like a plant*. Great Barrington 2013

Hurter, Markus (Hg.): *Zur Vertiefung der biologisch-dynamischen Landwirtschaft*. Dornach 2007

Hurter, Ueli (Hg.): *Agrikultur für die Zukunft*. Dornach 2014

Joly, Nicolas: *Beseelter Wein*. Bern 1998

Koepf, Hans Herbert & Bodo von Plato: *Die biologisch-dynamische Wirtschaftsweise im 20. Jahrhundert*. Dornach 2001

Kranich, Ernst-Michael: *Urpflanze und Pflanzenreich – Metamorphosen von den Flechten bis zu den Blütenpflanzen*. Stuttgart 2007

MABD: *Fiches techniques viticulture*, www.bio-dynamie.org

Masson, Pierre: *Landwirtschaft, Garten- und Weinbau – biodynamisch*. Aarau, München 2013

Mochner, Matthias: *Das Demeter-Phänomen*. Zürich 2015

Olbrich-Majer, Michael (Hg.): *Biologisch-Dynamisch im Dialog*. Darmstadt 2008

Rispens, Jan Albert: *Bäume verstehen lernen. Ein goetheanistisch-anthroposophischer Schulungsweg an der Natur*. Stuttgart 2014

SICAVAC, BIVC: *Manuel des pratiques viticoles contre les maladies du bois*, 2013

Suchantke, Andreas: *Metamorphose – Kunstgriff der Evolution*. Stuttgart 2002

Adressen Biodynamischer Weinbau weltweit

Vereine, Verbände (Kontakte, Literatur, Kurse usw.)

Demeter-International e.V.
Brandschneise 1
DE-64295 Darmstadt
Tel. +49 6155 84690
Fax +49 6155 846911
info@demeter.net
www.demeter.net

Mouvement de l'Agriculture Bio-Dynamique
5 place de la gare
FR-68000 Colmar
Tel. 03 89 24 36 41
info@bio-dynamie.org
www.bio-dynamie.org

Syndicat International des vignerons en culture bio-dynamique
5 place de la gare
FR-68000 Colmar
Tel. +33 6 22 50 51 67
info@biodyvin.com
www.biodyvin.com

ECOVIN Bundesverband Ökologischer Weinbau
Wormser Str. 162
DE-55276 Oppenheim
Tel. +49 6133 1640
Fax +49 6133 1609
info@ecovin.de
http://www.ecovin.de/

Berater

FRANKREICH

Pierre et Vincent Masson
BioDynamie Services Sarl
Les Crêts
FR-71250 Château
Tel./Fax +33 3 85 59 31 95
contact@biodynamie-services.fr
www.biodynamie-services.fr

Jacques Mell
BioDynamie Conseil Sarl
Rue François Dor 53
FR-51100 Reims
Tel. +33 326 840991
Fax +33 326 089626
Jacques.mell@wanadoo.fr
www.biodynamieconseil.com/

Nicolas Joly
Coulée de Serrant
Château de la Roche aux Moines
FR-49170 Savennières
Tel. +33 2 41 72 22 32
Fax +332 41 72 28 68
http://coulee-de-serrant.com

AUSTRALIEN

Cheryl Kemp
PO Box 54
AU-2454 Bellingen NSW
Tel. +61 2 66550566
Fax +61 02 66550565
bdoffice@biodynamics.net.au
www.biodynamics.net.au

GROSSBRITANNIEN UND ITALIEN

Monty Waldin
montywaldin@gmail.com
www.chateaumonty.com/

DEUTSCHLAND

Frank John
Hirschhornring 34
DE-67435 Neustadt/W.
Tel. +49 6321 670537
Fax +49 6321 9706293
frank@oenology-results.com

Andreas Schumann
Weinbau & Oenologie
analohalile@googlemail.com

Matthias Wolff
Beratungsdienst ökologischer Weinbau
Merzhauser Straße 119
DE-79100 Freiburg im Breisgau
Tel. +49 761 40165 989
Fax +49 761 40165 70
Mobil +49 170 7947 059
www.boew.de

Georg Meißner
georgmeissner@aloislageder.eu

DEUTSCHSPRACHIGE SCHWEIZ

Walter Häfliger
Moosstrasse 280
CH-5062 Oberhof
Tel. +41 62 877 17 09

FRANZÖSISCHSPRACHIGE SCHWEIZ

Jean-Philippe Barilier
Ch. des Planches 1
CH-1122 Romanel-sur-Morges
Tel. +41 21 869 96 09

Dominique Levite
Forschungsinstitut für biologischen Landbau
Ackerstrasse 113
CH-5070 Frick
Tel.: +41 62 865 72 72

USA

Daphne Amory
P.O. Box 753
US-Napa, CA 94559
Tel. +1 707 363 7159
info@daphneamory.com
www.daphneamory.com

Philippe Armenier
Biodynamic Terroirs
6950 Cabernet place
US-93446 CA El Paso de Robles
Mobile +1 707 291 7513
philippearmenier@sbcglobal.net
www.biodynamicterroirs.com

Matias Baker
Fair Oaks, CA
Tel. +1 323 289 2895
reds2blues@yahoo.com

David Bos
BOS Wine
PO-Box 2897
US-Napa, CA 94558
David@BOSwine.com
www.boswine.com

Joseph Brinkley
PO-Box 485
US-Ukiah, CA 95482
Tel. +1 707 670 0686
s2jsb@yahoo.com

Philippe Coderey
Biodynamic consulting, CA
Labayole@yahoo.com
Tel. +1 831 760 2460

Jeff Dawson
ifree333@sbcglobal.net

GROSSBRITANIEN

John Buchanjohn
buchan@btinternet.com

Alan Chubb
Quoins Organic Vineyard
Agricultural consultancy
32 Newtown
Bradford-on-Avon
Wilts BA15 1NF
Tel. +44 7835 265082
alan@quoinsvineyard.co.uk
www.quoinsvineyard.co.uk

Roy Cook
Sedlescombe Organic Vineyard
Robertsbridge
GB Sussex, TN32 5SA
Tel. +44 1580 830715
www.organicwineconsultant.com/
index.html

Local Food Consultants
making local and sustainable food
happen; research - consultancy -
enterprise support
www.localfood.org.uk
mail@localfood.org.uk
Tel. +44 845 458 9525

SÜDAFRIKA

Johan Reyneke
johan@reynekewines.co.za
www.reynekewines.co.za

NEUSEELAND

Bio Dynamic Farming and
Gardening Association in NZ (Inc)
PO Box 356
Martinborough 5741
Tel. +64 6 306 8582
Mobile +64 27 363 8474
www.biodynamic.org.nz

Bart Arnst
bavc@xtra.co.nz
Tel.: +64 21 544 842

Jared Connolly
biodynamicjedi@gmail.com
Tel. +64 27 518 8188

Wendy Tillman
grapekeeper@yahoo.com.au
Tel. +64 21 802 318

Su Hoskin
s.hoskin@xtra.co.nz
Tel. +64 21 143 8233

Treedimensions Consulting -
Dieter Proebst
consult@treedimensions.co.nz
Tel. +64 3 528 8718

Andreas Welte
info@EcoGrape.com
www.EcoGrape.com

LATEINAMERIKA

René Piamonte
Terra Habilis
terrahabilis@arnet.com.ar
http://terrahabilisbiodinamica.
blogspot.com

Kurzvitae der Autoren

Nikolaus Bolliger: Dipl. Agrar Ing. ETH. Mitarbeit auf verschiedenen biologisch-dynamischen Betrieben. Seit 1985 eigener Betrieb mit Schwerpunkt Apfelzüchtung. 2004 Gründung von Poma Culta: Siehe www.pomaculta.ch.

François Dal: Dipl. Agrar Ing., seit 2002 Leiter der Abteilung Weinbau des Labors S.I.C.A.V.A.C. (Service Interprofessionnel de Conseil Agronomique, de Vinification et d'Analyses du Centre) in Sancerre (F). Beratungs-, Forschungs- und Ausbildungstätigkeit.

Ron Dunselman: *1945, Holland, Gesundheitsfürsorge-Psychologe und Kunsttherapeut. Von 1978 bis 2005 Gründungsmitglied und Mitarbeiter in ARTA (Therapeutische Projekte und Gemeinschaften für Drogen- und Alkoholsüchtige). Autor des Buches „An Stelle des Ich – Rauschdrogen und ihre Wirkung". Von 1996 bis 2012 Vorsitzender der Anthroposophischen Gesellschaft in den Niederlanden, von 1996 bis 1997 und von 2001 bis 2014 deren Generalsekretär.

Wolfram Engel: Dr. rer. nat. Wolfram Engel, Apotheker, Promotion in pharmazeutischer Chemie und Studium der Mineralogie.

Seit 1992 Mitarbeiter der Weleda AG in Schwäbisch Gmünd, Leiter der Herstellung für mineralische Ausgangsstoffe und Sachkundige Person (AMG), Vortragstätigkeit, Publikationen.

Jean-Michel Florin: Naturschutzstudium, Naturwissenschaftliches Studienjahr an der Naturwissenschaftlichen Sektion am Goetheanum in Dornach (CH), Arbeitsschwerpunkte: Landschaft, Heilpflanzen. Arbeit in der Umwelterziehung. Seit 1988 Koordinator des Vereins Mouvement de Culture Bio-Dynamique. Seit 2010 in der Leitung der Sektion für Landwirtschaft am Goetheanum (Dornach, CH).

Marc Follmer: *1955 in Strasbourg, promovierter Pharmazeut, seit über 20 Jahren in der Leitung von WELEDA-Frankreich tätig. Forschungsschwerpunkt in der Betrachtung von Substanzen im Kontext des Lebendigen mit Blick auf deren Heilwirkung.

Jean-Pierre Frick: Winzer mit seiner Frau Chantale in Pfaffenheim (Elsass) auf dem Familienbetrieb, Pionier des biodynamischen Weinbaus in Frankreich, Mitbegründer der Rouffacher Biomesse, vielfältig engagiert in Umweltschutz und grüner Politik.

Georg Meißner: Studium der Önologie an der Pharmazeutischen Fakultät der Universität Montpellier. Leitende Funktionen auf Weingütern in Südafrika, in den USA. Tätig für humanitäre Einsätze im Kosovo. Derzeit Betriebsleiter beim Weingut Alois Lageder sowie Lehr- und Forschungstätigkeit an der Hochschule Geisenheim.

Werner Michlits: betreibt im Osten Österreichs an der ungarischen Grenze im Seewinkel gemeinsam mit seiner Familie einen vielfältigen Demeter-Hof mit Weingut, Obstbau und Tierwirtschaft. 2012 gründete er mit seiner Frau Angela die zweisprachige Waldorfschule Pannonia, mit der Vision, eine Brücke zwischen den einst vereinten Kulturräumen zu bilden. Stationen am Lebensweg waren das Önologie-Studium in Geisenheim und mehrjährige Vorstandstätigkeit bei Demeter Österreich und Bio Austria.

Colin Ross: *1964 auf der Malaiischen Halbinsel in Südost-Asien. Er wuchs in Australien auf. Als junger Mann war Colin beruflich als Surfer beschäftigt. Diese Tätigkeit brachte ihn auch nach Indonesien, wo er die dortige traditionelle Landwirtschaft kennenlernte. Dies führte dazu, dass er, zurück in Australien, anfing, als Landschaftsgestalter zu arbeiten. Bald wurde er Betriebsleiter auf dem Weingut Brookland Valley in Margaret River. Bei einem Besuch in Burgund lernte er die biodynamische Landwirtschaft kennen. Von 2006 bis 2015 arbeitete er als Betriebsleiter auf dem biodynamischen Weingut Seresin Estate auf Neuseeland.

Rudolf Trossen: *1955. Mit 21 Jahren Übernahme des elterlichen Familienweinguts in Kinheim-Kindel an der Mosel, ab 1978 mit seiner Frau Rita bio-dynamisch bewirtschaftet.

Mitbegründer von Demeter RLPF und Ecovin Bundesverband ökologischer Weinbau.

Mitarbeit in der Kristdyn Entwicklungsgruppe.

Hans-Christoph Vahle: *1953. Vegetationskundler, Witten (DE), www.vegetationskun.de. Arbeitsschwerpunkte: Pflanzensoziologie, Vegetationskunde, Heilpflanzen, Landschaftsentwicklung, Studium der Landespflege an der Universität Hannover mit Schwerpunkt auf Vegetationskunde, Naturschutz und

Landschaftsökologie, Promotion über „Grundlagen zum Schutz der Vegetation oligotropher Stillgewässer in Nordwestdeutschland“. Habilitation mit einer Forschungsarbeit zur „Gestaltbiologie von Pflanzengesellschaften“. 2009 Gründung der Akademie für angewandte Vegetationskunde. Zahlreiche Publikationen: siehe www.anthrobotanik.eu.

Matthias Wolff: *1955; Freiburg im Breisgau; staatl. gepr. Techniker für Weinbau und Kellerwirtschaft.
Er ist seit 1988 Berater für Ökologischen Wein- und Obstbau in Baden-Württemberg beim Beratungsdienst Ökologischer Weinbau, am Freiburger Weinbauinstitut angesiedelt. Spezialisiert auf Bodenfruchtbarkeit und Begrünungen.

Hans-Christian Zehnter: *1963 in Bochum (DE), Diplom-Biologie, 1993 bis 2000 Naturwissenschaftliches Studienjahr und Wissenschaftlicher Mitarbeiter an der Naturwissenschaftlichen Sektion am Goetheanum in Dornach (CH), 2005 bis 2010: Redakteur bei der Wochenschrift „Das Goetheanum“. Mitarbeit im Tagungsorganisations- und Empfangsbereich des Goetheanum. Bücher, Artikel, Vorträge, Seminare und Kurse mit dem Schwerpunkt anthroposophischer Naturanschauung: siehe www.sehenundschauen.ch.

Siglenverzeichnis

Die folgende Liste umfasst die im vorliegenden Buch nur in Kurzform (GA-Nummern) zitierten und erwähnten Schriften und Vorträge Rudolf Steiners aus der Rudolf Steiner Gesamtausgabe.

GA 1 *Einleitungen zu Goethes Naturwissenschaftlichen Schriften* (1884 – 1897). 4. Aufl., Dornach 1987

GA 2 *Grundlinien einer Erkenntnistheorie der Goetheschen Weltanschauung mit besonderer Rücksicht auf Schiller*. 8., neu durchges. Aufl., Dornach 2003

GA 20 *Vom Menschenrätsel. Ausgesprochenes und Unausgesprochenes im Denken, Schauen, Sinnen einer Reihe deutscher und österreichischer Persönlichkeiten*. 5. Aufl., Dornach 1984

GA 134 *Die Welt der Sinne und die Welt des Geistes.* (1911 – 1912). 6. Aufl., Dornach 2009

GA 145 *Welche Bedeutung hat die okkulte Entwicklung des Menschen für seine Hüllen und sein Selbst?* (1913). 7. Aufl., Dornach 2015

GA 327 *Geisteswissenschaftliche Grundlagen zum Gedeihen der Landwirtschaft (Landwirtschaftlicher Kurs)* (1924). 8. Aufl., Dornach 1999

GA 351 *Mensch und Welt. Das Wirken des Geistes in der Natur. Über das Wesen der Bienen, Band V* (1923). 5. Aufl., Dornach 1999

GA 353 *Die Geschichte der Menschheit und die Weltanschauungen der Kulturvölker, Band VII* (1924). 2., neu durchges. und überarb. Aufl., Dornach 1988

Bilder

Jérôme Genée: S. 5, 24–25, 68–69, 100–101, 128–129, 140–141, 150, 151, 186–187, 188, 190–191, 203, 209, 210–211, 224, 237

Antonio Luis Campos: S. 10, 14–15, 40–41, 73, 88, 110–111

Lucile Guilbert: S. 89, 189

Jeanne Piollot: S. 225